◆高等院校通识课程系列教材
◆高等院校应用型本科系列教材

线性代数

主　编　梁　媛　吴慧玲　田增锋
副主编　张春丽　夏华庆　刘玉霞

中国水利水电出版社
www.waterpub.com.cn
·北京·

内 容 提 要

本书根据《大学数学课程教学基本要求（2014版）》编写而成，主要介绍线性代数的基本知识，内容包括矩阵、行列式、向量和线性方程组、相似矩阵及二次型、线性空间与线性变换，各章节均配有相当数量的习题．本书的第一章至第四章可满足教学基本要求，第五章供对数学要求较高的专业选用．附录中介绍了如何用 Octave 实现线性代数的各种计算，设计了每次实验的内容，明确各次实验要达到的目的．

本书可作为普通高等院校各专业的教学用书，也可供对线性代数感兴趣的读者自学．

图书在版编目（CIP）数据

线性代数 / 梁媛，吴慧玲，田增锋主编．-- 北京：中国水利水电出版社，2024.12．--（高等院校通识课程系列教材）（高等院校应用型本科系列教材）．-- ISBN 978-7-5226-2885-1

Ⅰ．O151.2

中国国家版本馆CIP数据核字第20243VS244号

书　名	高等院校通识课程系列教材 高等院校应用型本科系列教材 **线性代数** XIANXING DAISHU
作　者	主　编　梁　媛　吴慧玲　田增锋 副主编　张春丽　夏华庆　刘玉霞
出版发行	中国水利水电出版社 （北京市海淀区玉渊潭南路1号D座　100038） 网址：www.waterpub.com.cn E-mail：sales@mwr.gov.cn 电话：（010）68545888（营销中心）
经　售	北京科水图书销售有限公司 电话：（010）68545874、63202643 全国各地新华书店和相关出版物销售网点
排　版	中国水利水电出版社微机排版中心
印　刷	清淞永业（天津）印刷有限公司
规　格	184mm×260mm　16开本　9.75印张　186千字
版　次	2024年12月第1版　2024年12月第1次印刷
印　数	0001—3000册
定　价	**30.00元**

凡购买我社图书，如有缺页、倒页、脱页的，本社营销中心负责调换

版权所有·侵权必究

前言

线性代数是高等学校经管类专业必修的公共基础课，也是自然科学和工程技术领域中广泛应用的数学工具．本书是根据教育部经济和管理专业本科数学基础课程教学指导分委员会颁布的《大学数学课程教学基本要求（2014版）》基本要求，同时参考了近年来《全国硕士研究生招生考试数学考试大纲》，由具有多年教学实践经验的教师编写而成的．

本书以线性方程组开篇，介绍矩阵概念，通过方阵引出行列式，利用矩阵和行列式进行线性方程组解的分析和研究，形成线性代数内容的闭环结构．在“互联网＋”视角下，借助于二维码提供微课、单元测试、知识结构、拓展应用等数字资源，附录中给出了使用 Octave 进行数值实验的方法指导，供读者参考．

在编写本书的过程中，以理论够用为尺度，淡化数学抽象理论的证明过程，注重实际应用．本书中概念引入自然，定理内容清晰、准确、简洁；本书精心设计例题，由浅入深、层次分明，求解过程详尽．本书的每节配有适量精选习题，每章配有自主练习，供读者选做．本书的内容既体现了科学性和系统性，又通俗易懂，深入浅出，便于教师讲解和读者自学．

本书由梁媛、吴慧玲、田增锋担任主编，张春丽、夏华庆、刘玉霞担任副主编，参加本书编写的人员还有高飞、宋新霞、李焱华、袁林忠、李奔、杨君等．

在编写本书的过程中，得到了学院领导和部门同仁的大力支持和帮助，在此深表谢意．虽然我们对本书进行了认真编写和修改，但由于编者水平有限，本书不妥之处在所难免，恳请读者批评指正．

编　者

2024 年 10 月

目　录

第一章 矩　　阵

知识结构

线性方程组是线性代数的核心，它广泛应用于经济学、社会学、生态学、人口统计学、遗传学、电子学、工程学以及物理学等领域．据不完全统计，超过75%的科学研究和工程应用中的数学问题，在某个阶段都涉及求解线性方程组，求解线性方程组可以说是数学问题中最重要的问题之一，所以，我们从线性方程组的求解入手，进入线性代数的学习．

第一节 矩阵的定义和运算

矩阵（matrix）是由数排列成的阵列．两汉时期的经典数学专著《九章算术》的“方程”一章中专门讨论一般线性方程组的解法，其中的“方程”就是线性代数中所指的方程组的增广矩阵，其中“方程术”与现代求解线性方程组的消元法完全一致．在消元过程中，使用的把某行乘以某一非零实数、从某行中减去另一行等运算技巧，相当于矩阵的初等变换．本节介绍矩阵的概念、相关运算及应用．

一、线性方程组的消元法

定义 1-1（线性方程） 形如 $a_1x_1+a_2x_2+\cdots+a_nx_n=b$ 的方程称为含有 n 个未知量的线性方程．其中 $a_1,a_2,\cdots,a_n$ 和 b 为实数，$x_1,x_2,\cdots,x_n$ 为未知量．

定义 1-2（线性方程组）

$$\begin{cases}a_{11}x_1+a_{12}x_2+\cdots+a_{1n}x_n=b_1\\a_{21}x_1+a_{22}x_2+\cdots+a_{2n}x_n=b_2\\\qquad\vdots\\a_{m1}x_1+a_{m2}x_2+\cdots+a_{mn}x_n=b_m\end{cases}\tag{1-1}$$

形如式（1-1）的方程组称为 $m\times n$ 线性方程组，其中 a_{ij} 及 $b_i(i=1,2,\cdots,m;$ $j=1,2,\cdots,n)$ 为实数．

考察下列三个线性方程组：

（Ⅰ）$\begin{cases}x_1+2x_2=3\\2x_1+3x_2=5\end{cases}$　（Ⅱ）$\begin{cases}x_1-x_2+x_3=3\\2x_1+x_2-x_3=6\end{cases}$　（Ⅲ）$\begin{cases}x_1+x_2=2\\x_1-x_2=1\\x_1=3\end{cases}$

容易验证，有序二元数组 $(x_1,x_2)=(1,1)$ 是方程组（Ⅰ）的解. 有序三元数组 $(x_1,x_2,x_3)=(3,0,0)$ 是方程组（Ⅱ）的解. 事实上，方程组（Ⅱ）有很多解，$\begin{cases}x_1=3\\x_2=x_3=a\end{cases}$（$a$ 为任意实数）都是方程组（Ⅱ）的解；而方程组（Ⅲ）却找不到可以同时满足三个方程的未知量取值，因为若取 $x_1=3$，则有 $\begin{cases}3+x_2=2\\3-x_2=1\end{cases}$，可见，不存在实数 x_2 可以同时满足这两个方程，因此，方程组（Ⅲ）无解.

综上，求解线性方程组就是寻找能够满足方程组中所有方程的未知量的取值. 如果将方程组中的未知量写成数组形式：$(x_1,x_2,\cdots,x_n)$，则求解线性方程组就是寻找这样的有序 n 元数组.

下面通过方程组的消元法引出矩阵的概念.

解方程组

$$\begin{cases}x_1+2x_2-x_3=1 & ①\\2x_1-x_2+x_3=3 & ②\\-x_1+2x_2+3x_3=7 & ③\end{cases}$$

②−①×2，③+①，得方程组：

$$\begin{cases}x_1+2x_2-x_3=1 & ①\\\qquad -5x_2+3x_3=1 & ④\\\qquad 4x_2+2x_3=8 & ⑤\end{cases}\tag{1}$$

易知原方程组与方程组（1）同解，称它们是等价的（equivalent）.

在方程组（1）中，④+⑤，⑤÷2，得方程组：

$$\begin{cases}x_1+2x_2-x_3=1 & ①\\\qquad -x_2+5x_3=9 & ⑥\\\qquad 2x_2+x_3=4 & ⑦\end{cases}\tag{2}$$

在方程组（2）中，(⑥×2+⑦)÷11，得方程组：

$$\begin{cases}x_1+2x_2-x_3=1 & ①\\\qquad -x_2+5x_3=9 & ⑥\\\qquad\qquad x_3=2 & ⑧\end{cases}\tag{3}$$

接下来，利用回代（back substitution）方式，将⑧代入⑥和①，得方程组：

$$\begin{cases} x_1+2x_2 \qquad =3 & ⑩ \\ \qquad x_2 \qquad =1 & ⑨ \\ \qquad\qquad x_3=2 & ⑧ \end{cases} \tag{4}$$

将⑨代入⑩，得方程组：

$$\begin{cases} x_1=1 \\ x_2=1 \\ x_3=2 \end{cases} \tag{5}$$

事实上，方程组（5）就是原方程组的解，即三元有序数组（1,1,2）是原方程组的解.

上述求解线性方程组的做法，就是通过先消元再回代，求得方程组的解，这种解法称为高斯消元法（gaussian elimination）.

在求解过程中，通过方程与方程之间的几种简单运算，将方程组不断地进行简化，直至一个方程中只含有一个未知量，从而先解出一个未知量的值，随后得到方程组的解.

观察方程组的简化过程，虽然方程组在发生变化，但方程组中未知量 x_1、x_2、x_3 并未发生任何变化. 换言之，原方程组与方程组（1）～方程组（5）都是同解的等价方程组（equivalent system of linear equations），而发生变化的只有方程组中未知量的系数 a_{ij} 和常数 b_i，如果将这些系数和常数单列出来，就能够更清楚地看出方程组的简化过程：

$$\left(\begin{array}{ccc:c} 1 & 2 & -1 & 1 \\ 2 & -1 & 1 & 3 \\ -1 & 2 & 3 & 7 \end{array}\right) \to \underset{(1)}{\left(\begin{array}{ccc:c} 1 & 2 & -1 & 1 \\ 0 & -5 & 3 & 1 \\ 0 & 4 & 2 & 8 \end{array}\right)} \to \underset{(2)}{\left(\begin{array}{ccc:c} 1 & 2 & -1 & 1 \\ 0 & -1 & 5 & 9 \\ 0 & 2 & 1 & 4 \end{array}\right)} \to \underset{(3)}{\left(\begin{array}{ccc:c} 1 & 2 & -1 & 1 \\ 0 & -1 & 5 & 9 \\ 0 & 0 & 1 & 2 \end{array}\right)}$$

$$\to \underset{(4)}{\left(\begin{array}{ccc:c} 1 & 2 & 0 & 3 \\ 0 & 1 & 0 & 1 \\ 0 & 0 & 1 & 2 \end{array}\right)} \to \underset{(5)}{\left(\begin{array}{ccc:c} 1 & 0 & 0 & 1 \\ 0 & 1 & 0 & 1 \\ 0 & 0 & 1 & 2 \end{array}\right)}$$

. 数字阵列（5）表示的就是原方程组的解 $\begin{cases} x_1=1 \\ x_2=1 \\ x_3=2 \end{cases}$，所以方程组的求解过程可以用系数和常数表示.

二、矩阵的定义

矩阵的概念

定义 1－3（矩阵） 数字阵列 $\begin{pmatrix} a_{11} & \cdots & a_{1n} \\ \vdots & & \vdots \\ a_{m1} & \cdots & a_{mn} \end{pmatrix}$ 称为矩阵，矩阵通常用大写字母

$\boldsymbol{A}$、$\boldsymbol{B}$、$\boldsymbol{C}$、$\boldsymbol{D}$ 等来表示，一个 m 行 n 列的矩阵 $\mathbf{A}$ 可记为 $\mathbf{A}_{m\times n}$ 或 $(a_{ij})_{m\times n}$，其中 a_{ij} 称为矩阵的元素，i 表示行标，j 表示列标，$m\times n$ 表示矩阵的结构是 m 行 n 列.

在线性方程组（1-1）中，由系数构成的矩阵

$$\mathbf{A}=\begin{pmatrix} a_{11} & \cdots & a_{1n} \\ \vdots & & \vdots \\ a_{m1} & \cdots & a_{mn} \end{pmatrix}$$

称为方程组（1-1）的系数矩阵.

矩阵 $(\mathbf{A}\ \vdots\ \boldsymbol{b})=\left(\begin{array}{cccc:c} a_{11} & a_{12} & \cdots & a_{1n} & b_1 \\ a_{21} & a_{22} & \cdots & a_{2n} & b_2 \\ \vdots & \vdots & & \vdots & \vdots \\ a_{m1} & a_{m2} & \cdots & a_{mn} & b_m \end{array}\right)$ 称为方程组（1-1）的增广矩阵（augmented matrix）.

对于方程个数和未知量个数相同的 n 元线性方程组：

$$\begin{cases} a_{11}x_1+a_{12}x_2+\cdots+a_{1n}x_n=b_1 \\ a_{21}x_1+a_{22}x_2+\cdots+a_{2n}x_n=b_2 \\ \qquad\vdots \\ a_{n1}x_1+a_{n2}x_2+\cdots+a_{nn}x_n=b_n \end{cases} \tag{1-2}$$

其系数矩阵为 $\mathbf{A}=\begin{pmatrix} a_{11} & a_{12} & \cdots & a_{1n} \\ a_{21} & a_{22} & \cdots & a_{2n} \\ \vdots & \vdots & & \vdots \\ a_{n1} & a_{n2} & \cdots & a_{nn} \end{pmatrix}$，称为 n 阶方阵，记为 $\mathbf{A}_n$；常数矩阵

$\boldsymbol{b}=\begin{pmatrix} b_1 \\ b_2 \\ \vdots \\ b_n \end{pmatrix}$ 只有一列，称为列矩阵，记为 $\boldsymbol{b}_{n\times 1}$.

只有一行的矩阵，如 $\boldsymbol{c}=(c_1,c_2,\cdots,c_n)$，称为行矩阵，记为 $\boldsymbol{c}_{1\times n}$.

注：行矩阵或列矩阵也称为行向量或列向量，通常用小写黑体字母 $\boldsymbol{\alpha}$、$\boldsymbol{\beta}$、$\boldsymbol{a}$、$\boldsymbol{b}$、$\boldsymbol{x}$、$\boldsymbol{y}$ 等表示.

元素都是零的矩阵称为零矩阵，记作 $\boldsymbol{O}$.

定义 1-4（矩阵相等） 设矩阵 $\mathbf{A}=(a_{ij})$ 与 $\boldsymbol{B}=(b_{ij})$ 都是 $m\times n$ 矩阵，且它们对应位置的元素相等，即 $a_{ij}=b_{ij}(i=1,2,\cdots,m;j=1,2,\cdots,n)$，则称矩阵 $\mathbf{A}$

与矩阵$\boldsymbol{B}$相等，记为$\boldsymbol{A}=\boldsymbol{B}$.

判定矩阵相等的两个要点是：①矩阵结构相同，都是m行n列，称为同型矩阵；②对应位置的元素相等，即$a_{ij}=b_{ij}$.

注：两个零矩阵不一定相等.

三、矩阵运算

1. 矩阵的加法

矩阵的简单计算

定义 1-5（矩阵的加法） 两个$m\times n$矩阵$\boldsymbol{A}=(a_{ij})$与$\boldsymbol{B}=(b_{ij})$（$i=1,2,\cdots,m;j=1,2,\cdots,n$），其对应位置的元素相加得到的矩阵称为矩阵$\boldsymbol{A}$与$\boldsymbol{B}$的和，记为$\boldsymbol{A}+\boldsymbol{B}$，即

$$\boldsymbol{A}+\boldsymbol{B}=(a_{ij})_{m\times n}+(b_{ij})_{m\times n}=(a_{ij}+b_{ij})_{m\times n}$$

注：只有当两个矩阵是同型矩阵时，才能进行加法运算.

定义 1-6（负矩阵） 矩阵$\begin{pmatrix}-a_{11} & \cdots & -a_{1n}\\ \vdots & & \vdots\\ -a_{m1} & \cdots & -a_{mn}\end{pmatrix}$称为矩阵$\boldsymbol{A}=\begin{pmatrix}a_{11} & \cdots & a_{1n}\\ \vdots & & \vdots\\ a_{m1} & \cdots & a_{mn}\end{pmatrix}$的负矩阵，记为$-\boldsymbol{A}$.

容易验证矩阵的加法满足以下运算规律（设$\boldsymbol{A}$，$\boldsymbol{B}$，$\boldsymbol{C}$，$\boldsymbol{O}$都是$m\times n$矩阵）：

$$\boldsymbol{A}+\boldsymbol{B}=\boldsymbol{B}+\boldsymbol{A}$$

$$(\boldsymbol{A}+\boldsymbol{B})+\boldsymbol{C}=\boldsymbol{A}+(\boldsymbol{B}+\boldsymbol{C})$$

$$\boldsymbol{A}+\boldsymbol{O}=\boldsymbol{O}+\boldsymbol{A}=\boldsymbol{A}$$

$$\boldsymbol{A}+(-\boldsymbol{A})=\boldsymbol{O}$$

2. 数与矩阵相乘

定义 1-7（矩阵的数乘） 数k乘以矩阵$\boldsymbol{A}$的每一个元素所得到的矩阵，称为数k与矩阵$\boldsymbol{A}$的积，记为$k\boldsymbol{A}$或$\boldsymbol{A}k$，即

$$k\boldsymbol{A}=\boldsymbol{A}k=\begin{pmatrix}ka_{11} & \cdots & ka_{1n}\\ \vdots & & \vdots\\ ka_{m1} & \cdots & ka_{mn}\end{pmatrix}$$

矩阵的数乘满足以下运算规律（设$\boldsymbol{A}$、$\boldsymbol{B}$为$m\times n$矩阵，k、λ为常数）：①$1\cdot\boldsymbol{A}=\boldsymbol{A}$；②$(k\lambda)\boldsymbol{A}=k(\lambda\boldsymbol{A})$；③$(k+\lambda)\boldsymbol{A}=k\boldsymbol{A}+\lambda\boldsymbol{A}$；④$k(\boldsymbol{A}+\boldsymbol{B})=k\boldsymbol{A}+k\boldsymbol{B}$.

例 1-1 设$\boldsymbol{A}=\begin{pmatrix}1 & 2 & 3\\ 3 & -1 & 2\end{pmatrix}$，$\boldsymbol{B}=\begin{pmatrix}-2 & 0 & 1\\ 1 & -2 & -1\end{pmatrix}$，求矩阵$\boldsymbol{X}$，使$\boldsymbol{A}+2\boldsymbol{X}=\boldsymbol{B}$.

解：由题意得

$$2\boldsymbol{X}=\boldsymbol{B}-\boldsymbol{A}=\begin{pmatrix}-2 & 0 & 1\\ 1 & -2 & -1\end{pmatrix}-\begin{pmatrix}1 & 2 & 3\\ 3 & -1 & 2\end{pmatrix}=\begin{pmatrix}-3 & -2 & -2\\ -2 & -1 & -3\end{pmatrix}$$

所以

$$\boldsymbol{X}=\begin{pmatrix}-\frac{3}{2} & -1 & -1\\ -1 & -\frac{1}{2} & -\frac{3}{2}\end{pmatrix}$$

3. 矩阵的乘法

引例　某地区有甲、乙、丙、丁 4 个工厂，主营炼铜，同时副产品为金、银，矩阵 $\boldsymbol{A}$ 表示一年中各工厂生产各种产品的数量，矩阵 $\boldsymbol{B}$ 表示各种产品的单位价格（元）及单位利润（元），矩阵 $\boldsymbol{C}$ 表示各工厂的总收入及总利润. 若

$$\boldsymbol{A}=\begin{pmatrix}a_{11} & a_{12} & a_{13}\\ a_{21} & a_{22} & a_{23}\\ a_{31} & a_{32} & a_{33}\\ a_{41} & a_{42} & a_{43}\end{pmatrix}\begin{matrix}\text{甲}\\ \text{乙}\\ \text{丙}\\ \text{丁}\end{matrix}\ (\text{列：金　银　铜}),\quad \boldsymbol{B}=\begin{pmatrix}b_{11} & b_{12}\\ b_{21} & b_{22}\\ b_{31} & b_{32}\end{pmatrix}\begin{matrix}\text{金}\\ \text{银}\\ \text{铜}\end{matrix}\ (\text{列：单位价格　单位利润}),\quad \boldsymbol{C}=\begin{pmatrix}c_{11} & c_{12}\\ c_{21} & c_{22}\\ c_{31} & c_{32}\\ c_{41} & c_{42}\end{pmatrix}\begin{matrix}\text{甲}\\ \text{乙}\\ \text{丙}\\ \text{丁}\end{matrix}\ (\text{列：总收入　总利润})$$

则

$$\begin{pmatrix}a_{11}b_{11}+a_{12}b_{21}+a_{13}b_{31} & a_{11}b_{12}+a_{12}b_{22}+a_{13}b_{32}\\ a_{21}b_{11}+a_{22}b_{21}+a_{23}b_{31} & a_{21}b_{12}+a_{22}b_{22}+a_{23}b_{32}\\ a_{31}b_{11}+a_{32}b_{21}+a_{33}b_{31} & a_{31}b_{12}+a_{32}b_{22}+a_{33}b_{32}\\ a_{41}b_{11}+a_{42}b_{21}+a_{43}b_{31} & a_{41}b_{12}+a_{42}b_{22}+a_{43}b_{32}\end{pmatrix}=\begin{pmatrix}c_{11} & c_{12}\\ c_{21} & c_{22}\\ c_{31} & c_{32}\\ c_{41} & c_{42}\end{pmatrix}$$

定义 1－8（矩阵的乘法）　设 $\boldsymbol{A}=(a_{ij})_{m\times s}=\begin{pmatrix}a_{11} & \cdots & a_{1s}\\ \vdots & & \vdots\\ a_{m1} & \cdots & a_{ms}\end{pmatrix}$，$\boldsymbol{B}=(b_{ij})_{s\times n}=\begin{pmatrix}b_{11} & \cdots & b_{1n}\\ \vdots & & \vdots\\ b_{s1} & \cdots & b_{sn}\end{pmatrix}$，则矩阵 $\boldsymbol{A}$ 与 $\boldsymbol{B}$ 的乘积 $\boldsymbol{C}$ 是一个 $m\times n$ 矩阵，即 $\boldsymbol{C}=(c_{ij})_{m\times n}$.

其中

$$c_{ij}=a_{i1}b_{1j}+a_{i2}b_{2j}+\cdots+a_{is}b_{sj}=\sum_{k=1}^{s}a_{ik}b_{kj}\quad(i=1,2,\cdots,m;j=1,2,\cdots,n)\tag{1－3}$$

并把此乘积记作：$\boldsymbol{C}=\boldsymbol{AB}$.

注：

(1) $\boldsymbol{AB}$ 读作矩阵 $\boldsymbol{A}$ 左乘矩阵 $\boldsymbol{B}$ 或矩阵 $\boldsymbol{B}$ 右乘矩阵 $\boldsymbol{A}$. 矩阵 $\boldsymbol{A}$ 可以左乘矩阵

$\boldsymbol{B}$ 的条件是：矩阵 $\boldsymbol{A}$ 的列数等于矩阵 $\boldsymbol{B}$ 的行数.

（2）若 $\boldsymbol{C}=\boldsymbol{AB}$，则矩阵 $\boldsymbol{C}$ 的元素 c_{ij} 等于矩阵 $\boldsymbol{A}$ 的第 i 行元素与矩阵 $\boldsymbol{B}$ 的第 j 列对应元素乘积的和，即

$$c_{ij}=(a_{i1},a_{i2},\cdots,a_{is})\begin{pmatrix}b_{1j}\\b_{2j}\\\vdots\\b_{sj}\end{pmatrix}=a_{i1}b_{1j}+a_{i2}b_{2j}+\cdots+a_{is}b_{sj}$$

对于 $\boldsymbol{C}=\boldsymbol{AB}$，乘积矩阵 $\boldsymbol{C}$ 的结构由 $\boldsymbol{A}$ 的行数和 $\boldsymbol{B}$ 的列数来决定，即

$$\boldsymbol{C}_{m\times n}=\boldsymbol{A}_{m\times s}\boldsymbol{B}_{s\times n}$$

例 1－2　设 $\boldsymbol{A}=\begin{pmatrix}1&0&3\\2&1&0\end{pmatrix}$，$\boldsymbol{B}=\begin{pmatrix}4&1\\-1&1\\2&0\end{pmatrix}$，求 $\boldsymbol{AB}$ 和 $\boldsymbol{BA}$.

解： $\boldsymbol{AB}=\begin{pmatrix}1&0&3\\2&1&0\end{pmatrix}\begin{pmatrix}4&1\\-1&1\\2&0\end{pmatrix}=\begin{pmatrix}1\times4+0\times(-1)+3\times2&1\times1+0\times1+3\times0\\2\times4+1\times(-1)+0\times2&2\times1+1\times1+0\times0\end{pmatrix}$

$$=\begin{pmatrix}10&1\\7&3\end{pmatrix}$$

$$\boldsymbol{BA}=\begin{pmatrix}4&1\\-1&1\\2&0\end{pmatrix}\begin{pmatrix}1&0&3\\2&1&0\end{pmatrix}=\begin{pmatrix}6&1&12\\1&1&-3\\2&0&6\end{pmatrix}$$

例 1－3　设 $\boldsymbol{A}=\begin{pmatrix}-2&4\\1&-2\end{pmatrix}$，$\boldsymbol{B}=\begin{pmatrix}2&4\\-3&-6\end{pmatrix}$，求 $\boldsymbol{AB}$ 和 $\boldsymbol{BA}$.

解：

$$\boldsymbol{AB}=\begin{pmatrix}-2&4\\1&-2\end{pmatrix}\begin{pmatrix}2&4\\-3&-6\end{pmatrix}=\begin{pmatrix}-16&-32\\8&16\end{pmatrix}$$

$$\boldsymbol{BA}=\begin{pmatrix}2&4\\-3&-6\end{pmatrix}\begin{pmatrix}-2&4\\1&-2\end{pmatrix}=\begin{pmatrix}0&0\\0&0\end{pmatrix}$$

例 1－4　设 $\boldsymbol{A}=(3,1,0)$，$\boldsymbol{B}=\begin{pmatrix}2&1\\-4&0\\-3&5\end{pmatrix}$，求 $\boldsymbol{AB}$.

解：

$$\boldsymbol{AB}=(3,1,0)\begin{pmatrix}2&1\\-4&0\\-3&5\end{pmatrix}=(2,3)$$

注：例 1-4 中 $\boldsymbol{BA}$ 无意义.

小结：

（1）一般地，矩阵的乘法不满足交换律，即 $\boldsymbol{AB}\neq\boldsymbol{BA}$，如例 1-2、例 1-3 和例 1-4. 但是也有例外，例如，设 $\boldsymbol{A}=\begin{pmatrix}1&1\\0&1\end{pmatrix}$，$\boldsymbol{B}=\begin{pmatrix}1&2\\0&1\end{pmatrix}$，通过计算可知 $\boldsymbol{AB}=\boldsymbol{BA}$.

若矩阵 $\boldsymbol{A}$、$\boldsymbol{B}$ 满足 $\boldsymbol{AB}=\boldsymbol{BA}$，则称 $\boldsymbol{A}$ 与 $\boldsymbol{B}$ 可交换.

（2）两个非零矩阵的乘积也可能是零矩阵，即 $\boldsymbol{AB}=\boldsymbol{O}$ 不能推出 $\boldsymbol{A}=\boldsymbol{O}$ 或 $\boldsymbol{B}=\boldsymbol{O}$，如例 1-3.

（3）一般地，矩阵的乘法不满足消去律，即当 $\boldsymbol{AC}=\boldsymbol{BC}$ 且 $\boldsymbol{C}\neq\boldsymbol{O}$ 时，不一定有 $\boldsymbol{A}=\boldsymbol{B}$，如 $\boldsymbol{A}=\begin{pmatrix}1&2\\0&3\end{pmatrix}$，$\boldsymbol{B}=\begin{pmatrix}1&0\\0&4\end{pmatrix}$，$\boldsymbol{C}=\begin{pmatrix}1&1\\0&0\end{pmatrix}$，有 $\boldsymbol{AC}=\boldsymbol{BC}$，但 $\boldsymbol{A}\neq\boldsymbol{B}$.

矩阵的乘法满足以下运算规律（假设运算都是可行的）：

$$(\boldsymbol{AB})\boldsymbol{C}=\boldsymbol{A}(\boldsymbol{BC})$$

$$(\boldsymbol{A}+\boldsymbol{B})\boldsymbol{C}=\boldsymbol{AC}+\boldsymbol{BC}$$

$$\boldsymbol{C}(\boldsymbol{A}+\boldsymbol{B})=\boldsymbol{CA}+\boldsymbol{CB}$$

$$k(\boldsymbol{AB})=(k\boldsymbol{A})\boldsymbol{B}=\boldsymbol{A}(k\boldsymbol{B})\quad (k\text{ 为常数})$$

例 1-5　设 $\boldsymbol{A}=\begin{pmatrix}0&1&0&0\\0&0&1&0\\0&0&0&1\\0&0&0&0\end{pmatrix}$，求所有与 $\boldsymbol{A}$ 可交换的矩阵.

解：设与 $\boldsymbol{A}$ 可交换的矩阵为

$$\boldsymbol{B}=\begin{pmatrix}a&b&c&d\\a_1&b_1&c_1&d_1\\a_2&b_2&c_2&d_2\\a_3&b_3&c_3&d_3\end{pmatrix}$$

则

$$\boldsymbol{AB}=\begin{pmatrix}0&1&0&0\\0&0&1&0\\0&0&0&1\\0&0&0&0\end{pmatrix}\begin{pmatrix}a&b&c&d\\a_1&b_1&c_1&d_1\\a_2&b_2&c_2&d_2\\a_3&b_3&c_3&d_3\end{pmatrix}=\begin{pmatrix}a_1&b_1&c_1&d_1\\a_2&b_2&c_2&d_2\\a_3&b_3&c_3&d_3\\0&0&0&0\end{pmatrix}$$

$$BA=\begin{pmatrix}a&b&c&d\\a_1&b_1&c_1&d_1\\a_2&b_2&c_2&d_2\\a_3&b_3&c_3&d_3\end{pmatrix}\begin{pmatrix}0&1&0&0\\0&0&1&0\\0&0&0&1\\0&0&0&0\end{pmatrix}=\begin{pmatrix}0&a&b&c\\0&a_1&b_1&c_1\\0&a_2&b_2&c_2\\0&a_3&b_3&c_3\end{pmatrix}$$

由 $AB=BA$，得

$$a_1=a_2=a_3=b_2=b_3=c_3=0,\quad b_1=c_2=d_3=a,\quad c_1=d_2=b,\quad d_1=c$$

所以 $B=\begin{pmatrix}a&b&c&d\\0&a&b&c\\0&0&a&b\\0&0&0&a\end{pmatrix}$，其中 a、b、c、d 为任意常数.

4. 矩阵的转置

定义 1-9（转置矩阵） 将 $m\times n$ 矩阵 A 的行与列互换得到的 $n\times m$ 矩阵，称为矩阵 A 的转置矩阵，记为 A^{T} 或 A'. 即若 $A=\begin{pmatrix}a_{11}&\cdots&a_{1n}\\\vdots&&\vdots\\a_{m1}&\cdots&a_{mn}\end{pmatrix}$，则

$$A^{\mathrm{T}}=\begin{pmatrix}a_{11}&\cdots&a_{m1}\\\vdots&&\vdots\\a_{1n}&\cdots&a_{mn}\end{pmatrix}$$

矩阵的转置也是一种运算，满足以下运算规律（假设运算都是可行的）：

$$(A^{\mathrm{T}})^{\mathrm{T}}=A$$

$$(A+B)^{\mathrm{T}}=A^{\mathrm{T}}+B^{\mathrm{T}}$$

$$(kA)^{\mathrm{T}}=kA^{\mathrm{T}}$$

$$(AB)^{\mathrm{T}}=B^{\mathrm{T}}A^{\mathrm{T}}$$

这里只证明 $(AB)^{\mathrm{T}}=B^{\mathrm{T}}A^{\mathrm{T}}$. 设 $A=(a_{ij})_{m\times s}$，$B=(b_{ij})_{s\times n}$，记 $C=AB=(c_{ij})_{m\times n}$，$B^{\mathrm{T}}A^{\mathrm{T}}=D=(d_{ij})_{n\times m}$. 由式（1-3）得 $c_{ji}=\sum\limits_{k=1}^{s}a_{jk}b_{ki}$，而 B^{T} 的第 i 行为 $(b_{1i},b_{2i},\cdots,b_{si})$，$A^{\mathrm{T}}$ 的第 j 列为 $(a_{j1},a_{j2},\cdots,a_{js})$，所以 $d_{ij}=\sum\limits_{k=1}^{s}b_{ki}a_{jk}=\sum\limits_{k=1}^{s}a_{jk}b_{ki}$，有 $c_{ji}=d_{ij}(i=1,2,\cdots,n;j=1,2,\cdots,m)$，即 $D=C^{\mathrm{T}}$.

例 1-6 设 $A=\begin{pmatrix}1&-1&2\\0&1&3\\1&2&1\end{pmatrix}$，$B=\begin{pmatrix}3&1\\2&2\\1&-1\end{pmatrix}$，求 $(AB)^{\mathrm{T}}$.

解法一：
$$AB=\begin{pmatrix}1&-1&2\\0&1&3\\1&2&1\end{pmatrix}\begin{pmatrix}3&1\\2&2\\1&-1\end{pmatrix}=\begin{pmatrix}3&-3\\5&-1\\8&4\end{pmatrix}$$

$$(AB)^{\mathrm{T}}=\begin{pmatrix}3&-3\\5&-1\\8&4\end{pmatrix}^{\mathrm{T}}=\begin{pmatrix}3&5&8\\-3&-1&4\end{pmatrix}$$

解法二： $(AB)^{\mathrm{T}}=B^{\mathrm{T}}A^{\mathrm{T}}=\begin{pmatrix}3&2&1\\1&2&-1\end{pmatrix}\begin{pmatrix}1&0&1\\-1&1&2\\2&3&1\end{pmatrix}=\begin{pmatrix}3&5&8\\-3&-1&4\end{pmatrix}$

例 1-7　设 $A=\begin{pmatrix}2&0\\1&1\end{pmatrix}$，$B=\begin{pmatrix}3\\1\end{pmatrix}$，验证：$(AB)^{\mathrm{T}}=B^{\mathrm{T}}A^{\mathrm{T}}\neq A^{\mathrm{T}}B^{\mathrm{T}}$.

解： $AB=\begin{pmatrix}2&0\\1&1\end{pmatrix}\begin{pmatrix}3\\1\end{pmatrix}=\begin{pmatrix}6\\4\end{pmatrix}$，所以 $(AB)^{\mathrm{T}}=(6,4)$.

$B^{\mathrm{T}}A^{\mathrm{T}}=(3,1)\begin{pmatrix}2&1\\0&1\end{pmatrix}=(6,4)$，所以 $(AB)^{\mathrm{T}}=B^{\mathrm{T}}A^{\mathrm{T}}$，但是 $A^{\mathrm{T}}B^{\mathrm{T}}$ 无法运算.

四、方阵

行数与列数相同的矩阵叫作方阵. 如前所述，对应于方程个数和未知量个数相同的 n 元线性方程组的系数矩阵就是一个方阵，方阵具有一些特殊、重要的性质.

1. 方阵的幂

定义 1-10（方阵的幂）　设 A 是 n 阶方阵，则称 $A^k=\underbrace{A\cdot A\cdot\cdots\cdot A}_{k个}$（$k$ 为正整数）为矩阵 A 的 k 次幂.

方阵的幂满足以下运算规律：

$$A^m\cdot A^n=A^{m+n}$$
$$(A^m)^n=A^{mn}$$

式中 m、n 为任意正整数.

注： 由于矩阵的乘法不满足交换律，所以一般情况下：

$$(AB)^k\neq A^kB^k\quad(k\geqslant 2)$$

$$(A+B)^2=A^2+AB+BA+B^2\neq A^2+2AB+B^2$$

$$(A-B)(A+B)\neq A^2-B^2$$

2. 几种重要的方阵

（1）对称矩阵（symmetric matrix）：如果 n 阶方阵 $\boldsymbol{A}=(a_{ij})_{n\times n}$ 满足 $\boldsymbol{A}^{\mathrm{T}}=\boldsymbol{A}$，即 $a_{ij}=a_{ji}(i,j=1,2,\cdots,n)$，则称 $\boldsymbol{A}$ 为对称矩阵.

显然，对称矩阵 $\boldsymbol{A}$ 的元素关于主对角线对称（虚线为主对角线）.

例如，$\begin{pmatrix}0&-1\\-1&0\end{pmatrix}\begin{pmatrix}1&0&\frac{1}{2}\\0&2&-1\\\frac{1}{2}&-1&3\end{pmatrix}$均为对称矩阵.

如果 $\boldsymbol{A}^{\mathrm{T}}=-\boldsymbol{A}$，则称 $\boldsymbol{A}$ 为反对称矩阵.

容易验证：①同阶对称矩阵的和仍为对称矩阵；②数乘对称矩阵仍为对称矩阵.

但是，对称矩阵的积未必是对称矩阵，如$\begin{pmatrix}0&-1\\-1&1\end{pmatrix}\begin{pmatrix}1&1\\1&1\end{pmatrix}=\begin{pmatrix}-1&-1\\0&0\end{pmatrix}$（非对称矩阵）.

（2）对角矩阵：主对角线以外的元素全为零的方阵，称为对角矩阵，简记为

$$\boldsymbol{A}=\mathrm{diag}(\lambda_1,\lambda_2,\cdots,\lambda_n)=\begin{pmatrix}\lambda_1&&\\&\ddots&\\&&\lambda_n\end{pmatrix}$$

对角矩阵具有以下性质：

1）若 $\boldsymbol{A}$ 为对角矩阵，则 $\boldsymbol{A}^{\mathrm{T}}=\boldsymbol{A}$，即对角矩阵是一个特殊的对称矩阵.

2）若 $\boldsymbol{A}$、$\boldsymbol{B}$ 是对角矩阵，则 $\boldsymbol{A}+\boldsymbol{B}$ 也是对角矩阵.

3）数 k 与对角矩阵 $\boldsymbol{A}$ 的乘积 $k\boldsymbol{A}$ 仍是对角矩阵.

4）两个同阶对角矩阵相乘可交换，其积也是对角矩阵，即

$$\begin{pmatrix}a_{11}&&\\&\ddots&\\&&a_{nn}\end{pmatrix}\begin{pmatrix}b_{11}&&\\&\ddots&\\&&b_{nn}\end{pmatrix}=\begin{pmatrix}a_{11}b_{11}&&\\&\ddots&\\&&a_{nn}b_{nn}\end{pmatrix}=\begin{pmatrix}b_{11}&&\\&\ddots&\\&&b_{nn}\end{pmatrix}\begin{pmatrix}a_{11}&&\\&\ddots&\\&&a_{nn}\end{pmatrix}$$

（3）数量矩阵与单位矩阵.

对角矩阵中，主对角线上的元素为同一数值时称为**数量矩阵**.

特别地，$\begin{pmatrix}1&&\\&\ddots&\\&&1\end{pmatrix}_{n\times n}$ 称为单位矩阵，记为 $\boldsymbol{E}_n$（或 $\boldsymbol{I}_n$）. 即单位矩阵的主对角线上的元素都为 1，而其他位置上的元素都为 0.

n 阶数量矩阵可表示为 $\begin{pmatrix} \lambda & & \\ & \ddots & \\ & & \lambda \end{pmatrix}_{n\times n}=\lambda\boldsymbol{E}_n$.

n 阶数量矩阵 $\lambda\boldsymbol{E}_n$ 与任意可乘矩阵作乘法时，有

$$\lambda\boldsymbol{E}_n\cdot\boldsymbol{B}_{n\times k}=\begin{pmatrix} \lambda & & \\ & \ddots & \\ & & \lambda \end{pmatrix}_{n\times n}\begin{pmatrix} b_{11} & \cdots & b_{1k} \\ \vdots & & \vdots \\ b_{n1} & \cdots & b_{nk} \end{pmatrix}=\begin{pmatrix} \lambda b_{11} & \cdots & \lambda b_{1k} \\ \vdots & & \vdots \\ \lambda b_{n1} & \cdots & \lambda b_{nk} \end{pmatrix}=\lambda\boldsymbol{B}_{n\times k}$$

可见，n 阶数量矩阵与矩阵 $\boldsymbol{B}$ 作乘法时，相当于数 λ 与矩阵 $\boldsymbol{B}$ 相乘.

五、方程组的矩阵形式

在线性方程组（1-1）中，若记系数矩阵 $\boldsymbol{A}=\begin{pmatrix} a_{11} & \cdots & a_{1n} \\ \vdots & & \vdots \\ a_{m1} & \cdots & a_{mn} \end{pmatrix}$，常数矩阵 $\boldsymbol{b}=\begin{pmatrix} b_1 \\ b_2 \\ \vdots \\ b_m \end{pmatrix}$，未知量矩阵 $\boldsymbol{x}=\begin{pmatrix} x_1 \\ x_2 \\ \vdots \\ x_n \end{pmatrix}$，则线性方程组（1-1）可表示为

$$\boldsymbol{A}\boldsymbol{x}=\boldsymbol{b} \tag{1-4}$$

称式（1-4）为线性方程组（1-1）的矩阵形式.

若将线性方程组（1-1）中的常数改为变量，则向量 $\boldsymbol{x}=\begin{pmatrix} x_1 \\ x_2 \\ \vdots \\ x_n \end{pmatrix}$ 与 $\boldsymbol{y}=\begin{pmatrix} y_1 \\ y_2 \\ \vdots \\ y_m \end{pmatrix}$ 之间的关系式

$$\begin{cases} a_{11}x_1+a_{12}x_2+\cdots+a_{1n}x_n=y_1 \\ a_{21}x_1+a_{22}x_2+\cdots+a_{2n}x_n=y_2 \\ \quad\vdots \\ a_{m1}x_1+a_{m2}x_2+\cdots+a_{mn}x_n=y_m \end{cases} \tag{1-5}$$

称为从 $\boldsymbol{x}$ 到 $\boldsymbol{y}$ 的线性变换，$\boldsymbol{A}=\begin{pmatrix} a_{11} & \cdots & a_{1n} \\ \vdots & & \vdots \\ a_{m1} & \cdots & a_{mn} \end{pmatrix}$ 称为线性变换的系数矩阵.

线性变换（1-5）的矩阵形式为

$$\boldsymbol{y}=\boldsymbol{A}\boldsymbol{x} \tag{1-6}$$

可见，线性变换与其系数矩阵之间存在一一对应关系，因此，可利用矩阵来研究线性变换，也可利用线性变换来研究矩阵.

例 1-8 线性变换$\begin{cases} y_1 = x_1 \\ y_2 = x_2 \\ \vdots \\ y_n = x_n \end{cases}$实际上是一恒等变换，其系数矩阵为单位矩阵 $\boldsymbol{E}_n$，即 $\boldsymbol{y}=\boldsymbol{E}_n\boldsymbol{x}=\boldsymbol{x}$.

再如，线性变换$\begin{cases} y_1 = \lambda_1 x_1 \\ y_2 = \lambda_2 x_2 \\ \vdots \\ y_n = \lambda_n x_n \end{cases}$可表示为 $\boldsymbol{y}=\boldsymbol{A}\boldsymbol{x}$ 其系数矩阵为对角矩阵$\boldsymbol{A}=\begin{pmatrix} \lambda_1 & & \\ & \ddots & \\ & & \lambda_n \end{pmatrix}$.

例 1-9 设线性变换 $\boldsymbol{y}=\boldsymbol{A}\boldsymbol{x}$，其中 $\boldsymbol{A}=\begin{pmatrix} 1 & 2 \\ 0 & 1 \end{pmatrix}$，$\boldsymbol{x}=\begin{pmatrix} 1 \\ 1 \end{pmatrix}$，试求出向量 $\boldsymbol{y}$，并指出该线性变换的几何意义.

解：

$$\boldsymbol{y}=\boldsymbol{A}\boldsymbol{x}=\begin{pmatrix} 1 & 2 \\ 0 & 1 \end{pmatrix}\begin{pmatrix} 1 \\ 1 \end{pmatrix}=\begin{pmatrix} 3 \\ 1 \end{pmatrix}$$

其几何意义是：线性变换 $\boldsymbol{y}=\boldsymbol{A}\boldsymbol{x}$ 将平面 x_1Ox_2 上的向量 $\boldsymbol{x}=\begin{pmatrix} 1 \\ 1 \end{pmatrix}$变换为该平面上的另一向量 $\boldsymbol{y}=\begin{pmatrix} 3 \\ 1 \end{pmatrix}$，其中 $\boldsymbol{A}=\begin{pmatrix} 1 & 2 \\ 0 & 1 \end{pmatrix}$为变换矩阵.

习 题 1-1

1. 利用回代法求解下列方程组：

(1) $\begin{cases} x_1+x_2+x_3=8 \\ \qquad 2x_2+x_3=5 \\ \qquad\qquad 3x_3=9 \end{cases}$；　(2) $\begin{cases} x_1+2x_2+2x_3+x_4=5 \\ \qquad 3x_2+x_3-2x_4=1 \\ \qquad\qquad -x_3+2x_4=-1 \\ \qquad\qquad\qquad 4x_4=4 \end{cases}$.

2. 在下列方程组中，将每一方程表示为平面上的一条直线，画出每一方程组所表示的直线并利用几何关系确定方程组解的个数：

(1) $\begin{cases}x_1+x_2=4\\x_1-x_2=2\end{cases}$；　(2) $\begin{cases}x_1+2x_2=4\\-2x_1-4x_2=4\end{cases}$.

3. 写出下列增广矩阵对应的方程组：

(1) $\left(\begin{array}{cc:c}3&2&8\\1&5&7\end{array}\right)$；　(2) $\left(\begin{array}{ccc:c}5&-2&1&3\\2&3&-4&0\end{array}\right)$；

(3) $\left(\begin{array}{ccc:c}2&1&4&-1\\4&-2&3&4\\5&2&6&-1\end{array}\right)$；　(4) $\left(\begin{array}{cccc:c}4&-3&1&2&4\\3&1&-5&6&5\\1&1&2&4&8\\5&1&3&-2&7\end{array}\right)$.

4. 证明方程组$\begin{cases}a_{11}x_1+a_{12}x_2=0\\a_{21}x_1+a_{22}x_2=0\end{cases}$一定有解，其中 a_{11}、a_{12}、a_{21}、a_{22} 均为实数.

5. 写出下列方程组对应的增广矩阵：

(1) $\begin{cases}3x_1+2x_2=1\\2x_1-3x_2=5\end{cases}$；　(2) $\begin{cases}2x_1+x_2+x_3=4\\x_1-x_2+2x_3=2\\3x_1-2x_2-x_3=0\end{cases}$.

6. 计算：

(1) $\begin{pmatrix}1\\2\\3\end{pmatrix}(1,2,3)$；　(2) $(1,2,3)\begin{pmatrix}1\\2\\3\end{pmatrix}$.

7. 设 $\boldsymbol{A}=\begin{pmatrix}\frac{1}{2}&-\frac{1}{2}\\-\frac{1}{2}&\frac{1}{2}\end{pmatrix}$，求 $\boldsymbol{A}^2$、$\boldsymbol{A}^3$ 及 $\boldsymbol{A}^n$.

8. 求非零矩阵 $\boldsymbol{A}$、$\boldsymbol{B}$、$\boldsymbol{C}$，使得 $\boldsymbol{AC}=\boldsymbol{BC}$ 且 $\boldsymbol{A}\neq\boldsymbol{B}$.

9. 设 $\boldsymbol{A}=\begin{pmatrix}1&1\\0&1\end{pmatrix}$，求所有与 $\boldsymbol{A}$ 可交换的矩阵.

10. 两个对称矩阵的乘积是否一定是对称矩阵？证明你的结论.

11. 设 $\boldsymbol{A}_{m\times n}$，证明：$\boldsymbol{A}^{\mathrm{T}}\boldsymbol{A}$ 和 $\boldsymbol{AA}^{\mathrm{T}}$ 都是对称矩阵.

12. 设 $\boldsymbol{A}$、$\boldsymbol{B}$ 是两个 n 阶对称矩阵，证明：当且仅当 $\boldsymbol{A}$ 与 $\boldsymbol{B}$ 可交换时，$\boldsymbol{AB}$ 是对称矩阵.

13. 如果 $\boldsymbol{A}^{\mathrm{T}}=-\boldsymbol{A}$，则称矩阵 $\boldsymbol{A}$ 为反对称矩阵，证明：反对称矩阵主对角线上的元素都为零.

14. 设 $\boldsymbol{A}_{n\times n}$，且有 $\boldsymbol{B}=\boldsymbol{A}+\boldsymbol{A}^{\mathrm{T}}$，$\boldsymbol{C}=\boldsymbol{A}-\boldsymbol{A}^{\mathrm{T}}$，证明：

（1）$\boldsymbol{B}$ 是对称矩阵，$\boldsymbol{C}$ 是反对称矩阵；

（2）每一个 n 阶矩阵均可表示为一个对称矩阵和一个反对称矩阵的和.

习题 1－1
参考答案

第二节 逆 矩 阵

逆矩阵

一、矩阵的逆

对于非零实数 a，如果存在一个数 b，使 $ab=1$，则称 b 为 a 的倒数，即 $b=\dfrac{1}{a}=a^{-1}$. 将这一概念推广到矩阵，则有以下定义.

定义 1－11（逆矩阵） 设 $\boldsymbol{A}$ 为 n 阶矩阵，若存在一个矩阵 $\boldsymbol{B}$，使 $\boldsymbol{AB}=\boldsymbol{BA}=\boldsymbol{E}$，则称矩阵 $\boldsymbol{A}$ 为可逆的，矩阵 $\boldsymbol{B}$ 称为矩阵 $\boldsymbol{A}$ 的逆矩阵，简称 $\boldsymbol{A}$ 的逆，记为 $\boldsymbol{A}^{-1}$，即 $\boldsymbol{B}=\boldsymbol{A}^{-1}$.

若 $\boldsymbol{A}$ 可逆，则称 $\boldsymbol{A}$ 为非奇异矩阵；若 $\boldsymbol{A}$ 不可逆，则称 $\boldsymbol{A}$ 为奇异矩阵.

定理 1－1 若矩阵 $\boldsymbol{A}$ 可逆，则 $\boldsymbol{A}$ 的逆矩阵是唯一的.

证明： 设 $\boldsymbol{B}$ 和 $\boldsymbol{C}$ 都是 $\boldsymbol{A}$ 的逆矩阵，则有 $\boldsymbol{AB}=\boldsymbol{BA}=\boldsymbol{E}$，$\boldsymbol{AC}=\boldsymbol{CA}=\boldsymbol{E}$，所以 $\boldsymbol{B}=\boldsymbol{BE}=\boldsymbol{B}(\boldsymbol{AC})=(\boldsymbol{BA})\boldsymbol{C}=\boldsymbol{EC}=\boldsymbol{C}$，即 $\boldsymbol{A}$ 的逆矩阵唯一.

例 1－10 验证矩阵 $\boldsymbol{A}=\begin{pmatrix}1&2&3\\0&1&4\\0&0&1\end{pmatrix}$ 和矩阵 $\boldsymbol{B}=\begin{pmatrix}1&-2&5\\0&1&-4\\0&0&1\end{pmatrix}$ 是互逆的.

解：

$$\boldsymbol{AB}=\begin{pmatrix}1&2&3\\0&1&4\\0&0&1\end{pmatrix}\begin{pmatrix}1&-2&5\\0&1&-4\\0&0&1\end{pmatrix}=\begin{pmatrix}1&&\\&1&\\&&1\end{pmatrix}=\boldsymbol{E}$$

$$\boldsymbol{BA}=\begin{pmatrix}1&-2&5\\0&1&-4\\0&0&1\end{pmatrix}\begin{pmatrix}1&2&3\\0&1&4\\0&0&1\end{pmatrix}=\begin{pmatrix}1&&\\&1&\\&&1\end{pmatrix}=\boldsymbol{E}$$

所以 $\boldsymbol{A}$ 与 $\boldsymbol{B}$ 互为逆矩阵.

例 1－11 说明矩阵 $\boldsymbol{A}=\begin{pmatrix}1&0\\0&0\end{pmatrix}$ 不可逆.

解： 设 $\boldsymbol{B}$ 为任一 2×2 矩阵，则有

$$\boldsymbol{AB}=\begin{pmatrix}1&0\\0&0\end{pmatrix}\begin{pmatrix}a&b\\c&d\end{pmatrix}=\begin{pmatrix}a&b\\0&0\end{pmatrix}\neq\begin{pmatrix}1&\\&1\end{pmatrix}$$

所以矩阵 A 不可逆.

可证：若 $\boldsymbol{A}$、$\boldsymbol{B}$ 为 n 阶矩阵，且 $\boldsymbol{AB}=\boldsymbol{E}$（或 $\boldsymbol{BA}=\boldsymbol{E}$），则 $\boldsymbol{A}$ 可逆且 $\boldsymbol{B}=\boldsymbol{A}^{-1}$.

二、逆矩阵的运算性质

性质 1-1 若矩阵 $\boldsymbol{A}$ 可逆，则 $\boldsymbol{A}^{-1}$ 也可逆，且 $(\boldsymbol{A}^{-1})^{-1}=\boldsymbol{A}$.

性质 1-2 若矩阵 $\boldsymbol{A}$ 可逆，常数 $k\neq0$，则 $(k\boldsymbol{A})^{-1}=\frac{1}{k}\boldsymbol{A}^{-1}$.

性质 1-3 若 $\boldsymbol{A}$、$\boldsymbol{B}$ 是同阶可逆矩阵，则 $\boldsymbol{AB}$ 也可逆，且 $(\boldsymbol{AB})^{-1}=\boldsymbol{B}^{-1}\boldsymbol{A}^{-1}$.

性质 1-4 若矩阵 $\boldsymbol{A}$ 可逆，则 $\boldsymbol{A}^{\mathrm{T}}$ 也可逆，且有 $(\boldsymbol{A}^{\mathrm{T}})^{-1}=(\boldsymbol{A}^{-1})^{\mathrm{T}}$.

这里给出性质 1-3 和性质 1-4 的证明.

性质 1-3 的证明：

$$\boldsymbol{B}^{-1}\boldsymbol{A}^{-1}(\boldsymbol{AB})=\boldsymbol{B}^{-1}(\boldsymbol{A}^{-1}\boldsymbol{A})\boldsymbol{B}=\boldsymbol{E}$$

$$(\boldsymbol{AB})\boldsymbol{B}^{-1}\boldsymbol{A}^{-1}=\boldsymbol{A}(\boldsymbol{BB}^{-1})\boldsymbol{A}^{-1}=\boldsymbol{E}$$

所以

$$(\boldsymbol{AB})^{-1}=\boldsymbol{B}^{-1}\boldsymbol{A}^{-1}$$

推广：若 $\boldsymbol{A}_1,\boldsymbol{A}_2,\cdots,\boldsymbol{A}_k$ 均为 n 阶可逆矩阵，则乘积 $\boldsymbol{A}_1\boldsymbol{A}_2\cdots\boldsymbol{A}_k$ 也可逆，且 $(\boldsymbol{A}_1\boldsymbol{A}_2\cdots\boldsymbol{A}_k)^{-1}=\boldsymbol{A}_k^{-1}\cdots\boldsymbol{A}_2^{-1}\boldsymbol{A}_1^{-1}$.

性质 1-4 的证明：

$$\boldsymbol{A}^{\mathrm{T}}(\boldsymbol{A}^{-1})^{\mathrm{T}}=(\boldsymbol{A}^{-1}\cdot\boldsymbol{A})^{\mathrm{T}}=\boldsymbol{E}^{\mathrm{T}}=\boldsymbol{E}$$

$$(\boldsymbol{A}^{-1})^{\mathrm{T}}\boldsymbol{A}^{\mathrm{T}}=(\boldsymbol{A}\cdot\boldsymbol{A}^{-1})^{\mathrm{T}}=\boldsymbol{E}^{\mathrm{T}}=\boldsymbol{E}$$

所以

$$(\boldsymbol{A}^{\mathrm{T}})^{-1}=(\boldsymbol{A}^{-1})^{\mathrm{T}}$$

易证对角矩阵 $\begin{pmatrix}\lambda_1&&\\&\ddots&\\&&\lambda_n\end{pmatrix}^{-1}=\begin{pmatrix}\lambda_1^{-1}&&\\&\ddots&\\&&\lambda_n^{-1}\end{pmatrix}$，其中 $\lambda_i\neq0(i=1,2,\cdots,n)$.

例 1-12 已知方阵 $\boldsymbol{A}$ 满足 $\boldsymbol{A}^3=3\boldsymbol{A}(\boldsymbol{A}-\boldsymbol{E})$，证明：$\boldsymbol{E}-\boldsymbol{A}$ 可逆，并求 $(\boldsymbol{E}-\boldsymbol{A})^{-1}$.

证明： 因为 $3\boldsymbol{A}^2-3\boldsymbol{A}-\boldsymbol{A}^3=\boldsymbol{O}$，所以 $\boldsymbol{E}+3\boldsymbol{A}^2-3\boldsymbol{A}-\boldsymbol{A}^3=\boldsymbol{E}$，即

$$(\boldsymbol{E}-\boldsymbol{A})^3=\boldsymbol{E}$$

又因为 $(\boldsymbol{E}-\boldsymbol{A})^3=(\boldsymbol{E}-\boldsymbol{A})(\boldsymbol{E}-\boldsymbol{A})^2=\boldsymbol{E}=(\boldsymbol{E}-\boldsymbol{A})^2(\boldsymbol{E}-\boldsymbol{A})$，所以

$$(\boldsymbol{E}-\boldsymbol{A})^{-1}=(\boldsymbol{E}-\boldsymbol{A})^2$$

例 1-13 已知方阵 $\boldsymbol{A}$ 满足 $\boldsymbol{A}^2-\boldsymbol{A}-2\boldsymbol{E}=\boldsymbol{O}$，证明：$\boldsymbol{A}$ 及 $\boldsymbol{A}+2\boldsymbol{E}$ 都可逆.

证明：因为 $\boldsymbol{A}^2-\boldsymbol{A}-2\boldsymbol{E}=\boldsymbol{O}$，整理得 $\boldsymbol{A}(\boldsymbol{A}-\boldsymbol{E})=2\boldsymbol{E}$，即

$$\boldsymbol{A}\left(\frac{\boldsymbol{A}-\boldsymbol{E}}{2}\right)=\boldsymbol{E}$$

所以

$$\boldsymbol{A}^{-1}=\frac{\boldsymbol{A}-\boldsymbol{E}}{2}$$

因为 $\boldsymbol{A}^2-\boldsymbol{A}-2\boldsymbol{E}=\boldsymbol{O}$，所以 $\boldsymbol{A}^2-\boldsymbol{A}-6\boldsymbol{E}=-4\boldsymbol{E}$，整理得

$$(\boldsymbol{A}+2\boldsymbol{E})(\boldsymbol{A}-3\boldsymbol{E})=-4\boldsymbol{E}$$

$$(\boldsymbol{A}+2\boldsymbol{E})\ \frac{\boldsymbol{A}-3\boldsymbol{E}}{-4}=\boldsymbol{E}$$

所以

$$(\boldsymbol{A}+2\boldsymbol{E})^{-1}=-\frac{1}{4}\ (\boldsymbol{A}-3\boldsymbol{E})$$

三、解矩阵方程

对于矩阵方程 $\boldsymbol{AX}=\boldsymbol{B}$，$\boldsymbol{XA}=\boldsymbol{B}$，$\boldsymbol{AXB}=\boldsymbol{C}$，利用矩阵乘法的运算规律和逆矩阵的运算性质，通过在方程两边左乘或右乘相应的逆矩阵，可求出其解分别为 $\boldsymbol{X}=\boldsymbol{A}^{-1}\boldsymbol{B}$，$\boldsymbol{X}=\boldsymbol{BA}^{-1}$，$\boldsymbol{X}=\boldsymbol{A}^{-1}\boldsymbol{CB}^{-1}$.

例 1-14 设 $\boldsymbol{A}$、$\boldsymbol{B}$、$\boldsymbol{C}$ 为同阶矩阵，且 $\boldsymbol{A}$ 可逆，判别下列结论是否正确. 如果正确，试证明，如果不正确，试举反例说明.

(1) 若 $\boldsymbol{AB}=\boldsymbol{AC}$，则 $\boldsymbol{B}=\boldsymbol{C}$.

(2) 若 $\boldsymbol{AB}=\boldsymbol{CB}$，则 $\boldsymbol{A}=\boldsymbol{C}$.

解：(1) 正确. 因为 $\boldsymbol{AB}=\boldsymbol{AC}$ 且 $\boldsymbol{A}$ 可逆，所以 $\boldsymbol{A}^{-1}\boldsymbol{AB}=\boldsymbol{A}^{-1}\boldsymbol{AC}\Rightarrow\boldsymbol{B}=\boldsymbol{C}$.

(2) 不正确. 例如，设 $\boldsymbol{A}=\begin{pmatrix}1&2\\0&1\end{pmatrix}$，$\boldsymbol{B}=\begin{pmatrix}1&1\\1&1\end{pmatrix}$，$\boldsymbol{C}=\begin{pmatrix}3&0\\0&1\end{pmatrix}$，则

$$\boldsymbol{AB}=\begin{pmatrix}1&2\\0&1\end{pmatrix}\begin{pmatrix}1&1\\1&1\end{pmatrix}=\begin{pmatrix}3&3\\1&1\end{pmatrix}$$

$$\boldsymbol{CB}=\begin{pmatrix}3&0\\0&1\end{pmatrix}\begin{pmatrix}1&1\\1&1\end{pmatrix}=\begin{pmatrix}3&3\\1&1\end{pmatrix}$$

但是 $\boldsymbol{A}\neq\boldsymbol{C}$.

习 题 1-2

1. 设 $\boldsymbol{A}$ 为一个 n 阶矩阵，$\boldsymbol{x}$ 和 $\boldsymbol{y}$ 为 $\mathbf{R}^n$ 中的向量. 证明：如果 $\boldsymbol{Ax}=\boldsymbol{Ay}$ 且

$x \neq y$，则 $\boldsymbol{A}$ 不可逆.

2. 设 $\boldsymbol{A}=\begin{pmatrix} a_{11} & a_{12} \\ a_{21} & a_{22} \end{pmatrix}$，证明：若 $d=a_{11}a_{22}-a_{21}a_{12}\neq 0$，则 $\boldsymbol{A}^{-1}=\dfrac{1}{d}\begin{pmatrix} a_{22} & -a_{12} \\ -a_{21} & a_{11} \end{pmatrix}$.

3. 设 $\boldsymbol{A}^k=\boldsymbol{O}$（$k$ 为正整数），证明：$(\boldsymbol{E}-\boldsymbol{A})^{-1}=\boldsymbol{E}+\boldsymbol{A}+\boldsymbol{A}^2+\cdots+\boldsymbol{A}^{k-1}$.

4. 设 m 次多项式 $f(x)=a_0+a_1x+\cdots+a_nx^n$，记 $f(\boldsymbol{A})=a_0\boldsymbol{E}+a_1\boldsymbol{A}+\cdots+a_n\boldsymbol{A}^n$，$f(\boldsymbol{A})$ 称为方阵 $\boldsymbol{A}$ 的 n 次多项式.

习题 1-2
参考答案

（1）设 $\boldsymbol{\Lambda}=\begin{pmatrix} \lambda_1 & \\ & \lambda_2 \end{pmatrix}$，证明：$\boldsymbol{\Lambda}^k=\begin{pmatrix} \lambda_1^k & \\ & \lambda_2^k \end{pmatrix}$，$f(\boldsymbol{\Lambda})=\begin{pmatrix} f(\lambda_1) & \\ & f(\lambda_2) \end{pmatrix}$；

（2）设 $\boldsymbol{A}=\boldsymbol{P\Lambda P}^{-1}$，证明：$\boldsymbol{A}^k=\boldsymbol{P\Lambda}^k\boldsymbol{P}^{-1}$，$f(\boldsymbol{A})=\boldsymbol{P}f(\boldsymbol{\Lambda})\boldsymbol{P}^{-1}$.

初等变换和
初等矩阵

第三节　初等变换和初等矩阵

一、矩阵的初等变换

通过第一节例 1-1 的求解，说明了一个线性方程组的求解过程可以表现为增广矩阵的一系列演算过程. 所谓方程组的解，实际上就是原方程组的最简同解方程组. 在用增广矩阵代表的方程组的计算过程中，实际上是对矩阵的行进行了下面三种运算：

交换两行;任一行乘一个非零的实数;某一行的 k 倍加到另一行

上述三种矩阵的行运算称为矩阵的**初等行变换**.

显然，利用矩阵的三种初等行变换可以将线性方程组的解求出，在求解线性方程组的过程中，出现了式（4）和式（5）两种情况：

$$\underset{(1)}{\left(\begin{array}{ccc:c} 1 & 2 & -1 & 1 \\ 2 & -1 & 1 & 3 \\ -1 & 2 & 3 & 7 \end{array}\right)} \to \underset{(2)}{\left(\begin{array}{ccc:c} 1 & 2 & -1 & 1 \\ 0 & -5 & 3 & 1 \\ 0 & 4 & 2 & 8 \end{array}\right)} \to \underset{(3)}{\left(\begin{array}{ccc:c} 1 & 2 & -1 & 1 \\ 0 & -1 & 5 & 9 \\ 0 & 2 & 1 & 4 \end{array}\right)} \to$$

$$\underset{(4)}{\left(\begin{array}{ccc:c} 1 & 2 & -1 & 1 \\ 0 & -1 & 5 & 9 \\ 0 & 0 & 1 & 2 \end{array}\right)} \to \underset{(5)}{\left(\begin{array}{ccc:c} 1 & 0 & 0 & 1 \\ 0 & 1 & 0 & 1 \\ 0 & 0 & 1 & 2 \end{array}\right)}$$

式（4）形成了一种阶梯状，称为行阶梯形矩阵，如

$$\begin{pmatrix} 1 & 2 & -1 & \vdots & 1 \\ 0 & -1 & 5 & \vdots & 9 \\ 0 & 0 & 1 & \vdots & 2 \end{pmatrix}$$

如果矩阵满足以下条件：①可画出一条阶梯线，线的下方全是零；②每一行首非零元所在的列数不小于行数，则称之为**行阶梯形矩阵**.

从式（4）开始，再进行初等行变换，可以依次得到下列最简矩阵：

$$\begin{pmatrix} 1 & 2 & -1 & \vdots & 1 \\ 0 & -1 & 5 & \vdots & 9 \\ 0 & 0 & 1 & \vdots & 2 \end{pmatrix} \xrightarrow[r_1+r_3]{r_2-5r_3} \begin{pmatrix} 1 & 2 & 0 & \vdots & 3 \\ 0 & -1 & 0 & \vdots & -1 \\ 0 & 0 & 1 & \vdots & 2 \end{pmatrix} \xrightarrow[r_2\cdot(-1)]{r_1+2r_2} \begin{pmatrix} 1 & 0 & 0 & \vdots & 1 \\ 0 & 1 & 0 & \vdots & 1 \\ 0 & 0 & 1 & \vdots & 2 \end{pmatrix} \quad (5)$$

这里，用 $r_i \leftrightarrow r_j$ 表示交换矩阵的第 i 行和第 j 行，用 kr_i 表示用一个数 k 乘以矩阵的第 i 行，用 r_i+kr_j 表示将矩阵的第 j 行乘以 k 加到第 i 行.

在上面的化简过程中，矩阵中元素为零的位置越来越多，而矩阵（5）实际上对应的就是方程组的解. 可以很容易地将矩阵（5）还原为方程组的解 $\begin{cases} x_1=1 \\ x_2=1. \\ x_3=2 \end{cases}$

可见矩阵（5）已是行运算的最简形式了，称为行最简形矩阵。

形如

$$\begin{pmatrix} 1 & 0 & -1 & 0 & 4 \\ 0 & 1 & -1 & 0 & 3 \\ 0 & 0 & 0 & 1 & -3 \\ 0 & 0 & 0 & 0 & 0 \end{pmatrix}$$

如果行阶梯形矩阵满足以下条件：①非零行的首非零元素为 1；②每个首非零元素所在列的其余元素均为零，则称之为**行最简形矩阵**.

对矩阵来说，除了进行初等行变换，还可以进行初等列变换，只要将三种行运算做法中的“行”改为“列”即可，列用字母“c”表示，初等行变换和初等列变换统称为初等变换.

容易验证，初等变换的逆变换仍是初等变换，且变换类型相同. 例如，变换 $r_i \leftrightarrow r_j$ 的逆变换就是它本身；变换 kr_i 的逆变换是 $\frac{1}{k}r_i$；变换 r_i+kr_j 的逆变换是 r_i-kr_j.

对矩阵（5）再进行初等列变换可得

$$\underset{(5)}{\begin{pmatrix} 1 & 0 & 0 & \vdots & 1 \\ 0 & 1 & 0 & \vdots & 1 \\ 0 & 0 & 1 & \vdots & 2 \end{pmatrix}} \xrightarrow[\substack{c_4-c_2 \\ c_4-2c_3}]{c_4-c_1} \underset{(6)}{\begin{pmatrix} 1 & 0 & 0 & \vdots & 0 \\ 0 & 1 & 0 & \vdots & 0 \\ 0 & 0 & 1 & \vdots & 0 \end{pmatrix}}$$

矩阵（6）具有更简单的形式，称形如$\begin{pmatrix} \boldsymbol{E}_r & \boldsymbol{O} \\ \boldsymbol{O} & \boldsymbol{O} \end{pmatrix}$的矩阵为标准形矩阵，用字母$\boldsymbol{D}$表示.

一般地，矩阵$\boldsymbol{A}$的标准形矩阵$\boldsymbol{D}$具有如下特点：$\boldsymbol{D}$的左上角是一个单位矩阵，其余元素为零.

定理 1－2　任意一个矩阵$\boldsymbol{A}_{m\times n}$经过有限次的初等变换，可以化为以下标准形矩阵：

$$\boldsymbol{D}=\left(\begin{array}{ccc:ccc} 1 & & & & & \\ & \ddots & & & 0 & \\ & & 1 & & & \\ \hdashline & & & 0 & & \\ & 0 & & & \ddots & \\ & & & & & 0 \end{array}\right)_{m\times n} \begin{matrix} \left.\vphantom{\begin{matrix}1\\1\\1\end{matrix}}\right\} r\text{ 行} \\ \\ \\ \end{matrix} =\begin{pmatrix} \boldsymbol{E}_r & \boldsymbol{O}_{r\times(n-r)} \\ \boldsymbol{O}_{(m-r)\times r} & \boldsymbol{O}_{(m-r)\times(n-r)} \end{pmatrix}$$

（前 r 列：r 列）

证明：如果矩阵$\boldsymbol{A}$中所有的元素a_{ij}都是零，那么$\boldsymbol{A}$就是标准形矩阵$\boldsymbol{D}(r=0)$；如果矩阵$\boldsymbol{A}$中至少有一个元素非零，则总能将该非零元素移动到a_{11}，以$-\dfrac{a_{i1}}{a_{11}}$乘第一行加至第i行（$i=1,2,\cdots,m$），再以$-\dfrac{a_{1j}}{a_{11}}$乘所得矩阵的第一列加至第j列（$j=1,2,\cdots,n$），然后以$\dfrac{1}{a_{11}}$乘第一行，于是矩阵$\boldsymbol{A}$化为$\begin{pmatrix} \boldsymbol{E}_1 & \boldsymbol{O}_{1\times(n-1)} \\ \boldsymbol{O}_{(m-1)\times 1} & \boldsymbol{B}_1 \end{pmatrix}$.如果$\boldsymbol{B}_1=\boldsymbol{O}$，则$\boldsymbol{A}$已经化为$\boldsymbol{D}$的形式，否则，按照上述方法对矩阵$\boldsymbol{B}_1$继续进行下去，可证得结论.

推论 1－1　任一矩阵$\boldsymbol{A}$总可以经过有限次的初等行（列）变换化为行（列）阶梯形矩阵，进而化为行（列）最简形矩阵.

推论 1－2　如果矩阵$\boldsymbol{A}$为n阶可逆矩阵，则矩阵$\boldsymbol{A}$经过有限次初等变换可化为n阶单位矩阵$\boldsymbol{E}$.

例 1－15　利用初等变换将矩阵$\boldsymbol{A}=\begin{pmatrix} 2 & 1 & 2 & 3 \\ 4 & 1 & 3 & 5 \\ 2 & 0 & 1 & 2 \end{pmatrix}$化为行阶梯形矩阵、行最简形矩阵、标准形矩阵.

$$\text{解：} \boldsymbol{A}=\begin{pmatrix}2&1&2&3\\4&1&3&5\\2&0&1&2\end{pmatrix}\xrightarrow[r_3-r_1]{r_2-2r_1}\begin{pmatrix}2&1&2&3\\0&-1&-1&-1\\0&-1&-1&-1\end{pmatrix}\xrightarrow[\substack{r_2\times(-1)\\r_3+r_2}]{\frac{1}{2}r_1}\underset{\text{行阶梯形矩阵}}{\begin{pmatrix}1&\frac{1}{2}&1&\frac{3}{2}\\0&1&1&1\\0&0&0&0\end{pmatrix}}$$

$$\xrightarrow{r_1-\frac{1}{2}r_2}\underset{\text{行最简形矩阵}}{\begin{pmatrix}1&0&\frac{1}{2}&1\\0&1&1&1\\0&0&0&0\end{pmatrix}}\xrightarrow[\substack{c_4-c_1\\c_4-c_2}]{\substack{c_3-\frac{1}{2}c_1\\c_3-c_2}}\underset{\text{标准形矩阵}}{\begin{pmatrix}1&0&0&0\\0&1&0&0\\0&0&0&0\end{pmatrix}}$$

例 1-16　将矩阵 $A=\begin{pmatrix}1&0&1\\2&1&0\\-3&2&-5\end{pmatrix}$ 化为标准形矩阵.

$$\text{解：} \boldsymbol{A}\xrightarrow[r_3+3r_1]{r_2-2r_1}\begin{pmatrix}1&0&1\\0&1&-2\\0&2&-2\end{pmatrix}\xrightarrow{r_3-2r_2}\begin{pmatrix}1&0&1\\0&1&2\\0&0&2\end{pmatrix}\xrightarrow{\frac{1}{2}r_3}\begin{pmatrix}1&0&1\\0&1&2\\0&0&1\end{pmatrix}\xrightarrow[r_2-2r_3]{r_1-r_3}\begin{pmatrix}1&0&0\\0&1&0\\0&0&1\end{pmatrix}$$

二、初等矩阵

定义 1-12（初等矩阵）　对单位矩阵 $\boldsymbol{E}$ 施行一次初等变换得到的矩阵称为初等矩阵，三种初等变换分别对应着三种初等矩阵.

（1）单位矩阵 $\boldsymbol{E}$ 的第 i，j 行（列）互换得到的矩阵，记作 $\boldsymbol{E}(i，j)$，即

$$E(i,j)=\begin{pmatrix}1&&&&&&&&\\&\ddots&&&&&&&\\&&1&&&&&&\\&&&0&\cdots&1&&&\\&&&&1&&&&\\&&&\vdots&\ddots&\vdots&&&\\&&&&&1&&&\\&&&1&\cdots&0&&&\\&&&&&&1&&\\&&&&&&&\ddots&\\&&&&&&&&1\end{pmatrix}\begin{matrix}\\\\\\\text{第}i\text{行}\\\\\\\\\text{第}j\text{行}\\\\\\\\\end{matrix}$$

$$\qquad\qquad\qquad\text{第}i\text{列}\qquad\qquad\text{第}j\text{列}$$

例如，$\boldsymbol{E}(1,2)=\begin{pmatrix}0&1&0\\1&0&0\\0&0&1\end{pmatrix}$.

(2) 单位矩阵 $\boldsymbol{E}$ 的第 i 行(列)乘非零数 k 得到的矩阵，记作 $\boldsymbol{E}(i(k))$，即

$$\boldsymbol{E}(i(k))=\begin{pmatrix}1 & & & & \\ & \ddots & & & \\ & & k & & \\ & & & \ddots & \\ & & & & 1\end{pmatrix}\begin{matrix} \\ \\ \text{第}i\text{行} \\ \\ \\ \end{matrix}$$

$$\text{第}i\text{列}$$

例如，$\boldsymbol{E}(3(2))=\begin{pmatrix}1 & 0 & 0\\ 0 & 1 & 0\\ 0 & 0 & 2\end{pmatrix}$.

(3) 单位矩阵 $\boldsymbol{E}$ 的第 j 行乘数 k 加到第 i 行上，或 $\boldsymbol{E}$ 的第 i 列乘数 k 加到第 j 列上得到的矩阵，记作 $\boldsymbol{E}(i,j(k))$.

$$\boldsymbol{E}(i,j(k))=\begin{pmatrix}1 & & & & & \\ & \ddots & & & & \\ & & 1 & \cdots & k & \\ & & & \ddots & \vdots & \\ & & & & 1 & \\ & & & & & \ddots \\ & & & & & & 1\end{pmatrix}\begin{matrix} \\ \\ \text{第}i\text{行} \\ \\ \text{第}j\text{行} \\ \\ \\ \end{matrix}$$

$$\text{第}i\text{列} \qquad \text{第}j\text{列}$$

例如，$\boldsymbol{E}(1,3(3))=\begin{pmatrix}1 & 0 & 3\\ 0 & 1 & 0\\ 0 & 0 & 1\end{pmatrix}$.

初等矩阵具有下列性质：

$$\boldsymbol{E}(i,j)^{-1}=\boldsymbol{E}(i,j)$$

$$\boldsymbol{E}(i(k))^{-1}=\boldsymbol{E}\left(i\left(\frac{1}{k}\right)\right)$$

$$\boldsymbol{E}(i,j(k))^{-1}=\boldsymbol{E}(i,j(-k))$$

初等矩阵一定可逆(非奇异)，且其逆矩阵是与之同类型的初等矩阵.

例 1-17 设三阶矩阵 $\boldsymbol{A}=\begin{pmatrix}a_{11} & a_{12} & a_{13}\\ a_{21} & a_{22} & a_{23}\\ a_{31} & a_{32} & a_{33}\end{pmatrix}$，则

$$\boldsymbol{E}(1,2)\boldsymbol{A}=\begin{pmatrix}0&1&0\\1&0&0\\0&0&1\end{pmatrix}\begin{pmatrix}a_{11}&a_{12}&a_{13}\\a_{21}&a_{22}&a_{23}\\a_{31}&a_{32}&a_{33}\end{pmatrix}=\begin{pmatrix}a_{21}&a_{22}&a_{23}\\a_{11}&a_{12}&a_{13}\\a_{31}&a_{32}&a_{33}\end{pmatrix}$$

即 $\boldsymbol{E}(1,2)$ 左乘 $\boldsymbol{A}$ 相当于交换矩阵 $\boldsymbol{A}$ 的第一行和第二行.

$$\boldsymbol{A}\boldsymbol{E}(1,2)=\begin{pmatrix}a_{11}&a_{12}&a_{13}\\a_{21}&a_{22}&a_{23}\\a_{31}&a_{32}&a_{33}\end{pmatrix}\begin{pmatrix}0&1&0\\1&0&0\\0&0&1\end{pmatrix}=\begin{pmatrix}a_{12}&a_{11}&a_{13}\\a_{22}&a_{21}&a_{23}\\a_{32}&a_{31}&a_{33}\end{pmatrix}$$

即 $\boldsymbol{E}(1,2)$ 右乘 $\boldsymbol{A}$ 相当于交换矩阵 $\boldsymbol{A}$ 的第一列和第二列.

$$\boldsymbol{E}(3(2))\boldsymbol{A}=\begin{pmatrix}1&0&0\\0&1&0\\0&0&2\end{pmatrix}\begin{pmatrix}a_{11}&a_{12}&a_{13}\\a_{21}&a_{22}&a_{23}\\a_{31}&a_{32}&a_{33}\end{pmatrix}=\begin{pmatrix}a_{11}&a_{12}&a_{13}\\a_{21}&a_{22}&a_{23}\\2a_{31}&2a_{32}&2a_{33}\end{pmatrix}$$

即 $\boldsymbol{E}(3(2))$ 左乘 $\boldsymbol{A}$ 相当于对矩阵 $\boldsymbol{A}$ 进行第三行乘 2 的初等行变换.

$$\boldsymbol{A}\boldsymbol{E}(1,3(3))=\begin{pmatrix}a_{11}&a_{12}&a_{13}\\a_{21}&a_{22}&a_{23}\\a_{31}&a_{32}&a_{33}\end{pmatrix}\begin{pmatrix}1&0&3\\0&1&0\\0&0&1\end{pmatrix}=\begin{pmatrix}a_{11}&a_{12}&3a_{11}+a_{13}\\a_{21}&a_{22}&3a_{21}+a_{23}\\a_{31}&a_{32}&3a_{31}+a_{33}\end{pmatrix}$$

即 $\boldsymbol{E}(1,3(3))$ 右乘 $\boldsymbol{A}$ 相当于对矩阵 $\boldsymbol{A}$ 进行第一列乘 3 加到第三列的初等列变换.

显然，如果 $\boldsymbol{A}$ 是一个 $n\times m$ 矩阵，则 n 阶初等矩阵左乘 $\boldsymbol{A}$ 就相当于对 $\boldsymbol{A}$ 进行了一次相应的初等行变换；如果 $\boldsymbol{A}$ 是一个 $m\times n$ 矩阵，则 n 阶初等矩阵右乘 $\boldsymbol{A}$ 就相当于对 $\boldsymbol{A}$ 进行了一次相应的初等列变换.

定义 1-13（矩阵等价） 若存在有限个初等矩阵的序列 $\boldsymbol{P}_1,\boldsymbol{P}_2,\cdots,\boldsymbol{P}_k$ 和 $\boldsymbol{Q}_1,\boldsymbol{Q}_2,\cdots,\boldsymbol{Q}_t$，使 $\boldsymbol{B}=\boldsymbol{P}_k\cdots\boldsymbol{P}_2\boldsymbol{P}_1\boldsymbol{A}\boldsymbol{Q}_1\boldsymbol{Q}_2\cdots\boldsymbol{Q}_t$，则称矩阵 $\boldsymbol{A}$ 与 $\boldsymbol{B}$ 为等价的，记作 $\boldsymbol{A}\sim\boldsymbol{B}$.

特别地，若 $\boldsymbol{B}=\boldsymbol{P}_k\cdots\boldsymbol{P}_2\boldsymbol{P}_1\boldsymbol{A}$，则称矩阵 $\boldsymbol{A}$ 与 $\boldsymbol{B}$ 为行等价的，记作 $\boldsymbol{A}\overset{r}{\sim}\boldsymbol{B}$；若 $\boldsymbol{B}=\boldsymbol{A}\boldsymbol{Q}_1\boldsymbol{Q}_2\cdots\boldsymbol{Q}_t$，则称矩阵 $\boldsymbol{A}$ 与 $\boldsymbol{B}$ 为列等价的，记作 $\boldsymbol{A}\overset{c}{\sim}\boldsymbol{B}$.

如果矩阵 $\boldsymbol{B}$ 可以由矩阵 $\boldsymbol{A}$ 经过有限次初等行变换得到，则 $\boldsymbol{A}$ 与 $\boldsymbol{B}$ 为行等价的. 特别地，$\boldsymbol{A}\boldsymbol{x}=\boldsymbol{b}$ 和 $\boldsymbol{B}\boldsymbol{x}=\boldsymbol{c}$ 是等价方程组，当且仅当两个增广矩阵 $(\boldsymbol{A}\,\vdots\,\boldsymbol{b})$ 和 $(\boldsymbol{B}\,\vdots\,\boldsymbol{c})$ 是行等价的.

行等价矩阵具有下列性质：

(1) $\boldsymbol{A}$ 与 $\boldsymbol{A}$ 行等价（反身性）.

(2) 若 $\boldsymbol{A}$ 与 $\boldsymbol{B}$ 是行等价的，则 $\boldsymbol{B}$ 与 $\boldsymbol{A}$ 也是行等价的（对称性）.

(3) 若 $\boldsymbol{A}$ 与 $\boldsymbol{B}$ 为行等价的，且 $\boldsymbol{B}$ 与 $\boldsymbol{C}$ 是行等价的，则 $\boldsymbol{A}$ 与 $\boldsymbol{C}$ 是行等价

的（传递性）.

以上性质对列等价同样成立.

三、初等变换法求逆矩阵

定理 1－3　n 阶矩阵 $\boldsymbol{A}$ 可逆的充分必要（简称充要）条件是：$\boldsymbol{A}$ 可以表示为若干个初等矩阵的乘积.

证明：因为初等矩阵是可逆的，故充分性是显然的.

必要性：设矩阵 $\boldsymbol{A}$ 可逆，则存在初等矩阵 $\boldsymbol{P}_1,\boldsymbol{P}_2,\cdots,\boldsymbol{P}_k$ 和 $\boldsymbol{Q}_1,\boldsymbol{Q}_2,\cdots,\boldsymbol{Q}_t$，使 $\boldsymbol{P}_k\cdots\boldsymbol{P}_2\boldsymbol{P}_1\boldsymbol{A}\boldsymbol{Q}_1\boldsymbol{Q}_2\cdots\boldsymbol{Q}_t=\boldsymbol{E}$，所以 $\boldsymbol{A}=\boldsymbol{P}_1^{-1}\boldsymbol{P}_2^{-1}\cdots\boldsymbol{P}_k^{-1}E\boldsymbol{Q}_t^{-1}\cdots\boldsymbol{Q}_2^{-1}\boldsymbol{Q}_1^{-1}=\boldsymbol{P}_1^{-1}\boldsymbol{P}_2^{-1}\cdots\boldsymbol{P}_k^{-1}\boldsymbol{Q}_t^{-1}\cdots\boldsymbol{Q}_2^{-1}\boldsymbol{Q}_1^{-1}\boldsymbol{E}$，即矩阵 $\boldsymbol{A}$ 可以表示为若干个初等矩阵的乘积.

注意到 $\boldsymbol{A}$ 可逆，则 $\boldsymbol{A}^{-1}$ 也可逆，于是存在初等矩阵 $\boldsymbol{G}_1,\boldsymbol{G}_2,\cdots,\boldsymbol{G}_k$，使 $\boldsymbol{A}^{-1}=\boldsymbol{G}_1\boldsymbol{G}_2\cdots\boldsymbol{G}_k$，则

$$\boldsymbol{A}^{-1}\boldsymbol{A}=\boldsymbol{G}_1\boldsymbol{G}_2\cdots\boldsymbol{G}_k\boldsymbol{A}$$

$$\boldsymbol{E}=\boldsymbol{G}_1\boldsymbol{G}_2\cdots\boldsymbol{G}_k\boldsymbol{A} \tag{1-7}$$

$$\boldsymbol{A}^{-1}=\boldsymbol{G}_1\boldsymbol{G}_2\cdots\boldsymbol{G}_k\boldsymbol{E} \tag{1-8}$$

式（1－7）表示对 $\boldsymbol{A}$ 施行若干次初等行变换可化为 E；式（1－8）表示对 $\boldsymbol{E}$ 施行相同的若干次初等行变换可化为 $\boldsymbol{A}^{-1}$.

因此，求矩阵 $\boldsymbol{A}$ 的逆矩阵 $\boldsymbol{A}^{-1}$ 时，可构造 $n\times 2n$ 矩阵 $(\boldsymbol{A}\mid\boldsymbol{E})$，然后对其施行初等行变换将矩阵 $\boldsymbol{A}$ 化为单位矩阵 $\boldsymbol{E}$，则上述初等行变换同时也将其中的单位矩阵 $\boldsymbol{E}$ 化为 $\boldsymbol{A}^{-1}$，即

$$(\boldsymbol{A}\mid\boldsymbol{E})\xrightarrow{\text{初等行变换}}(\boldsymbol{E}\mid\boldsymbol{A}^{-1})$$

例 1－18　设 $\boldsymbol{A}=\begin{pmatrix}1&2&0\\2&0&3\\0&1&-1\end{pmatrix}$，求 $\boldsymbol{A}^{-1}$.

解：构造矩阵：

$$(\boldsymbol{A}\mid\boldsymbol{E})=\left(\begin{array}{ccc|ccc}1&2&0&1&0&0\\2&0&3&0&1&0\\0&1&-1&0&0&1\end{array}\right)\xrightarrow{r_2-2r_1}\left(\begin{array}{ccc|ccc}1&2&0&1&0&0\\0&-4&3&-2&1&0\\0&1&-1&0&0&1\end{array}\right)\xrightarrow{r_2\leftrightarrow r_3}$$

$$\left(\begin{array}{ccc|ccc}1&2&0&1&0&0\\0&1&-1&0&0&1\\0&-4&3&-2&1&0\end{array}\right)\xrightarrow{r_3+4r_2}\left(\begin{array}{ccc|ccc}1&2&0&1&0&0\\0&1&-1&0&0&1\\0&0&-1&-2&1&4\end{array}\right)\xrightarrow[r_3\times(-1)]{r_1-2r_2}$$

$$\left(\begin{array}{ccc|ccc}1&0&2&1&0&-2\\0&1&-1&0&0&1\\0&0&1&2&-1&-4\end{array}\right)\xrightarrow[r_2+r_3]{r_1-2r_3}\left(\begin{array}{ccc|ccc}1&0&0&-3&2&6\\0&1&0&2&-1&-3\\0&0&1&2&-1&-4\end{array}\right)$$

所以

$$A^{-1}=\begin{pmatrix}-3 & 2 & 6\\ 2 & -1 & -3\\ 2 & -1 & -4\end{pmatrix}$$

四、用初等变换法求解矩阵方程

定理 1-4 n 阶矩阵 $\boldsymbol{A}$ 可逆的充要条件是：矩阵方程（以下简称“方程”）$\boldsymbol{Ax}=\boldsymbol{0}$ 只有零解.

证明： 必要性：若 $\boldsymbol{A}$ 可逆，且 $\boldsymbol{\xi}$ 是 $\boldsymbol{Ax}=\boldsymbol{0}$ 的一个解，则 $\boldsymbol{\xi}=\boldsymbol{E\xi}=(\boldsymbol{A}^{-1}\boldsymbol{A})\boldsymbol{\xi}=\boldsymbol{A}^{-1}(\boldsymbol{A\xi})=\boldsymbol{A}^{-1}\boldsymbol{0}=\boldsymbol{0}$，即 $\boldsymbol{Ax}=\boldsymbol{0}$ 只有零解.

充分性：若方程 $\boldsymbol{Ax}=\boldsymbol{0}$ 只有零解，则 $\boldsymbol{A}$ 可化为单位矩阵 $\boldsymbol{E}$，于是 $\boldsymbol{A}$ 可逆.

定理 1-4 说明，若 $\boldsymbol{A}$ 不可逆，则方程 $\boldsymbol{Ax}=\boldsymbol{0}$ 有非零解.

推论 1-3 若 $\boldsymbol{A}$ 为方阵，线性方程组 $\boldsymbol{Ax}=\boldsymbol{b}$ 有唯一解当且仅当 $\boldsymbol{A}$ 可逆.

证明： 必要性：若 $\boldsymbol{A}$ 可逆，设 $\boldsymbol{\eta}$ 是 $\boldsymbol{Ax}=\boldsymbol{b}$ 的一个解，则 $\boldsymbol{A\eta}=\boldsymbol{b}$，有 $\boldsymbol{A}^{-1}\boldsymbol{A\eta}=\boldsymbol{A}^{-1}\boldsymbol{b}$，即 $\boldsymbol{\eta}=\boldsymbol{A}^{-1}\boldsymbol{b}$.

充分性：若 $\boldsymbol{Ax}=\boldsymbol{b}$ 有唯一解 $\boldsymbol{\eta}$，设 $\boldsymbol{A}$ 是不可逆的，则由定理 1-4 可知，方程 $\boldsymbol{Ax}=\boldsymbol{0}$ 应有非零解，设为 $\boldsymbol{\mu}$，则 $\boldsymbol{A}(\boldsymbol{\eta}+\boldsymbol{\mu})=\boldsymbol{b}$ 成立，即 $\boldsymbol{\eta}+\boldsymbol{\mu}$ 是方程 $\boldsymbol{Ax}=\boldsymbol{b}$ 的另一个解，与题设矛盾. 故当 $\boldsymbol{Ax}=\boldsymbol{b}$ 有唯一解时，$\boldsymbol{A}$ 是可逆的.

例 1-19 解方程组 $\begin{cases}x_1+2x_2 & =2\\ 2x_1 \quad +3x_3 & =1\\ \quad x_2-x_3 & =1\end{cases}$.

解： 这个方程组的系数矩阵就是例 1-18 的矩阵 $\boldsymbol{A}$，方程组为 $\boldsymbol{Ax}=\boldsymbol{b}$，因为 $\boldsymbol{A}$ 可逆，所以方程组有唯一解.

且方程组的解为

$$\boldsymbol{x}=\boldsymbol{A}^{-1}\boldsymbol{b}=\begin{pmatrix}-3 & 2 & 6\\ 2 & -1 & -3\\ 2 & -1 & -4\end{pmatrix}\begin{pmatrix}2\\1\\1\end{pmatrix}=\begin{pmatrix}2\\0\\-1\end{pmatrix}$$

对于一般形式的矩阵方程 $\boldsymbol{AX}=\boldsymbol{B}$，若 A 可逆，则可得矩阵方程的解为 $\boldsymbol{X}=\boldsymbol{A}^{-1}\boldsymbol{B}$，所以，可以构造增广矩阵 $(\boldsymbol{A}\,\vdots\,\boldsymbol{B})$，对其进行初等行变换，将矩阵 $\boldsymbol{A}$ 化为单位矩阵 $\boldsymbol{E}$，则 $\boldsymbol{B}$ 将化为 $\boldsymbol{A}^{-1}\boldsymbol{B}$，即为所求 $\boldsymbol{X}$.

$(\boldsymbol{A}\,\vdots\,\boldsymbol{B})\xrightarrow{\text{初等行变换}}(\boldsymbol{E}\,\vdots\,\boldsymbol{A}^{-1}\boldsymbol{B})$，这就是用初等行变换求解矩阵方程的方法.

下面给出例 1-19 的初等行变换求解方法：

$$(\boldsymbol{A} \vdots \boldsymbol{B})=\left(\begin{array}{ccc:c}1 & 2 & 0 & 2\\ 2 & 0 & 3 & 1\\ 0 & 1 & -1 & 1\end{array}\right)\xrightarrow{r_2-2r_1}\left(\begin{array}{ccc:c}1 & 2 & 0 & 2\\ 0 & -4 & 3 & -3\\ 0 & 1 & -1 & 1\end{array}\right)\xrightarrow{r_2\leftrightarrow r_3}$$

$$\left(\begin{array}{ccc:c}1 & 2 & 0 & 2\\ 0 & 1 & -1 & 1\\ 0 & -4 & 3 & -3\end{array}\right)\xrightarrow{r_3+4r_2}\left(\begin{array}{ccc:c}1 & 2 & 0 & 2\\ 0 & 1 & -1 & 1\\ 0 & 0 & -1 & 1\end{array}\right)\xrightarrow{r_3\times(-1)}$$

$$\left(\begin{array}{ccc:c}1 & 2 & 0 & 2\\ 0 & 1 & -1 & 1\\ 0 & 0 & 1 & -1\end{array}\right)\xrightarrow{r_2+r_3}\left(\begin{array}{ccc:c}1 & 2 & 0 & 2\\ 0 & 1 & 0 & 0\\ 0 & 0 & 1 & -1\end{array}\right)\xrightarrow{r_1-2r_2}\left(\begin{array}{ccc:c}1 & 0 & 0 & 2\\ 0 & 1 & 0 & 0\\ 0 & 0 & 1 & -1\end{array}\right)$$

所以

$$\begin{cases}x_1=2\\ x_2=0\\ x_3=-1\end{cases}$$

例 1-20 求解矩阵方程 $\boldsymbol{AX}=2\boldsymbol{X}+\boldsymbol{A}$，其中 $\boldsymbol{A}=\begin{pmatrix}1 & -1 & 0\\ 0 & 1 & -1\\ -1 & 0 & 1\end{pmatrix}$.

解：方程可变形为

$$(\boldsymbol{A}-2\boldsymbol{E})\boldsymbol{X}=\boldsymbol{A}$$

$$\boldsymbol{A}-2\boldsymbol{E}=\begin{pmatrix}1 & -1 & 0\\ 0 & 1 & -1\\ -1 & 0 & 1\end{pmatrix}-\begin{pmatrix}2 & 0 & 0\\ 0 & 2 & 0\\ 0 & 0 & 2\end{pmatrix}=\begin{pmatrix}-1 & -1 & 0\\ 0 & -1 & -1\\ -1 & 0 & -1\end{pmatrix}$$

则

$$\boldsymbol{A}-2\boldsymbol{E}=\begin{pmatrix}-1 & -1 & 0\\ 0 & -1 & -1\\ -1 & 0 & -1\end{pmatrix}\xrightarrow[r_2\times(-1)]{r_3-r_1}\begin{pmatrix}-1 & -1 & 0\\ 0 & 1 & 1\\ 0 & 1 & -1\end{pmatrix}\xrightarrow[r_1\times(-1)]{r_3-r_2}\begin{pmatrix}1 & 1 & 0\\ 0 & 1 & 1\\ 0 & 0 & -2\end{pmatrix}$$

$$\xrightarrow{r_3\times\left(-\frac{1}{2}\right)}\begin{pmatrix}1 & 1 & 0\\ 0 & 1 & 1\\ 0 & 0 & 1\end{pmatrix}\xrightarrow{r_2-r_3}\begin{pmatrix}1 & 1 & 0\\ 0 & 1 & 0\\ 0 & 0 & 1\end{pmatrix}\xrightarrow{r_1-r_2}\begin{pmatrix}1 & 0 & 0\\ 0 & 1 & 0\\ 0 & 0 & 1\end{pmatrix}$$

所以 $\boldsymbol{A}-2\boldsymbol{E}$ 可逆.

构造增广矩阵：

$$(\boldsymbol{A}-2\boldsymbol{E} \vdots \boldsymbol{A})=\left(\begin{array}{ccc:ccc}-1 & -1 & 0 & 1 & -1 & 0\\ 0 & -1 & -1 & 0 & 1 & -1\\ -1 & 0 & -1 & -1 & 0 & 1\end{array}\right)\xrightarrow[\substack{r_1\times(-1)\\ r_2\times(-1)}]{r_3-r_1}\left(\begin{array}{ccc:ccc}1 & 1 & 0 & -1 & 1 & 0\\ 0 & 1 & 1 & 0 & -1 & 1\\ 0 & 1 & -1 & -2 & 1 & 1\end{array}\right)$$

$$\xrightarrow{r_3-r_2}\left(\begin{array}{ccc:ccc}1&1&0&-1&1&0\\0&1&1&0&-1&1\\0&0&-2&-2&2&0\end{array}\right)\xrightarrow{r_3\times\left(-\frac{1}{2}\right)}\left(\begin{array}{ccc:ccc}1&1&0&-1&1&0\\0&1&1&0&-1&1\\0&0&1&1&-1&0\end{array}\right)$$

$$\xrightarrow{r_2-r_3}\left(\begin{array}{ccc:ccc}1&1&0&-1&1&0\\0&1&0&-1&0&1\\0&0&1&1&-1&0\end{array}\right)\xrightarrow{r_1-r_2}\left(\begin{array}{ccc:ccc}1&0&0&0&1&-1\\0&1&0&-1&0&1\\0&0&1&1&-1&0\end{array}\right)$$

所以

$$\boldsymbol{X}=\begin{pmatrix}0&1&-1\\-1&0&1\\1&-1&0\end{pmatrix}$$

若矩阵方程为 $\boldsymbol{XA}=\boldsymbol{B}$，则等价于求 $\boldsymbol{X}=\boldsymbol{BA}^{-1}$，可以用初等列变换求解，即

$$\begin{pmatrix}\boldsymbol{A}\\\hdashline\boldsymbol{B}\end{pmatrix}\xrightarrow{\text{初等列变换}}\begin{pmatrix}\boldsymbol{E}\\\hdashline\boldsymbol{BA}^{-1}\end{pmatrix}$$

习　题　1-3

1. 设 $\begin{pmatrix}0&1&0\\1&0&0\\0&0&1\end{pmatrix}\boldsymbol{A}\begin{pmatrix}1&0&1\\0&1&0\\0&0&1\end{pmatrix}=\begin{pmatrix}1&2&3\\4&5&6\\7&8&9\end{pmatrix}$，求 $\boldsymbol{A}$.

2. 把下列矩阵化为标准形矩阵 $\boldsymbol{D}=\begin{pmatrix}\boldsymbol{E}_r&\boldsymbol{O}\\\boldsymbol{O}&\boldsymbol{O}\end{pmatrix}$：

(1) $\begin{pmatrix}1&-1&2\\3&2&1\\1&-2&0\end{pmatrix}$；(2) $\begin{pmatrix}1&-1&3&-4&3\\3&-3&5&-4&1\\2&-2&3&-2&0\\3&-3&4&-2&-1\end{pmatrix}$.

3. 判断下列矩阵中哪些是初等矩阵，并将初等矩阵进行分类.

(1) $\begin{pmatrix}0&1\\1&0\end{pmatrix}$；(2) $\begin{pmatrix}2&0\\0&3\end{pmatrix}$；(3) $\begin{pmatrix}1&0&0\\0&1&0\\5&0&1\end{pmatrix}$；(4) $\begin{pmatrix}1&0&0\\0&5&0\\0&0&1\end{pmatrix}$.

4. 已知矩阵 $\boldsymbol{A}=\begin{pmatrix}4&1&3\\2&1&4\\1&3&2\end{pmatrix}$，$\boldsymbol{B}=\begin{pmatrix}3&1&4\\4&1&2\\2&3&1\end{pmatrix}$，求一个初等矩阵 $\boldsymbol{P}$，使

$\boldsymbol{AP}=\boldsymbol{B}$.

5. 给定矩阵 $\boldsymbol{A}=\begin{pmatrix}1&2&4\\2&1&3\\1&0&2\end{pmatrix}$，$\boldsymbol{B}=\begin{pmatrix}1&2&4\\2&1&3\\2&2&6\end{pmatrix}$，$\boldsymbol{C}=\begin{pmatrix}1&2&4\\0&-1&-3\\2&2&6\end{pmatrix}$.

(1) 求一个初等矩阵 $\boldsymbol{P}$，使 $\boldsymbol{PA}=\boldsymbol{B}$；(2) 求一个初等矩阵 $\boldsymbol{Q}$，使 $\boldsymbol{QB}=\boldsymbol{C}$；(3) $\boldsymbol{C}$ 与 $\boldsymbol{A}$ 行等价吗？试说明.

6. 给定 $\boldsymbol{A}=\begin{pmatrix}2&1\\6&4\end{pmatrix}$，试将 $\boldsymbol{A}$ 与 $\boldsymbol{A}^{-1}$ 写为初等矩阵的乘积.

7. 设 $\boldsymbol{A}=\begin{pmatrix}1&0&1\\3&3&4\\2&2&3\end{pmatrix}$，(1) 验证：$\boldsymbol{A}^{-1}=\begin{pmatrix}1&2&-3\\-1&1&-1\\0&-2&3\end{pmatrix}$；(2) 对下列 $\boldsymbol{b}$，利用 $\boldsymbol{A}^{-1}$ 求解方程 $\boldsymbol{Ax}=\boldsymbol{b}$.

(a) $\boldsymbol{b}=(1,1,1)^{\mathrm{T}}$；　(b) $\boldsymbol{b}=(1,2,3)^{\mathrm{T}}$；　(c) $\boldsymbol{b}=(-2,1,0)^{\mathrm{T}}$.

8. 求下列矩阵的逆：

(1) $\begin{pmatrix}1&1&1\\0&1&1\\0&0&1\end{pmatrix}$；　(2) $\begin{pmatrix}2&0&5\\0&3&0\\1&0&3\end{pmatrix}$；　(3) $\begin{pmatrix}1&0&1\\-1&1&1\\-1&-2&-3\end{pmatrix}$；

(4) $\begin{pmatrix}3&-2&0&-1\\0&2&2&1\\1&-2&-3&-2\\0&1&2&1\end{pmatrix}$.

9. 设 $\boldsymbol{A}=\begin{pmatrix}3&1\\5&2\end{pmatrix}$，$\boldsymbol{B}=\begin{pmatrix}1&2\\3&4\end{pmatrix}$，(1) 求一个 2×2 矩阵 $\boldsymbol{X}$，使 $\boldsymbol{AX}=\boldsymbol{B}$；(2) 求一个 2×2 矩阵 $\boldsymbol{Y}$，使 $\boldsymbol{YA}=\boldsymbol{B}$.

10. 设 $\boldsymbol{A}=\begin{pmatrix}5&3\\3&2\end{pmatrix}$，$\boldsymbol{B}=\begin{pmatrix}6&2\\2&4\end{pmatrix}$，$\boldsymbol{C}=\begin{pmatrix}4&-2\\-6&3\end{pmatrix}$，解下列矩阵方程：

(1) $\boldsymbol{AX}+\boldsymbol{B}=\boldsymbol{C}$；(2) $\boldsymbol{XA}+\boldsymbol{B}=\boldsymbol{C}$；(3) $\boldsymbol{AX}+\boldsymbol{B}=\boldsymbol{X}$；(4) $\boldsymbol{XA}+\boldsymbol{C}=\boldsymbol{X}$.

11. 证明：若 $\boldsymbol{A}$ 为对称的非奇异矩阵，则 $\boldsymbol{A}^{-1}$ 也是对称的.

12. 证明：任意两个可逆的 $n\times n$ 矩阵是行等价的.

13. 证明：矩阵 $\boldsymbol{B}$ 行等价于矩阵 $\boldsymbol{A}$ 的充要条件是，存在可逆矩阵 $\boldsymbol{P}$，使 $\boldsymbol{B}=\boldsymbol{PA}$.

习题 1-3
参考答案

第四节　分　块　矩　阵

一、分块矩阵的概念

对于行数列数较多的矩阵 $\boldsymbol{A}$，往往很难计算．为了简化计算，经常采用分块的方法，将大矩阵分割成若干个小矩阵，再通过小矩阵来计算大矩阵．每个小矩阵称为 $\boldsymbol{A}$ 的子块．以子块为元素的矩阵称为分块矩阵．分块的方法一般根据具体的需要来决定．

例如，矩阵 $\boldsymbol{A}=\begin{pmatrix}1&0&0&3\\0&1&0&-1\\0&0&1&0\\0&0&0&1\end{pmatrix}$，可分成 $\boldsymbol{A}=\begin{pmatrix}1&0&0&3\\0&1&0&-1\\0&0&1&0\\0&0&0&1\end{pmatrix}=\left(\begin{array}{ccc|c}1&0&0&3\\0&1&0&-1\\0&0&1&0\\\hline 0&0&0&1\end{array}\right)=$

$\begin{pmatrix}\boldsymbol{E}_3&\boldsymbol{B}\\\boldsymbol{O}&\boldsymbol{E}_1\end{pmatrix}$，其中 $\boldsymbol{B}=\begin{pmatrix}3\\-1\\0\end{pmatrix}$．

也可分成 $\boldsymbol{A}=\begin{pmatrix}1&0&0&3\\0&1&0&-1\\0&0&1&0\\0&0&0&1\end{pmatrix}=\left(\begin{array}{cc|cc}1&0&0&3\\0&1&0&-1\\\hline 0&0&1&0\\0&0&0&1\end{array}\right)=\begin{pmatrix}\boldsymbol{E}_2&\boldsymbol{C}\\\boldsymbol{O}&\boldsymbol{E}_2\end{pmatrix}$，其中 $\boldsymbol{C}=\begin{pmatrix}0&3\\0&-1\end{pmatrix}$．

还可以分成 $\boldsymbol{A}=\begin{pmatrix}1&0&0&3\\0&1&0&-1\\0&0&1&0\\0&0&0&1\end{pmatrix}=\left(\begin{array}{cccc}1&0&0&3\\\hline 0&1&0&-1\\\hline 0&0&1&0\\\hline 0&0&0&1\end{array}\right)=\begin{pmatrix}\boldsymbol{\alpha}_1\\\boldsymbol{\alpha}_2\\\boldsymbol{\alpha}_3\\\boldsymbol{\alpha}_4\end{pmatrix}$．

特别地，一个 $m\times n$ 矩阵也可以看作 $m\times n$ 个元素，每个元素为一阶子块的分块矩阵．

一种有用的分块法是将矩阵按列分割，单列矩阵称为列向量；类似地，单行矩阵称为行向量．

例 1－21　设矩阵 $\boldsymbol{A}=\begin{pmatrix}1&3&1\\2&1&-2\end{pmatrix}$，$\boldsymbol{B}=\begin{pmatrix}-1&2&1\\2&3&1\\1&4&1\end{pmatrix}$，验证：

$\boldsymbol{AB}=\boldsymbol{A}(\boldsymbol{b}_1,\boldsymbol{b}_2,\boldsymbol{b}_3)=(\boldsymbol{Ab}_1,\boldsymbol{Ab}_2,\boldsymbol{Ab}_3)$，其中 $\boldsymbol{B}=(\boldsymbol{b}_1,\boldsymbol{b}_2,\boldsymbol{b}_3)$ 为按列分块的分块矩阵．

解：将 $\boldsymbol{B}$ 按列分块，则 $\boldsymbol{B}=(\boldsymbol{b}_1,\boldsymbol{b}_2,\boldsymbol{b}_3)=\left(\begin{array}{c:c:c}-1 & 2 & 1\\ 2 & 3 & 1\\ 1 & 4 & 1\end{array}\right)$，则

$$\boldsymbol{A}\boldsymbol{b}_1=\begin{pmatrix}1 & 3 & 1\\ 2 & 1 & -2\end{pmatrix}\begin{pmatrix}-1\\ 2\\ 1\end{pmatrix}=\begin{pmatrix}6\\ -2\end{pmatrix}$$

$$\boldsymbol{A}\boldsymbol{b}_2=\begin{pmatrix}15\\ -1\end{pmatrix}$$

$$\boldsymbol{A}\boldsymbol{b}_3=\begin{pmatrix}5\\ 1\end{pmatrix}$$

于是

$$\boldsymbol{AB}=\begin{pmatrix}1 & 3 & 1\\ 2 & 1 & -2\end{pmatrix}\begin{pmatrix}-1 & 2 & 1\\ 2 & 3 & 1\\ 1 & 4 & 1\end{pmatrix}=\left(\begin{array}{c:c:c}6 & 15 & 5\\ -2 & -1 & 1\end{array}\right)=(\boldsymbol{A}\boldsymbol{b}_1,\boldsymbol{A}\boldsymbol{b}_2,\boldsymbol{A}\boldsymbol{b}_3)$$

例 1-22 设矩阵 $\boldsymbol{A}=\begin{pmatrix}2 & 5\\ 3 & 4\\ 1 & 7\end{pmatrix}$，$\boldsymbol{B}=\begin{pmatrix}3 & 2 & -3\\ -1 & 1 & 1\end{pmatrix}$，验证：

$\boldsymbol{AB}=\begin{pmatrix}\boldsymbol{\alpha}_1\\ \boldsymbol{\alpha}_2\\ \boldsymbol{\alpha}_3\end{pmatrix}\boldsymbol{B}=\begin{pmatrix}\boldsymbol{\alpha}_1\boldsymbol{B}\\ \boldsymbol{\alpha}_2\boldsymbol{B}\\ \boldsymbol{\alpha}_3\boldsymbol{B}\end{pmatrix}$，其中 $\boldsymbol{A}=\begin{pmatrix}\boldsymbol{\alpha}_1\\ \boldsymbol{\alpha}_2\\ \boldsymbol{\alpha}_3\end{pmatrix}$ 为按行分块的分块矩阵.

解：将 $\boldsymbol{A}$ 按行分块，则 $\boldsymbol{A}=\begin{pmatrix}\boldsymbol{\alpha}_1\\ \boldsymbol{\alpha}_2\\ \boldsymbol{\alpha}_3\end{pmatrix}=\left(\begin{array}{cc}2 & 5\\ \hdashline 3 & 4\\ \hdashline 1 & 7\end{array}\right)$，则

$$\boldsymbol{\alpha}_1\boldsymbol{B}=(2,5)\begin{pmatrix}3 & 2 & -3\\ -1 & 1 & 1\end{pmatrix}=(1,9,-1)$$

$$\boldsymbol{\alpha}_2\boldsymbol{B}=(3,4)\begin{pmatrix}3 & 2 & -3\\ -1 & 1 & 1\end{pmatrix}=(5,10,-5)$$

$$\boldsymbol{\alpha}_3\boldsymbol{B}=(1,7)\begin{pmatrix}3 & 2 & -3\\ -1 & 1 & 1\end{pmatrix}=(-4,9,4)$$

于是

$$\boldsymbol{AB}=\begin{pmatrix}\boldsymbol{\alpha}_1\\ \boldsymbol{\alpha}_2\\ \boldsymbol{\alpha}_3\end{pmatrix}\boldsymbol{B}=\left(\begin{array}{cc}2 & 5\\ \hdashline 3 & 4\\ \hdashline 1 & 7\end{array}\right)\begin{pmatrix}3 & 2 & -3\\ -1 & 1 & 1\end{pmatrix}=\left(\begin{array}{ccc}1 & 9 & -1\\ \hdashline 5 & 10 & -5\\ \hdashline -4 & 9 & 4\end{array}\right)=\begin{pmatrix}\boldsymbol{\alpha}_1\boldsymbol{B}\\ \boldsymbol{\alpha}_2\boldsymbol{B}\\ \boldsymbol{\alpha}_3\boldsymbol{B}\end{pmatrix}$$

可见，分块法可以将复杂庞大的矩阵分解为若干个小巧易算的小矩阵，通过若干简单清晰的子块的运算得到庞大的矩阵的相应结果.

二、分块矩阵的运算

分块矩阵的运算与普通矩阵的运算规则相似，分块时要注意运算的两矩阵按块能运算，同时参与运算的子块也能运算，即内外都能运算.

1. 加法运算

设矩阵 $\boldsymbol{A}$ 与 $\boldsymbol{B}$ 是同型矩阵，并且采用相同的分块法，则 $\boldsymbol{A}+\boldsymbol{B}$ 的每个子块是 $\boldsymbol{A}$ 与 $\boldsymbol{B}$ 中对应子块之和.

2. 数乘运算

设 $\boldsymbol{A}$ 是一个分块矩阵，k 为一个实数，则 $k\boldsymbol{A}$ 的每个子块是 k 与 $\boldsymbol{A}$ 中相应的子块的数乘.

3. 乘法运算

两分块矩阵 $\boldsymbol{A}$ 与 $\boldsymbol{B}$ 的乘积仍然要按照普通矩阵的乘法进行，即分块矩阵 $\boldsymbol{A}$ 的列数与 $\boldsymbol{B}$ 分割出来的行数要相等，而且 $\boldsymbol{A}$ 的列的划分必须与 $\boldsymbol{B}$ 的行的划分一致.

设 $\boldsymbol{A}_{m\times n}$，$\boldsymbol{B}_{n\times r}$ 进行如下分块，将 $\boldsymbol{A}$ 与 $\boldsymbol{B}$ 的乘积表示为它们的子块乘积的形式，即

$$\boldsymbol{A}=\left(\begin{array}{c:c}\boldsymbol{A}_{11} & \boldsymbol{A}_{12}\\ \hdashline \boldsymbol{A}_{21} & \boldsymbol{A}_{22}\end{array}\right)\begin{matrix}k\\ m-k\end{matrix},\quad \boldsymbol{B}=\left(\begin{array}{c:c}\boldsymbol{B}_{11} & \boldsymbol{B}_{12}\\ \hdashline \boldsymbol{B}_{21} & \boldsymbol{B}_{22}\end{array}\right)\begin{matrix}s\\ n-s\end{matrix}$$

$$\qquad\quad s \qquad n-s \qquad\qquad\qquad t \qquad r-t$$

令 $\boldsymbol{A}_1=\begin{pmatrix}\boldsymbol{A}_{11}\\ \boldsymbol{A}_{21}\end{pmatrix}$，$\boldsymbol{A}_2=\begin{pmatrix}\boldsymbol{A}_{12}\\ \boldsymbol{A}_{22}\end{pmatrix}$，$\boldsymbol{B}_1=(\boldsymbol{B}_{11},\ \boldsymbol{B}_{12})$，$\boldsymbol{B}_2=(\boldsymbol{B}_{21},\ \boldsymbol{B}_{22})$，则

$$\boldsymbol{AB}=(\boldsymbol{A}_1,\boldsymbol{A}_2)\begin{pmatrix}\boldsymbol{B}_1\\ \boldsymbol{B}_2\end{pmatrix}=\boldsymbol{A}_1\boldsymbol{B}_1+\boldsymbol{A}_2\boldsymbol{B}_2$$

$$\boldsymbol{A}_1\boldsymbol{B}_1=\begin{pmatrix}\boldsymbol{A}_{11}\\ \boldsymbol{A}_{21}\end{pmatrix}(\boldsymbol{B}_{11},\boldsymbol{B}_{12})=\begin{pmatrix}\boldsymbol{A}_{11}\boldsymbol{B}_{11} & \boldsymbol{A}_{11}\boldsymbol{B}_{12}\\ \boldsymbol{A}_{21}\boldsymbol{B}_{11} & \boldsymbol{A}_{21}\boldsymbol{B}_{12}\end{pmatrix}=\left(\begin{array}{cc}\boldsymbol{A}_{11}\boldsymbol{B}_{11} & \boldsymbol{A}_{11}\boldsymbol{B}_{12}\\ \hdashline \boldsymbol{A}_{21}\boldsymbol{B}_{11} & \boldsymbol{A}_{21}\boldsymbol{B}_{12}\end{array}\right)=\begin{pmatrix}\boldsymbol{A}_{11}\boldsymbol{B}_1\\ \boldsymbol{A}_{21}\boldsymbol{B}_1\end{pmatrix}=\begin{pmatrix}\boldsymbol{A}_{11}\\ \boldsymbol{A}_{21}\end{pmatrix}\boldsymbol{B}_1=\boldsymbol{A}_1\boldsymbol{B}_1$$

$$\boldsymbol{A}_2\boldsymbol{B}_2=\begin{pmatrix}\boldsymbol{A}_{12}\\ \boldsymbol{A}_{22}\end{pmatrix}(\boldsymbol{B}_{21},\boldsymbol{B}_{22})=\begin{pmatrix}\boldsymbol{A}_{12}\boldsymbol{B}_{21} & \boldsymbol{A}_{12}\boldsymbol{B}_{22}\\ \boldsymbol{A}_{22}\boldsymbol{B}_{21} & \boldsymbol{A}_{22}\boldsymbol{B}_{22}\end{pmatrix}=\left(\begin{array}{cc}\boldsymbol{A}_{12}\boldsymbol{B}_{21} & \boldsymbol{A}_{12}\boldsymbol{B}_{22}\\ \hdashline \boldsymbol{A}_{22}\boldsymbol{B}_{21} & \boldsymbol{A}_{22}\boldsymbol{B}_{22}\end{array}\right)=\begin{pmatrix}\boldsymbol{A}_{12}\boldsymbol{B}_2\\ \boldsymbol{A}_{22}\boldsymbol{B}_2\end{pmatrix}=\begin{pmatrix}\boldsymbol{A}_{12}\\ \boldsymbol{A}_{22}\end{pmatrix}\boldsymbol{B}_2=\boldsymbol{A}_2\boldsymbol{B}_2$$

所以

$$\boldsymbol{AB}=\begin{pmatrix}\boldsymbol{A}_{11} & \boldsymbol{A}_{12}\\ \boldsymbol{A}_{21} & \boldsymbol{A}_{22}\end{pmatrix}\begin{pmatrix}\boldsymbol{B}_{11} & \boldsymbol{B}_{12}\\ \boldsymbol{B}_{21} & \boldsymbol{B}_{22}\end{pmatrix}=\begin{pmatrix}\boldsymbol{A}_{11}\boldsymbol{B}_{11}+\boldsymbol{A}_{12}\boldsymbol{B}_{21} & \boldsymbol{A}_{11}\boldsymbol{B}_{12}+\boldsymbol{A}_{12}\boldsymbol{B}_{22}\\ \boldsymbol{A}_{21}\boldsymbol{B}_{11}+\boldsymbol{A}_{22}\boldsymbol{B}_{21} & \boldsymbol{A}_{21}\boldsymbol{B}_{12}+\boldsymbol{A}_{22}\boldsymbol{B}_{22}\end{pmatrix}=\boldsymbol{A}_1\boldsymbol{B}_1+\boldsymbol{A}_2\boldsymbol{B}_2$$

4. 转置运算

设 $\boldsymbol{A}=\begin{pmatrix}\boldsymbol{A}_{11} & \cdots & \boldsymbol{A}_{1t}\\ \vdots & & \vdots\\ \boldsymbol{A}_{s1} & \cdots & \boldsymbol{A}_{st}\end{pmatrix}$，则

$$A^{\mathrm{T}}=\begin{pmatrix} A_{11}^{\mathrm{T}} & \cdots & A_{s1}^{\mathrm{T}} \\ \vdots & & \vdots \\ A_{1t}^{\mathrm{T}} & \cdots & A_{st}^{\mathrm{T}} \end{pmatrix}$$

例 1-23 设 $\boldsymbol{A}=\begin{pmatrix} 1 & 1 & 1 & 1 \\ 2 & 2 & 1 & 1 \\ 3 & 3 & 2 & 2 \end{pmatrix}$，$\boldsymbol{B}=\begin{pmatrix} \boldsymbol{B}_{11} & \boldsymbol{B}_{12} \\ \boldsymbol{B}_{21} & \boldsymbol{B}_{22} \end{pmatrix}=\left(\begin{array}{cc:cc} 1 & 1 & 1 & 1 \\ 1 & 2 & 1 & 1 \\ \hdashline 3 & 1 & 1 & 1 \\ 3 & 2 & 1 & 2 \end{array}\right)$，将 $\boldsymbol{A}$ 分成四块进行分块乘法.

解： $\boldsymbol{A}$ 有两种分法.

（1）$\boldsymbol{A}=\begin{pmatrix} \boldsymbol{A}_{11} & \boldsymbol{A}_{12} \\ \boldsymbol{A}_{21} & \boldsymbol{A}_{22} \end{pmatrix}=\left(\begin{array}{cc:cc} 1 & 1 & 1 & 1 \\ \hdashline 2 & 2 & 1 & 1 \\ 3 & 3 & 2 & 2 \end{array}\right)$，则

$$\boldsymbol{AB}=\left(\begin{array}{cc:cc} 1 & 1 & 1 & 1 \\ \hdashline 2 & 2 & 1 & 1 \\ 3 & 3 & 2 & 2 \end{array}\right)\left(\begin{array}{cc:cc} 1 & 1 & 1 & 1 \\ 1 & 2 & 1 & 1 \\ \hdashline 3 & 1 & 1 & 1 \\ 3 & 2 & 1 & 2 \end{array}\right)=\left(\begin{array}{cc:cc} 8 & 6 & 4 & 5 \\ \hdashline 10 & 9 & 6 & 7 \\ 18 & 15 & 10 & 12 \end{array}\right)$$

（2）$\boldsymbol{A}=\begin{pmatrix} \boldsymbol{A}_{11} & \boldsymbol{A}_{12} \\ \boldsymbol{A}_{21} & \boldsymbol{A}_{22} \end{pmatrix}=\left(\begin{array}{cc:cc} 1 & 1 & 1 & 1 \\ 2 & 2 & 1 & 1 \\ \hdashline 3 & 3 & 2 & 2 \end{array}\right)$，则

$$\boldsymbol{AB}=\left(\begin{array}{cc:cc} 1 & 1 & 1 & 1 \\ 2 & 2 & 1 & 1 \\ \hdashline 3 & 3 & 2 & 2 \end{array}\right)\left(\begin{array}{cc:cc} 1 & 1 & 1 & 1 \\ 1 & 2 & 1 & 1 \\ \hdashline 3 & 1 & 1 & 1 \\ 3 & 2 & 1 & 2 \end{array}\right)=\left(\begin{array}{cc:cc} 8 & 6 & 4 & 5 \\ 10 & 9 & 6 & 7 \\ \hdashline 18 & 15 & 10 & 12 \end{array}\right)$$

例 1-24 设 n 阶矩阵 $\boldsymbol{A}$ 分块后形如 $\begin{pmatrix} \boldsymbol{A}_1 & \boldsymbol{O} \\ \boldsymbol{O} & \boldsymbol{A}_2 \end{pmatrix}$，其中 $\boldsymbol{A}_1$、$\boldsymbol{A}_2$ 均为方阵，证明：当且仅当 $\boldsymbol{A}_1$、$\boldsymbol{A}_2$ 可逆时，$\boldsymbol{A}$ 为可逆的，且 $\begin{pmatrix} \boldsymbol{A}_1 & \boldsymbol{O} \\ \boldsymbol{O} & \boldsymbol{A}_2 \end{pmatrix}=\begin{pmatrix} \boldsymbol{A}_1^{-1} & \boldsymbol{O} \\ \boldsymbol{O} & \boldsymbol{A}_2^{-1} \end{pmatrix}$.

证明： 充分性：若 $\boldsymbol{A}_1$、$\boldsymbol{A}_2$ 可逆，则有

$$\begin{pmatrix} \boldsymbol{A}_1^{-1} & \boldsymbol{O} \\ \boldsymbol{O} & \boldsymbol{A}_2^{-1} \end{pmatrix}\begin{pmatrix} \boldsymbol{A}_1 & \boldsymbol{O} \\ \boldsymbol{O} & \boldsymbol{A}_2 \end{pmatrix}=\begin{pmatrix} \boldsymbol{E}_k & \boldsymbol{O} \\ \boldsymbol{O} & \boldsymbol{E}_{n-k} \end{pmatrix}=\boldsymbol{E},\ \begin{pmatrix} \boldsymbol{A}_1 & \boldsymbol{O} \\ \boldsymbol{O} & \boldsymbol{A}_2 \end{pmatrix}\begin{pmatrix} \boldsymbol{A}_1^{-1} & \boldsymbol{O} \\ \boldsymbol{O} & \boldsymbol{A}_2^{-1} \end{pmatrix}=\begin{pmatrix} \boldsymbol{E}_k & \boldsymbol{O} \\ \boldsymbol{O} & \boldsymbol{E}_{n-k} \end{pmatrix}=\boldsymbol{E}$$

所以 $\boldsymbol{A}$ 是可逆的，且 $\boldsymbol{A}^{-1}=\begin{pmatrix} \boldsymbol{A}_1^{-1} & \boldsymbol{O} \\ \boldsymbol{O} & \boldsymbol{A}_2^{-1} \end{pmatrix}$.

必要性：若 $\boldsymbol{A}$ 可逆，则记 $\boldsymbol{B}=\boldsymbol{A}^{-1}$，且 $\boldsymbol{B}$ 采用与 $\boldsymbol{A}$ 相同的分块方法，由于 $\boldsymbol{BA}=\boldsymbol{E}=\boldsymbol{AB}$，即有

$$\boldsymbol{BA}=\begin{pmatrix}\boldsymbol{B}_{11} & \boldsymbol{B}_{12}\\ \boldsymbol{B}_{21} & \boldsymbol{B}_{22}\end{pmatrix}\begin{pmatrix}\boldsymbol{A}_1 & \boldsymbol{O}\\ \boldsymbol{O} & \boldsymbol{A}_2\end{pmatrix}=\begin{pmatrix}\boldsymbol{B}_{11}\boldsymbol{A}_1 & \boldsymbol{B}_{12}\boldsymbol{A}_2\\ \boldsymbol{B}_{21}\boldsymbol{A}_1 & \boldsymbol{B}_{22}\boldsymbol{A}_2\end{pmatrix}=\boldsymbol{E}=\left(\begin{array}{c:c}\boldsymbol{E}_k & \boldsymbol{O}\\ \hdashline \boldsymbol{O} & \boldsymbol{E}_{n-k}\end{array}\right)$$

$$\boldsymbol{AB}=\begin{pmatrix}\boldsymbol{A}_1 & \boldsymbol{O}\\ \boldsymbol{O} & \boldsymbol{A}_2\end{pmatrix}\begin{pmatrix}\boldsymbol{B}_{11} & \boldsymbol{B}_{12}\\ \boldsymbol{B}_{21} & \boldsymbol{B}_{22}\end{pmatrix}=\begin{pmatrix}\boldsymbol{B}_{11}\boldsymbol{A}_1 & \boldsymbol{B}_{12}\boldsymbol{A}_1\\ \boldsymbol{B}_{21}\boldsymbol{A}_2 & \boldsymbol{B}_{22}\boldsymbol{A}_2\end{pmatrix}=\boldsymbol{E}=\left(\begin{array}{c:c}\boldsymbol{E}_k & \boldsymbol{O}\\ \hdashline \boldsymbol{O} & \boldsymbol{E}_{n-k}\end{array}\right)$$

说明 $\boldsymbol{A}_1$ 与 $\boldsymbol{A}_2$ 均是可逆的，且 $\boldsymbol{A}_1^{-1}=\boldsymbol{B}_{11}$，$\boldsymbol{A}_2^{-1}=\boldsymbol{B}_{22}$.

习　题　1-4

1. 令 $\boldsymbol{E}=\begin{pmatrix}1 & 0\\ 0 & 1\end{pmatrix}$，$\boldsymbol{P}=\begin{pmatrix}0 & 1\\ 1 & 0\end{pmatrix}$，$\boldsymbol{O}=\begin{pmatrix}0 & 0\\ 0 & 0\end{pmatrix}$，$\boldsymbol{C}=\begin{pmatrix}1 & 0\\ -1 & 1\end{pmatrix}$，$\boldsymbol{D}=\begin{pmatrix}2 & 0\\ 0 & 2\end{pmatrix}$，$\boldsymbol{B}=\begin{pmatrix}\boldsymbol{B}_{11} & \boldsymbol{B}_{12}\\ \boldsymbol{B}_{21} & \boldsymbol{B}_{22}\end{pmatrix}=\left(\begin{array}{cc:cc}1 & 1 & 1 & 1\\ 1 & 2 & 1 & 1\\ \hdashline 3 & 1 & 1 & 1\\ 3 & 2 & 1 & 2\end{array}\right)$，计算下列分块乘法：

(1) $\begin{pmatrix}\boldsymbol{E} & \boldsymbol{O}\\ \boldsymbol{O} & \boldsymbol{E}\end{pmatrix}\begin{pmatrix}\boldsymbol{B}_{11} & \boldsymbol{B}_{12}\\ \boldsymbol{B}_{21} & \boldsymbol{B}_{22}\end{pmatrix}$；　　(2) $\begin{pmatrix}\boldsymbol{C} & \boldsymbol{O}\\ \boldsymbol{O} & \boldsymbol{C}\end{pmatrix}\begin{pmatrix}\boldsymbol{B}_{11} & \boldsymbol{B}_{12}\\ \boldsymbol{B}_{21} & \boldsymbol{B}_{22}\end{pmatrix}$；

(3) $\begin{pmatrix}\boldsymbol{D} & \boldsymbol{O}\\ \boldsymbol{O} & \boldsymbol{E}\end{pmatrix}\begin{pmatrix}\boldsymbol{B}_{11} & \boldsymbol{B}_{12}\\ \boldsymbol{B}_{21} & \boldsymbol{B}_{22}\end{pmatrix}$；　　(4) $\begin{pmatrix}\boldsymbol{P} & \boldsymbol{O}\\ \boldsymbol{O} & \boldsymbol{P}\end{pmatrix}\begin{pmatrix}\boldsymbol{B}_{11} & \boldsymbol{B}_{12}\\ \boldsymbol{B}_{21} & \boldsymbol{B}_{22}\end{pmatrix}$.

2. 设 n 阶矩阵 $\boldsymbol{A}$ 及 s 阶矩阵 $\boldsymbol{B}$ 都可逆，求 $\begin{pmatrix}\boldsymbol{O} & \boldsymbol{A}\\ \boldsymbol{B} & \boldsymbol{O}\end{pmatrix}^{-1}$.

3. 用矩阵分块法求下列矩阵的逆矩阵：

(1) $\begin{pmatrix}0 & 0 & 2\\ 1 & 2 & 0\\ 3 & 4 & 0\end{pmatrix}$；　(2) $\begin{pmatrix}5 & 2 & 0 & 0\\ 2 & 1 & 0 & 0\\ 0 & 0 & 8 & 3\\ 0 & 0 & 5 & 2\end{pmatrix}$；　(3) $\begin{pmatrix}0 & a_1 & 0 & \cdots & 0\\ 0 & 0 & a_2 & \cdots & 0\\ \vdots & \vdots & \vdots & & \vdots\\ 0 & 0 & 0 & \cdots & a_{n-1}\\ a_n & 0 & 0 & \cdots & 0\end{pmatrix}$.

4. 设 $\boldsymbol{A}$ 为 n 阶矩阵，$\boldsymbol{\beta}_1,\boldsymbol{\beta}_2,\cdots,\boldsymbol{\beta}_n$ 为 $\boldsymbol{A}$ 的列子块，试用 $\boldsymbol{\beta}_1,\boldsymbol{\beta}_2,\cdots,\boldsymbol{\beta}_n$ 表示 $\boldsymbol{A}^{\mathrm{T}}\boldsymbol{A}$.

5. 令 $\boldsymbol{A}=\begin{pmatrix}\boldsymbol{O} & \boldsymbol{E}\\ \boldsymbol{B} & \boldsymbol{O}\end{pmatrix}$，其中四个子块都是 $k\times k$ 矩阵，求 $\boldsymbol{A}^2$ 和 $\boldsymbol{A}^4$.

6. 设 $\boldsymbol{A}=\begin{pmatrix}\boldsymbol{A}_{11} & \boldsymbol{A}_{12}\\ \boldsymbol{O} & \boldsymbol{A}_{22}\end{pmatrix}$，其中四个子块都是 $n\times n$ 矩阵.

(1) 若 $\boldsymbol{A}_{11}$ 和 $\boldsymbol{A}_{22}$ 可逆，证明 $\boldsymbol{A}$ 必为可逆的，且 $\boldsymbol{A}^{-1}=\left(\begin{array}{c:c}\boldsymbol{A}_{11}^{-1} & \boldsymbol{C}\\ \hdashline \boldsymbol{O} & \boldsymbol{A}_{22}^{-1}\end{array}\right)$；

(2) 求 $\boldsymbol{C}$.

习题 1-4
参考答案

第五节　矩阵的应用

一、中国算学家的“方程”解法

古典数学中的“方程”一词首次出现在两汉的数学典籍《九章算术》中. 该书对东亚的数学影响深远，对中、日、韩（朝）、越的影响尤甚.

《九章算术》的第八章为“方程”. 此“方程”理论是世界数学史上具有划时代意义的伟大成就. 三国时期数学家刘徽注曰：“程，课程也，群物总杂，各列有数，总言其实，令每行为率. 二物者再程，三物者三程，皆如物数程之，并列为行，故谓之‘方程’. 行之左右无所同存，且为有所据而言耳.”

举例言之，“方程”章第一问：“今有上禾三秉，中禾二秉，下禾一秉，实三十九斗；上禾二秉，中禾三秉，下禾一秉，实三十四斗；上禾一秉，中禾二秉，下禾三秉，实二十斗. 问上、中、下禾实一秉各几何?”

《九章算术》中“方程”的解法有方程术和正负术. 对于第一问，方程术曰：置上禾三秉，中禾二秉，下禾一秉，实三十九斗于右方. 中、左行列如右方. 以右行上禾遍乘中行，而以直除，又乘其次，亦以直除，然以中行中禾不尽者遍乘左行而以直除，左方下禾不尽者，上为法，下为实. 余如中禾秉数而一，即中禾之实，余如上禾秉数而一，即为上禾之实. 实皆如法，各得一斗. 列此，以下合计之秉数乘两行，以直除，则下禾之位去矣，各以其余一位之秉除其下实，即斗数矣.

依现代矩阵理论，此处的“方程”实际上就是线性方程组的增广矩阵，而“方程术”则是指初等变换. 具体变换如下：

$$\begin{pmatrix}1 & 2 & 3\\ 2 & 3 & 2\\ 3 & 1 & 1\\ 26 & 34 & 39\end{pmatrix}\xrightarrow{\text{遍乘}}\begin{pmatrix}1 & 6 & 3\\ 2 & 9 & 2\\ 3 & 3 & 1\\ 26 & 102 & 39\end{pmatrix}\xrightarrow{\text{直除}}\begin{pmatrix}1 & 0 & 3\\ 2 & 5 & 2\\ 3 & 1 & 1\\ 26 & 24 & 39\end{pmatrix}\xrightarrow{\text{遍乘}}\begin{pmatrix}3 & 0 & 3\\ 6 & 5 & 2\\ 9 & 1 & 1\\ 78 & 24 & 39\end{pmatrix}$$

$$\xrightarrow{\text{直除}}\begin{pmatrix}0&0&3\\4&5&2\\8&1&1\\39&24&39\end{pmatrix}\xrightarrow{\text{遍乘}}\begin{pmatrix}0&0&3\\20&5&2\\40&1&1\\195&24&39\end{pmatrix}\xrightarrow{\text{直除}}\begin{pmatrix}0&0&3\\0&5&2\\36&1&1\\99&24&39\end{pmatrix}$$

$$\xrightarrow{\text{遍乘}}\begin{pmatrix}0&0&108\\0&180&72\\36&36&36\\99&864&1404\end{pmatrix}\xrightarrow{\text{直除}}\begin{pmatrix}0&0&108\\0&180&72\\36&0&0\\99&765&1305\end{pmatrix}\xrightarrow{\text{遍约}}\begin{pmatrix}0&0&108\\0&36&72\\36&0&0\\99&153&1305\end{pmatrix}$$

$$\xrightarrow{\text{直除}}\begin{pmatrix}0&0&108\\0&36&0\\36&0&0\\99&153&999\end{pmatrix}\xrightarrow{\text{遍约}}\begin{pmatrix}0&0&1\\0&1&0\\1&0&0\\\frac{11}{4}&\frac{17}{4}&\frac{37}{4}\end{pmatrix}$$

从上述消元过程可见，与现代行变换不同，这里的方程术是对增广矩阵的列变换，原因是古代行文顺序是自上而下，由右到左排列，所以这里方程术也是列变换而且是从右到左消元，但古今消元法的实质并无区别.

如果在消元过程出现负数，则需要使用正负术两条：同名相除，异名相益，正无入负之，负无入正之；其异名相除，同名相益，正无入正之，负无入负之.

这里的“除”指作减法.《九章算术》中的正负术是中国历史上首次出现冠以负数的运算法则，领先西方千年.

二、人口迁移模型

在某一个地区，每年约有5%的城市人口移居到周围的郊区，大约4%的郊区人口移居到城市中. 2018年，城市中有400000居民，郊区有600000居民. 试用x_0表示2018年的初始人口，估计两年后（即2020年），城市和郊区的人口数量（忽略其他因素对人口的影响）.

解：由题意知，迁移矩阵为$\boldsymbol{M}=\begin{pmatrix}0.95&0.04\\0.05&0.96\end{pmatrix}$.

因为2018年的初始人口为$\boldsymbol{x}_0=\begin{pmatrix}400000\\600000\end{pmatrix}$，故对2019年，有

$$\boldsymbol{x}_1=\begin{pmatrix}0.95&0.04\\0.05&0.96\end{pmatrix}\begin{pmatrix}400000\\600000\end{pmatrix}=\begin{pmatrix}404000\\596000\end{pmatrix}$$

对 2020 年有

$$x_2=\begin{pmatrix}0.95 & 0.04\\0.05 & 0.96\end{pmatrix}\begin{pmatrix}404000\\596000\end{pmatrix}=\begin{pmatrix}407640\\592360\end{pmatrix}$$

即 2020 年的城市人口为 407640 人，郊区人口为 592360 人.

第二章　行　列　式

知识结构

每一个方阵都可以与一个称为“方阵的行列式”的实数相对应，由这个实数可知方阵是否可逆. 本章将要定义“行列式”的定义，并介绍它的计算方法.

第一节　行列式的定义

一、方阵的行列式

考虑下面三种情形.

1. 矩阵 $\boldsymbol{A}$ 为一阶矩阵

设 $\boldsymbol{A}=(a)$，则当且仅当 $a\neq 0$ 时，$\boldsymbol{A}$ 存在可逆矩阵且 $\boldsymbol{A}^{-1}=\begin{pmatrix}\dfrac{1}{a}\end{pmatrix}$，如果记 $|\boldsymbol{A}|=a$，或 $\det(\boldsymbol{A})=a$，则当且仅当 $|\boldsymbol{A}|\neq 0$ 时，$\boldsymbol{A}$ 是可逆的.

2. 矩阵 $\boldsymbol{A}$ 为二阶矩阵

设 $\boldsymbol{A}=\begin{pmatrix}a_{11} & a_{12}\\ a_{21} & a_{22}\end{pmatrix}$，由第一章定理 1 - 3 可知，$\boldsymbol{A}$ 是可逆矩阵的充要条件为 $\boldsymbol{A}$ 等价于单位矩阵 $\boldsymbol{E}$.

(1) 若 $a_{11}\neq 0$，则有 $\boldsymbol{A}=\begin{pmatrix}a_{11} & a_{12}\\ a_{21} & a_{22}\end{pmatrix}\rightarrow\begin{pmatrix}a_{11} & a_{12}\\ 0 & a_{22}a_{11}-a_{12}a_{21}\end{pmatrix}=\boldsymbol{B}$，所以 $\boldsymbol{A}$ 和 $\boldsymbol{B}$ 等价于 $\boldsymbol{E}$ 的充要条件是 $a_{22}a_{11}-a_{12}a_{21}\neq 0$.

(2) 若 $a_{11}=0$，则有 $\boldsymbol{A}=\begin{pmatrix}0 & a_{12}\\ a_{21} & a_{22}\end{pmatrix}\rightarrow\begin{pmatrix}a_{21} & a_{22}\\ 0 & a_{12}\end{pmatrix}=\boldsymbol{B}$，所以 $\boldsymbol{A}$ 和 $\boldsymbol{B}$ 等价于 $\boldsymbol{E}$ 的充要条件是 $a_{21}a_{12}\neq 0$.

可见，无论 a_{11} 是否为 0，只要定义 $|\boldsymbol{A}|=a_{22}a_{11}-a_{12}a_{21}$，当且仅当 $|\boldsymbol{A}|\neq 0$ 时，$\boldsymbol{A}$ 是可逆的. 将矩阵记号中的括号改成竖线表示矩阵的行列式.

例如，对于 $\boldsymbol{A}=\begin{pmatrix}1 & 2\\ 3 & 4\end{pmatrix}$，其行列式为 $|\boldsymbol{A}|=\begin{vmatrix}1 & 2\\ 3 & 4\end{vmatrix}$.

一般地，记

$$|\mathbf{A}|=\begin{vmatrix} a_{11} & a_{12} \\ a_{21} & a_{22} \end{vmatrix}=a_{11}a_{22}-a_{21}a_{12} \tag{2-1}$$

称之为二阶矩阵 **A** 的行列式，简称二阶行列式.

3. 矩阵 **A** 为三阶矩阵

设 $\mathbf{A}=\begin{pmatrix} a_{11} & a_{12} & a_{13} \\ a_{21} & a_{22} & a_{23} \\ a_{31} & a_{32} & a_{33} \end{pmatrix}$，则

(1) 当 $a_{11}\neq 0$ 时，有

$$\mathbf{A}=\begin{pmatrix} a_{11} & a_{12} & a_{13} \\ a_{21} & a_{22} & a_{23} \\ a_{31} & a_{32} & a_{33} \end{pmatrix}\xrightarrow[r_3-\frac{a_{31}}{a_{11}}r_1]{r_2-\frac{a_{21}}{a_{11}}r_1}\begin{pmatrix} a_{11} & a_{12} & a_{13} \\ 0 & \dfrac{a_{11}a_{22}-a_{21}a_{12}}{a_{11}} & \dfrac{a_{11}a_{23}-a_{21}a_{13}}{a_{11}} \\ 0 & \dfrac{a_{11}a_{32}-a_{31}a_{12}}{a_{11}} & \dfrac{a_{11}a_{33}-a_{31}a_{13}}{a_{11}} \end{pmatrix}\xrightarrow[a_{11}r_3]{a_{11}r_2}$$

$$\begin{pmatrix} a_{11} & a_{12} & a_{13} \\ 0 & a_{11}a_{22}-a_{21}a_{12} & a_{11}a_{23}-a_{21}a_{13} \\ 0 & a_{11}a_{32}-a_{31}a_{12} & a_{11}a_{33}-a_{31}a_{13} \end{pmatrix}\xrightarrow[\frac{a_{11}a_{22}-a_{12}a_{21}}{a_{11}}r_3]{r_3-\frac{a_{11}a_{32}-a_{31}a_{12}}{a_{11}a_{22}-a_{12}a_{21}}r_2}$$

$$\begin{pmatrix} a_{11} & a_{12} & a_{13} \\ 0 & a_{11}a_{22}-a_{21}a_{12} & a_{11}a_{23}-a_{21}a_{13} \\ 0 & 0 & \begin{matrix} a_{11}a_{22}a_{33}-a_{12}a_{21}a_{33}-a_{13}a_{22}a_{31}- \\ a_{11}a_{23}a_{32}+a_{13}a_{21}a_{32}+a_{12}a_{23}a_{31} \end{matrix} \end{pmatrix}=\mathbf{B}$$

A、**B** 等价于 **E** 的充要条件是

$$a_{11}a_{22}a_{33}-a_{12}a_{21}a_{33}-a_{13}a_{22}a_{31}-a_{11}a_{23}a_{32}+a_{13}a_{21}a_{32}+a_{12}a_{23}a_{31}\neq 0 \tag{2-2}$$

如果定义

$$|\mathbf{A}|=a_{11}a_{22}a_{33}-a_{12}a_{21}a_{33}-a_{13}a_{22}a_{31}-a_{11}a_{23}a_{32}+a_{13}a_{21}a_{32}+a_{12}a_{23}a_{31} \tag{2-3}$$

则矩阵 **A** 可逆的充要条件是 $|\mathbf{A}|\neq 0$.

(2) 当 $a_{11}=0$ 时，考虑以下三种情况：① $a_{11}=0$，$a_{21}\neq 0$；② $a_{11}=a_{21}=0$，$a_{31}\neq 0$；③ $a_{11}=a_{21}=a_{31}=0$.

对于①，容易证明 **A** 等价于 **E** 的充要条件是 $-a_{12}a_{21}a_{33}-a_{13}a_{22}a_{31}+a_{13}a_{21}a_{32}+a_{12}a_{23}a_{31}\neq 0$，这个条件与式 (2-2) 表示的条件是一致的.

对于②，有 $\boldsymbol{A}=\begin{pmatrix} 0 & a_{12} & a_{13} \\ 0 & a_{22} & a_{23} \\ a_{31} & a_{32} & a_{33} \end{pmatrix}$，$\boldsymbol{A}$ 等价于 $\boldsymbol{E}$ 的充要条件是 $a_{31}(a_{12}a_{23}-a_{13}a_{22})\neq 0$.

对于③，矩阵 $\boldsymbol{A}$ 不等价于 $\boldsymbol{E}$，因此 $\boldsymbol{A}$ 不可逆，此时 $|\boldsymbol{A}|=0$.

所以，对于三阶矩阵 $\boldsymbol{A}$，只要按照式（2-3）定义 $|\boldsymbol{A}|$，则当且仅当 $|\boldsymbol{A}|\neq 0$ 时，$\boldsymbol{A}$ 是可逆的.

一般地，记

$$|\boldsymbol{A}|=\begin{vmatrix} a_{11} & a_{12} & a_{13} \\ a_{21} & a_{22} & a_{23} \\ a_{31} & a_{32} & a_{33} \end{vmatrix} \tag{2-4}$$

称之为三阶矩阵 $\boldsymbol{A}$ 的行列式，简称三阶行列式.

对于三阶行列式（2-4），可改写为

$$|\boldsymbol{A}|=a_{11}\begin{vmatrix} a_{22} & a_{23} \\ a_{32} & a_{33} \end{vmatrix}-a_{12}\begin{vmatrix} a_{21} & a_{23} \\ a_{31} & a_{33} \end{vmatrix}+a_{13}\begin{vmatrix} a_{21} & a_{22} \\ a_{31} & a_{32} \end{vmatrix}$$

简记为

$$|\boldsymbol{A}|=a_{11}M_{11}-a_{12}M_{12}+a_{13}M_{13} \tag{2-5}$$

其中

$$M_{11}=\begin{vmatrix} a_{22} & a_{23} \\ a_{32} & a_{33} \end{vmatrix}$$

$$M_{12}=\begin{vmatrix} a_{21} & a_{23} \\ a_{31} & a_{33} \end{vmatrix}$$

$$M_{13}=\begin{vmatrix} a_{21} & a_{22} \\ a_{31} & a_{32} \end{vmatrix}$$

注意到，M_{11}、M_{12}、M_{13} 都刚好是元素 a_{11}、a_{12}、a_{13} 划掉所在行和所在列后剩下的元素按照原来行列式中的排列次序排列而成的低一阶的行列式，称 $M_{1i}(i=1,2,3)$ 分别是元素 $a_{1i}(i=1,2,3)$ 的余子式.

一般地，有如下定义.

定义 2-1（余子式和代数余子式） 设 $\boldsymbol{A}=(a_{ij})$ 为一个 n 阶矩阵，删除元素 a_{ij} 所在行与所在列的所有元素，由剩下的行与列构成的 $(n-1)$ 阶行列式称为元素 a_{ij} 的余子式，记为 M_{ij}. 并记 $A_{ij}=(-1)^{i+j}M_{ij}$，称为元素 a_{ij} 的代数余子式.

对于三阶行列式，有

$$|\boldsymbol{A}|=a_{11}M_{11}-a_{12}M_{12}+a_{13}M_{13}=a_{11}A_{11}+a_{12}A_{12}+a_{13}A_{13} \qquad (2-6)$$

式（2－6）将一个三阶行列式变成了三个二阶行列式的和，提供了一种降低行列式阶次的做法．观察式（2－3），可以发现，三阶行列式可以按照任意一行或任意一列展开．可以证明（见本章第二节）如下定理．

定理 2－1　行列式等于它的任一行（列）的各元素与其对应的代数余子式乘积之和，即

$$|\boldsymbol{A}|=a_{i1}A_{i1}+a_{i2}A_{i2}+\cdots+a_{in}A_{in} \qquad (2-7)$$

或

$$|\boldsymbol{A}|=a_{1j}A_{1j}+a_{2j}A_{2j}+\cdots+a_{nj}A_{nj} \qquad (2-8)$$

三阶行列式

其中 $i=1,2,\cdots,n$；$j=1,2,\cdots,n$.

推论 2－1　设矩阵 $\boldsymbol{A}_{n\times n}$，$A_{jk}$ 为元素 a_{jk} 的代数余子式，其中 $k=1,2,\cdots,n$，则

$$a_{i1}A_{j1}+a_{i2}A_{j2}+\cdots+a_{in}A_{jn}=\begin{cases}|\boldsymbol{A}|, & i=j\\ 0, & i\neq j\end{cases} \qquad (2-9)$$

二、*n* 阶行列式的定义

由式（2－1）、式（2－3）可得二阶、三阶行列式的对角线法则：

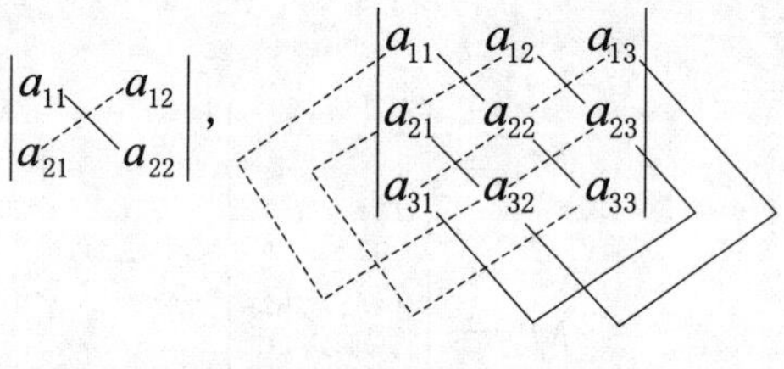

但是，四阶以上就不再具有这种关系了．

考察式（2－3），发现三阶行列式的展开式共有六项，其中三项冠以正号，三项冠以负号，每一项都是由不同行不同列的三个元素的乘积构成的，且每一项的符号与元素下标的排列顺序有关，据此，可以给出 n 阶行列式的一般定义．

1．排列和逆序

把 n 个不同的元素排成一列，叫作 n 个元素的全排列（简称排列），n 个不同元素的全排列用 P_n 表示，易知 $P_n=n!$.

对于 n 个不同的元素（$i_1,i_2,\cdots,i_n$），规定从小到大的排列为标准次序，并称为顺序；如果一个排列中，出现大数在前小数在后的，则称为逆序．一个元素前面比它大的数个数就是这个元素的逆序数，一个排列中所有元素的逆序数之和称为这个排列的逆序数，记为 $\tau(i_1i_2\cdots i_n)$.

例 2-1 求排列 32541 的逆序数.

解：在排列 32541 中，首位元素是 3，其逆序数是 0；2 的前面有一个比它大的数 3，所以逆序数是 1；5 是最大数，所以逆序数是 0；4 的前面有一个比它大的数 5，所以逆序数是 1；1 的前面有四个比它大的数，所以逆序数是 4. 所以排列 32541 的逆序数为

$$\tau(32541)=0+1+0+1+4=6$$

称逆序数是奇数的排列为奇排列，逆序数是偶数的排列为偶排列.

定理 2-2 n 个自然数（$n>1$）共有 $n!$ 个 n 级排列，其中奇偶排列各占一半.

证明：设其中奇排列为 p 个，偶排列为 q 个. 由于任意一个排列中的两个元素交换位置（对换）后，逆序数或者增加 1 或者减少 1，因此奇偶性将改变. 若对 p 个奇排列都进行同一对换，则这 p 个奇排列将全变为偶排列，所以 $p\leqslant q$；同理若对 q 个偶排列进行同一对换，则 q 个偶排列将全部变为奇排列，所以 $q\leqslant p$. 因此 $p=q=\frac{n!}{2}$.

2. n 阶行列式的定义

定义 2-2（行列式的定义） 设矩阵 $\boldsymbol{A}=(a_{ij})_{n\times n}$，则记号 $\begin{vmatrix} a_{11} & \cdots & a_{1n} \\ \vdots & & \vdots \\ a_{n1} & \cdots & a_{nn} \end{vmatrix}$ 称为 n 阶行列式，其中横排称为行，竖排称为列，它表示所有取自不同行不同列的 n 个元素乘积 $a_{1j_1}a_{2j_2}\cdots a_{nj_n}$ 的代数和. 各项的符号是：当该项各元素的行标按标准次序排列时，列标排列为奇排列时取负号，列标排列为偶排列时取正号，即

$$|\boldsymbol{A}|=\begin{vmatrix} a_{11} & \cdots & a_{1n} \\ \vdots & & \vdots \\ a_{n1} & \cdots & a_{nn} \end{vmatrix}=\sum_{j_1j_2\cdots j_n}(-1)^{\tau(j_1j_2\cdots j_n)}a_{1j_1}a_{2j_2}\cdots a_{nj_n}$$

其中 $\sum\limits_{j_1j_2\cdots j_n}$ 表示对所有 n 级排列 $j_1j_2\cdots j_n$ 求和. 行列式也简记为 $\det(a_{ij})$ 或 $|a_{ij}|$，称 a_{ij} 为行列式的元素，$(-1)^{\tau(j_1j_2\cdots j_n)}a_{1j_1}a_{2j_2}\cdots a_{nj_n}$ 为行列式的一般项.

例 2-2 计算行列式 $\begin{vmatrix} 0 & 0 & 0 & 1 \\ 0 & 0 & 2 & 0 \\ 0 & 3 & 0 & 0 \\ 4 & 0 & 0 & 0 \end{vmatrix}$.

解：由定义 2-2 得

$$\begin{vmatrix} 0 & 0 & 0 & 1 \\ 0 & 0 & 2 & 0 \\ 0 & 3 & 0 & 0 \\ 4 & 0 & 0 & 0 \end{vmatrix} = \sum_{j_1 j_2 j_3 j_4} (-1)^{\tau(j_1 j_2 j_3 j_4)} a_{1j_1} a_{2j_2} a_{3j_3} a_{4j_4}$$

先考虑不为零的项：a_{1j_1} 取自第一行，只有 $a_{14} \neq 0$，故 $j_1=4$，同理可得 $j_2=3$，$j_3=2$，$j_4=1$，即行列式中不为零的项只有 $(-1)^{\tau(4321)}\ 1\times2\times3\times4=24$，所以 $|\boldsymbol{A}|=24$.

一般地，有下列结果：

(1) $$\begin{vmatrix} 0 & \cdots & 0 & a_{1n} \\ 0 & \cdots & a_{2(n-1)} & 0 \\ \vdots & & \vdots & \vdots \\ a_{n1} & \cdots & 0 & 0 \end{vmatrix} = (-1)^{\tau(n(n-1)\cdots 1)} a_{1n} a_{2(n-1)} \cdots a_{n1}$$

$$= (-1)^{\frac{n(n-1)}{2}} a_{1n} a_{2(n-1)} \cdots a_{n1}$$

(2) $$\begin{vmatrix} a_{11} & 0 & \cdots & 0 \\ 0 & a_{22} & \cdots & 0 \\ \vdots & \vdots & & \vdots \\ 0 & 0 & \cdots & a_{nn} \end{vmatrix} = a_{11} a_{22} \cdots a_{nn}$$ （对角行列式）

(3) $$\begin{vmatrix} a_{11} & a_{12} & \cdots & a_{1n} \\ 0 & a_{22} & \cdots & a_{2n} \\ \vdots & \vdots & & \vdots \\ 0 & 0 & \cdots & a_{nn} \end{vmatrix} = a_{11} a_{22} \cdots a_{nn}$$ （上三角形行列式）

(4) $$\begin{vmatrix} a_{11} & 0 & \cdots & 0 \\ a_{21} & a_{22} & \cdots & 0 \\ \vdots & \vdots & & \vdots \\ a_{n1} & a_{n2} & \cdots & a_{nn} \end{vmatrix} = a_{11} a_{22} \cdots a_{nn}$$ （下三角形行列式）

例 2-3　设 $f(x)=\begin{vmatrix} x & 1 & 2 & 3 \\ 2 & x & 1 & 4 \\ 4 & 3 & x & 1 \\ 3 & 2 & 2x & 1 \end{vmatrix}$，求 x^3 的系数.

解：含有 x^3 的项为 $a_{11}a_{22}a_{33}a_{44}$ 和 $(-1)^{\tau(1243)}\ a_{11}a_{22}a_{34}a_{43}$，即 $x^3-2x^3=-x^3$，所以，x^3 的系数为-1.

定理 2-3 n 阶行列式也可以定义为 $|\boldsymbol{A}|=\sum(-1)^s a_{i_1j_1}a_{i_2j_2}\cdots a_{i_nj_n}$，其中 $s=\tau(i_1i_2\cdots i_n)+\tau(j_1j_2\cdots j_n)$. 也可以定义为

$$|\boldsymbol{A}|=\sum_{i_1i_2\cdots i_n}(-1)^{\tau(i_1i_2\cdots i_n)}a_{i_11}a_{i_22}\cdots a_{i_nn}$$

由行列式的定义，容易得到下列定理.

定理 2-4 设矩阵 $\boldsymbol{A}_{n\times n}$，若 $\boldsymbol{A}$ 有一行或一列的元素全为零，则 $|\boldsymbol{A}|=0$；若 $\boldsymbol{A}$ 有两行或两列元素对应相等，则 $|\boldsymbol{A}|=0$；若 $\boldsymbol{A}$ 中零元素的个数多于 n^2-n 个，则 $|\boldsymbol{A}|=0$；若 $\boldsymbol{A}$ 中非零元素的个数少于 n 个，则 $|\boldsymbol{A}|=0$.

定理 2-5 设矩阵 $\boldsymbol{A}_{n\times n}$，则 $|\boldsymbol{A}^{\mathrm{T}}|=|\boldsymbol{A}|$.

定理 2-5 说明，行列式中，行与列具有对等的地位，凡是对行进行的运算都可以对列进行，其结果是一致的.

习 题 2-1

1. 设 $\boldsymbol{A}=\begin{pmatrix}1&2&3\\4&5&6\\7&8&9\end{pmatrix}$，(1) 求 A_{21}、A_{22} 和 A_{23} 的值；(2) 用 (1) 中的结论计算 $|\boldsymbol{A}|$ 的值；(3) 用对角线法则验证 (2) 的结果；(4) 判断 $\boldsymbol{A}$ 是否可逆.

2. 求 λ 的值，使 $\begin{vmatrix}2-\lambda&4\\3&3-\lambda\end{vmatrix}=0$.

3. 设 $\boldsymbol{A}$ 和 $\boldsymbol{B}$ 为 2×2 矩阵，且令

$$\boldsymbol{A}=\begin{pmatrix}a_{11}&a_{12}\\a_{21}&a_{22}\end{pmatrix},\ \boldsymbol{B}=\begin{pmatrix}b_{11}&b_{12}\\b_{21}&b_{22}\end{pmatrix},\ \boldsymbol{C}=\begin{pmatrix}a_{11}&a_{12}\\b_{21}&b_{22}\end{pmatrix},\ \boldsymbol{D}=\begin{pmatrix}b_{11}&b_{12}\\a_{21}&a_{22}\end{pmatrix},\ \boldsymbol{Q}=\begin{pmatrix}0&\alpha\\\beta&0\end{pmatrix}$$

(1) 证明：$|\boldsymbol{A}+\boldsymbol{B}|=|\boldsymbol{A}|+|\boldsymbol{B}|+|\boldsymbol{C}|+|\boldsymbol{D}|$；

(2) 证明：如果 $\boldsymbol{B}=\boldsymbol{Q}\boldsymbol{A}$，则 $|\boldsymbol{A}+\boldsymbol{B}|=|\boldsymbol{A}|+|\boldsymbol{B}|$.

4. 设 $\boldsymbol{A}$ 和 $\boldsymbol{B}$ 为 2×2 矩阵，(1) 是否 $|\boldsymbol{A}+\boldsymbol{B}|=|\boldsymbol{A}|+|\boldsymbol{B}|$？(2) 是否 $|\boldsymbol{A}\boldsymbol{B}|=|\boldsymbol{A}||\boldsymbol{B}|$？(3) 是否 $|\boldsymbol{A}\boldsymbol{B}|=|\boldsymbol{B}\boldsymbol{A}|$？

5. 计算下列行列式：

(1) $\begin{vmatrix}2&0&0\\4&1&0\\7&3&-2\end{vmatrix}$；　(2) $\begin{vmatrix}3&0&0\\2&1&1\\1&2&2\end{vmatrix}$；　(3) $\begin{vmatrix}0&0&1&0\\0&1&0&0\\0&0&0&1\\1&0&0&0\end{vmatrix}$；

习题 2-1 参考答案

(4) $\begin{vmatrix} 4 & 0 & 2 & 10 \\ 5 & 0 & 4 & 2 \\ 2 & 0 & 3 & 4 \\ 1 & 0 & 2 & 3 \end{vmatrix}$； (5) $\begin{vmatrix} 0 & 1 & 0 & \cdots & 0 \\ 0 & 0 & 2 & \cdots & 0 \\ \vdots & \vdots & \vdots & & \vdots \\ 0 & 0 & 0 & \cdots & n-1 \\ n & 0 & 0 & \cdots & 0 \end{vmatrix}$.

行列式按行（列）展开

第二节 行列式的性质与计算

本节将介绍初等变换对行列式的作用，并利用初等变换来计算行列式的值. 首先给出引理 2-1，并证明上一节中的定理 2-1 和推论 2-1，同时给出求逆矩阵的行列式方法.

引理 2-1 设 $\boldsymbol{A}=(a_{ij})_{n\times n}$，如果其第 i 行所有元素除 a_{ij} 外都为零，则 $|\boldsymbol{A}|$ 等于 a_{ij} 与它的代数余子式的乘积，即 $|\boldsymbol{A}|=a_{ij}A_{ij}$.

证明：先证 a_{ij} 位于第一行第一列的情形，此时

$$|\boldsymbol{A}|=\begin{vmatrix} a_{11} & 0 & \cdots & 0 \\ a_{21} & a_{22} & \cdots & a_{2n} \\ \vdots & \vdots & & \vdots \\ a_{n1} & a_{n2} & \cdots & a_{nn} \end{vmatrix}=\sum(-1)^{\tau(1j_2\cdots j_n)}a_{11}a_{2j_2}\cdots a_{nj_n}=a_{11}M_{11}=a_{11}A_{11}$$

再证一般情况：此时

$$|\boldsymbol{A}|=\begin{vmatrix} a_{11} & \cdots & a_{1j} & \cdots & a_{1n} \\ \vdots & & \vdots & & \vdots \\ 0 & \cdots & a_{ij} & \cdots & 0 \\ \vdots & & \vdots & & \vdots \\ a_{n1} & \cdots & a_{nj} & \cdots & a_{nn} \end{vmatrix}$$

通过交换行与列的方法，将 a_{ij} 调到 a_{11} 的位置，需要经过 $i-1$ 次行交换，$j-1$ 次列交换，共计 $i+j-2$ 次交换，所得的行列式为

$$|\boldsymbol{A}_1|=(-1)^{i+j-2}|\boldsymbol{A}|=(-1)^{i+j}|\boldsymbol{A}|$$

而元素 a_{ij} 在 $|\boldsymbol{A}_1|$ 中的余子式仍然是 a_{ij} 在 $|\boldsymbol{A}|$ 中的余子式 M_{ij}，由于 a_{ij} 位于 $|\boldsymbol{A}_1|$ 的左上角，利用前面的结果，有 $|\boldsymbol{A}_1|=a_{ij}M_{ij}$，所以

$$|\boldsymbol{A}|=(-1)^{i+j}|\boldsymbol{A}_1|=(-1)^{i+j}a_{ij}M_{ij}=a_{ij}A_{ij}$$

证明第一节的定理 2-1. 设 $\boldsymbol{A}=(a_{ij})_{n\times n}$，则

当$|\boldsymbol{A}|=\begin{vmatrix} a_{11} & a_{12} & \cdots & a_{1n} \\ \vdots & \vdots & \vdots & \vdots \\ b_{i1}+c_{i1} & b_{i2}+c_{i2} & \cdots & b_{in}+c_{in} \\ \vdots & \vdots & \vdots & \vdots \\ a_{n1} & a_{n2} & \cdots & a_{nn} \end{vmatrix}$时，其中$a_{ij}=b_{ij}+c_{ij}$，有

$$|\boldsymbol{A}|=\begin{vmatrix} a_{11} & a_{12} & \cdots & a_{1n} \\ \vdots & \vdots & \vdots & \vdots \\ b_{i1} & b_{i2} & \cdots & b_{in} \\ \vdots & \vdots & \vdots & \vdots \\ a_{n1} & a_{n2} & \cdots & a_{nn} \end{vmatrix}+\begin{vmatrix} a_{11} & a_{12} & \cdots & a_{1n} \\ \vdots & \vdots & \vdots & \vdots \\ c_{i1} & c_{i2} & \cdots & c_{in} \\ \vdots & \vdots & \vdots & \vdots \\ a_{n1} & a_{n2} & \cdots & a_{nn} \end{vmatrix}=|\boldsymbol{A}_1|+|\boldsymbol{A}_2|$$

根据行列式的定义，则

$$|\boldsymbol{A}|=\sum(-1)^{\tau(j_1\cdots j_i\cdots j_n)}a_{1j_1}\cdots(b_{ij_i}+c_{ij_i})\cdots a_{nj_n}=\sum(-1)^{\tau(j_1\cdots j_i\cdots j_n)}$$

$$a_{1j_1}\cdots b_{ij_i}\cdots a_{nj_n}+\sum(-1)^{\tau(j_1\cdots j_i\cdots j_n)}a_{1j_1}\cdots c_{ij_i}\cdots a_{nj_n}=|\boldsymbol{A}_1|+|\boldsymbol{A}_2|$$

且该结论可推广到有限个数和的情形，故有

$$|\boldsymbol{A}|=\begin{vmatrix} a_{11} & a_{12} & \cdots & a_{1n} \\ \vdots & \vdots & & \vdots \\ a_{i1}+0+\cdots+0 & 0+a_{i2}+0+\cdots+0 & \cdots & 0+\cdots+0+a_{in} \\ \vdots & \vdots & & \vdots \\ a_{n1} & a_{n2} & \cdots & a_{nn} \end{vmatrix}$$

$$=\begin{vmatrix} a_{11} & a_{12} & \cdots & a_{1n} \\ \vdots & \vdots & & \vdots \\ a_{i1} & 0 & \cdots & 0 \\ \vdots & \vdots & & \vdots \\ a_{n1} & a_{n2} & \cdots & a_{nn} \end{vmatrix}+\begin{vmatrix} a_{11} & a_{12} & \cdots & a_{1n} \\ \vdots & \vdots & & \vdots \\ 0 & a_{i2} & \cdots & 0 \\ \vdots & \vdots & & \vdots \\ a_{n1} & a_{n2} & \cdots & a_{nn} \end{vmatrix}+\cdots+\begin{vmatrix} a_{11} & a_{12} & \cdots & a_{1n} \\ \vdots & \vdots & & \vdots \\ 0 & 0 & \cdots & a_{in} \\ \vdots & \vdots & & \vdots \\ a_{n1} & a_{n2} & \cdots & a_{nn} \end{vmatrix}$$

$$=a_{i1}A_{i1}+a_{i2}A_{i2}+\cdots+a_{in}A_{in}\quad(i=1,2,\cdots,n)$$

类似地，若按列进行，同理可得

$$|\boldsymbol{A}|=a_{1j}A_{1j}+a_{2j}A_{2j}+\cdots+a_{nj}A_{nj}\quad(j=1,2,\cdots,n)$$

得证.

下面证明第一节的推论 2－1.

当$i=j$时，式（2－8）就是按第i行展开；当$i\neq j$时，构造第j行与第i行一样的矩阵$\boldsymbol{B}$：

$$B=\begin{pmatrix} a_{11} & a_{12} & \cdots & a_{1n} \\ \vdots & \vdots & & \vdots \\ a_{i1} & a_{i2} & \cdots & a_{in} \\ \vdots & \vdots & & \vdots \\ a_{i1} & a_{i2} & \cdots & a_{in} \\ \vdots & \vdots & & \vdots \\ a_{n1} & a_{n2} & \cdots & a_{nn} \end{pmatrix} \begin{matrix} \\ \\ \text{第}i\text{行} \\ \\ \text{第}j\text{行} \\ \\ \\ \end{matrix}$$

矩阵B中第j行与第i行一样，故$|B|=0$，若将$|B|$按第j行展开，则$|B|=a_{i1}A_{j1}+a_{i2}A_{j2}+\cdots+a_{in}A_{jn}=0$，得证.

行列式有如下性质.

性质 2-1　交换行列式的两行，行列式变号.

若$A=(a_{ij})_{2\times 2}$，且$E(1,2)=\begin{bmatrix} 0 & 1 \\ 1 & 0 \end{bmatrix}$，有

$$|E(1,2)A|=\begin{vmatrix} a_{21} & a_{22} \\ a_{11} & a_{12} \end{vmatrix}=a_{21}a_{12}-a_{11}a_{22}=-|A|$$

对于$n>2$，可用数学归纳法证明$|E(i,j)A|=-|A|$.

性质 2-2　行列式的某一行乘一个非零常数k，等于数k乘此行列式.

将$|E(i(k))A|$按第i行展开，得

$$\begin{aligned}|E(i(k))A|&=ka_{i1}A_{i1}+ka_{i2}A_{i2}+\cdots+ka_{in}A_{in}=k(a_{i1}A_{i1}+a_{i2}A_{i2}+\cdots+a_{in}A_{in})\\&=k|A|\end{aligned}$$

性质 2-3　行列式的某一行的倍数加到另一行，行列式的值不变.

将$|E(i,j(k))A|$按第i行展开，由推论 2-1 可得

$$\begin{aligned}|E(i,j(k))A|&=(a_{i1}+ka_{j1})A_{i1}+(a_{i2}+ka_{j2})A_{i2}+\cdots+(a_{in}+ka_{jn})A_{in}\\&=(a_{i1}A_{i1}+a_{i2}A_{i2}+\cdots+a_{in}A_{in})+k(a_{j1}A_{i1}+a_{j2}A_{i2}+\cdots+a_{jn}A_{in})\\&=|A|+0=|A|\end{aligned}$$

综上所述，若P为一个初等矩阵，则$|PA|=|P||A|$，其中

$$|P|=\begin{cases}-1, & \text{若}P\text{为第一类初等矩阵}\\ k\neq 0, & \text{若}P\text{为第二类初等矩阵}\\ 1, & \text{若}P\text{为第三类初等矩阵}\end{cases}$$

类似的结论对列运算也成立，因为，若P为一个初等矩阵，则P^{T}也是初等矩阵，且

$$|\boldsymbol{AP}|=|(\boldsymbol{AP})^{\mathrm{T}}|=|\boldsymbol{P}^{\mathrm{T}}\boldsymbol{A}^{\mathrm{T}}|=|\boldsymbol{P}^{\mathrm{T}}||\boldsymbol{A}^{\mathrm{T}}|=|\boldsymbol{P}||\boldsymbol{A}|$$

推论 2－2　如果矩阵的某行（或列）为另一行（或列）的倍数，则矩阵的行列式必为零.

定理 2－6　设 $\boldsymbol{A}$ 和 $\boldsymbol{B}$ 为 $n\times n$ 矩阵，则 $|\boldsymbol{AB}|=|\boldsymbol{A}||\boldsymbol{B}|$.

证明： 若 $\boldsymbol{B}$ 为不可逆矩阵，则 $\boldsymbol{B}$ 可化为至少一行全为零的行阶梯形矩阵 $\boldsymbol{Q}$，已知 $\boldsymbol{AQ}$ 至少有一行全为零，可知 $\boldsymbol{AB}$ 也是不可逆矩阵，所以 $|\boldsymbol{AB}|=0=|\boldsymbol{A}||\boldsymbol{B}|$.

若 $\boldsymbol{B}$ 为可逆矩阵，则 $\boldsymbol{B}$ 可写为初等矩阵的乘积，于是

$$|\boldsymbol{AB}|=|\boldsymbol{AP}_k\boldsymbol{P}_{k-1}\cdots\boldsymbol{P}_1|=|\boldsymbol{A}||\boldsymbol{P}_k\boldsymbol{P}_{k-1}\cdots\boldsymbol{P}_1|=|\boldsymbol{A}||\boldsymbol{B}|$$

定理 2－7　一个 n 阶矩阵 $\boldsymbol{A}$ 不可逆的充要条件是 $|\boldsymbol{A}|=0$.

证明： 矩阵 $\boldsymbol{A}$ 可通过有限次初等行变换化为行最简形矩阵，有 $\boldsymbol{Q}=\boldsymbol{P}_k\boldsymbol{P}_{k-1}\cdots\boldsymbol{P}_1\boldsymbol{A}$，其中 $\boldsymbol{Q}$ 为行阶梯形矩阵，$\boldsymbol{P}_i$ 均为初等矩阵，则 $|\boldsymbol{Q}|=|\boldsymbol{P}_k\boldsymbol{P}_{k-1}\cdots\boldsymbol{P}_1\boldsymbol{A}|=|\boldsymbol{P}_k||\boldsymbol{P}_{k-1}|\cdots|\boldsymbol{P}_1||\boldsymbol{A}|$，因为 P_i 的行列式均非零，所以 $|\boldsymbol{A}|=0\Leftrightarrow|\boldsymbol{Q}|=0$.

如果 $\boldsymbol{A}$ 不可逆，则 $\boldsymbol{Q}$ 至少有一行元素全为零，此时 $|\boldsymbol{Q}|=0$.

如果 $\boldsymbol{A}$ 可逆，则 $\boldsymbol{Q}$ 为对角矩阵且主对角线元素都为 1，故此时 $|\boldsymbol{Q}|\neq0$，所以，n 阶矩阵 $\boldsymbol{A}$ 不可逆的充要条件是 $|\boldsymbol{A}|=0$，若 $|\boldsymbol{A}|\neq0$，则 $\boldsymbol{A}$ 为可逆的.

由上述证明可得一种计算行列式的方法，将 $\boldsymbol{A}$ 化为行阶梯形矩阵，如果 $\boldsymbol{A}$ 不可逆，则 $\boldsymbol{A}$ 的行阶梯形矩阵中至少有一行元素全为零，即 $|\boldsymbol{A}|=0$；如果 $\boldsymbol{A}$ 可逆，则可将 $|\boldsymbol{A}|$ 化为三角形行列式，从而计算得出 $|\boldsymbol{A}|$ 的值.

例 2－4　设 $\boldsymbol{A}=\begin{pmatrix}3&1&-1&2\\-5&1&3&-4\\2&0&1&-1\\1&-5&3&-3\end{pmatrix}$，求 $|\boldsymbol{A}|$.

解法一： $|\boldsymbol{A}|=\begin{vmatrix}3&1&-1&2\\-5&1&3&-4\\2&0&1&-1\\1&-5&3&-3\end{vmatrix}\xlongequal{r_1-r_3}\begin{vmatrix}1&1&-2&3\\-5&1&3&-4\\2&0&1&-1\\1&-5&3&-3\end{vmatrix}\xlongequal[\substack{r_3-2r_1\\r_4-r_1}]{r_2+5r_1}$

$$\begin{vmatrix}1&1&-2&3\\0&6&-7&11\\0&-2&5&-7\\0&-6&5&-6\end{vmatrix}\xlongequal[r_4+r_2]{r_3+\frac{1}{3}r_2}\begin{vmatrix}1&1&-2&3\\0&6&-7&11\\0&0&\frac{8}{3}&-\frac{10}{3}\\0&0&-2&5\end{vmatrix}\xlongequal{r_4+\frac{3}{4}r_3}$$

$$\begin{vmatrix}1&1&-2&3\\0&6&-7&11\\0&0&\frac{8}{3}&-\frac{10}{3}\\0&0&0&\frac{5}{2}\end{vmatrix}=40$$

解法二： $|\boldsymbol{A}|=\begin{vmatrix}3&1&-1&2\\-5&1&3&-4\\2&0&1&-1\\1&-5&3&-3\end{vmatrix}\xlongequal{r_1-r_3}\begin{vmatrix}1&1&-2&3\\-5&1&3&-4\\2&0&1&-1\\1&-5&3&-3\end{vmatrix}\xlongequal[r_3-2r_1,\ r_4-r_1]{r_2+5r_1}$

$$\begin{vmatrix}1&1&-2&3\\0&6&-7&11\\0&-2&5&-7\\0&-6&5&-6\end{vmatrix}=a_{11}M_{11}=\begin{vmatrix}6&-7&11\\-2&5&-7\\-6&5&-6\end{vmatrix}$$

$$=\begin{vmatrix}6&-7&11\\0&\frac{8}{3}&-\frac{10}{3}\\0&-2&5\end{vmatrix}=6\times\begin{vmatrix}\frac{8}{3}&-\frac{10}{3}\\-2&5\end{vmatrix}=6\times\left(\frac{8}{3}\times5-2\times\frac{10}{3}\right)=40$$

例 2-5 设 $\boldsymbol{A}=\begin{pmatrix}1&2&3&4\\5&6&7&8\\1&1&1&1\\-1&0&2&3\end{pmatrix}$，试求：

(1) $A_{41}+A_{42}+A_{43}+A_{44}$； (2) $3A_{12}+7A_{22}+A_{32}+2A_{42}$；

(3) $M_{41}+M_{42}+M_{43}+M_{44}$； (4) $-A_{41}+2A_{43}+3A_{44}$.

解： (1) $A_{41}+A_{42}+A_{43}+A_{44}=a_{31}A_{41}+a_{32}A_{42}+a_{33}A_{43}+a_{34}A_{44}=0$

(2) $3A_{12}+7A_{22}+A_{32}+2A_{42}=\begin{vmatrix}1&3&3&4\\5&7&7&8\\1&1&1&1\\-1&2&2&3\end{vmatrix}=0$

(3) $M_{41}+M_{42}+M_{43}+M_{44}=-A_{41}+A_{42}-A_{43}+A_{44}$

$$=\begin{vmatrix}1&2&3&4\\5&6&7&8\\1&1&1&1\\-1&1&-1&1\end{vmatrix}\xlongequal{r_2-r_1}\begin{vmatrix}1&2&3&4\\4&4&4&4\\1&1&1&1\\-1&1&-1&1\end{vmatrix}=0$$

(4) $-A_{41}+2A_{43}+3A_{44}=|\boldsymbol{A}|=\begin{vmatrix}1&2&3&4\\5&6&7&8\\1&1&1&1\\-1&0&2&3\end{vmatrix}\xlongequal{r_2-r_1}\begin{vmatrix}1&2&3&4\\4&4&4&4\\1&1&1&1\\-1&0&2&3\end{vmatrix}=0$

例 2-6　设 $\boldsymbol{A}=\begin{pmatrix}1&2&3&4\\3&3&4&4\\1&5&6&7\\1&1&2&2\end{pmatrix}$，已知 $|\boldsymbol{A}|=-6$，试求 $A_{41}+A_{42}$ 与 $A_{43}+A_{44}$，其中 $A_{4j}(j=1,2,3,4)$ 是 $|\boldsymbol{A}|$ 的第四行第 j 列元素的代数余子式.

解： $|\boldsymbol{A}|=a_{41}A_{41}+a_{42}A_{42}+a_{43}A_{43}+a_{44}A_{44}=A_{41}+A_{42}+2(A_{43}+A_{44})=-6$ (1)

$$a_{21}A_{41}+a_{22}A_{42}+a_{23}A_{43}+a_{24}A_{44}=3(A_{41}+A_{42})+4(A_{43}+A_{44})=0 \quad (2)$$

所以 $A_{41}+A_{42}=12$，$A_{43}+A_{44}=-9$.

例 2-7　证明范德蒙行列式：

范德蒙介绍

$$D_n=\begin{vmatrix}1&1&1&\cdots&1\\x_1&x_2&x_3&\cdots&x_n\\x_1^2&x_2^2&x_3^2&\cdots&x_n^2\\\vdots&\vdots&\vdots&&\vdots\\x_1^{n-1}&x_2^{n-1}&x_3^{n-1}&\cdots&x_n^{n-1}\end{vmatrix}=\prod_{1\leqslant j<i\leqslant n}(x_i-x_j)$$

证明： 用数学归纳法证明，当 $n=2$ 时：

$$D_2=\begin{vmatrix}1&1\\x_1&x_2\end{vmatrix}=x_2-x_1=\prod_{1\leqslant j<i\leqslant 2}(x_i-x_j)$$

结论成立．假定对 $n-1$ 阶范德蒙行列式结论成立，下面证明对 n 阶范德蒙行列式结论也成立.

从第 n 行起到第二行止，每行各元素都依次减去上面一行对应元素的 x_1 倍，得

$$D_n=\begin{vmatrix}1&1&1&\cdots&1\\0&x_2-x_1&x_3-x_1&\cdots&x_n-x_1\\0&x_2(x_2-x_1)&x_3(x_3-x_1)&\cdots&x_n(x_n-x_1)\\\vdots&\vdots&\vdots&&\vdots\\0&x_2^{n-2}(x_2-x_1)&x_3^{n-2}(x_3-x_1)&\cdots&x_n^{n-2}(x_n-x_1)\end{vmatrix}$$

按第一列展开，并提出各列公因子，得

$$D_n=(x_2-x_1)(x_3-x_1)\cdots(x_n-x_1)\begin{vmatrix}1 & 1 & \cdots & 1\\ x_2 & x_3 & \cdots & x_n\\ x_2^2 & x_3^2 & \cdots & x_n^2\\ \vdots & \vdots & & \vdots\\ x_2^{n-2} & x_3^{n-2} & \cdots & x_n^{n-2}\end{vmatrix}$$

右边行列式是 $n-1$ 阶范德蒙行列式，由假设知

$$D_n=(x_2-x_1)(x_3-x_1)\cdots(x_n-x_1)\prod_{2\leqslant j<i\leqslant n}(x_i-x_j)$$

即

$$D_n=\prod_{1\leqslant j<i\leqslant n}(x_i-x_j)$$

习 题 2-2

1. 对于下列矩阵，计算它们的行列式，并说明矩阵是否可逆：

(1) $\begin{pmatrix}3 & 1\\ 4 & 2\end{pmatrix}$； (2) $\begin{pmatrix}2 & -1 & 3\\ -1 & 2 & -2\\ 1 & 4 & 0\end{pmatrix}$； (3) $\begin{pmatrix}1 & 1 & 1 & 1\\ 2 & -1 & 3 & 2\\ 0 & 1 & 2 & 1\\ 0 & 0 & 7 & 3\end{pmatrix}$.

2. 把下列行列式化为上三角形行列式，并计算其值：

(1) $\begin{vmatrix}1 & 2 & 3 & 4\\ 2 & 3 & 4 & 1\\ 3 & 4 & 1 & 2\\ 4 & 1 & 2 & 3\end{vmatrix}$； (2) $\begin{vmatrix}1 & 2 & 3 & 4\\ 1 & 0 & 1 & 2\\ 3 & -1 & -1 & 0\\ 1 & 2 & 0 & -5\end{vmatrix}$.

3. 设 $\boldsymbol{A}=(a_{ij})_{n\times n}$，$k$ 为一非零常数，证明：$|k\boldsymbol{A}|=k^n|\boldsymbol{A}|$.

4. 设 $\boldsymbol{A}$ 和 $\boldsymbol{B}$ 为 3×3 矩阵，且 $|\boldsymbol{A}|=4$，$|\boldsymbol{B}|=5$，求下列值：

(1) $|\boldsymbol{AB}|$； (2) $|3\boldsymbol{A}|$； (3) $|2\boldsymbol{AB}|$； (4) $|\boldsymbol{A}^{-1}\boldsymbol{B}|$.

5. 若矩阵 $\boldsymbol{A}$ 满足 $\boldsymbol{A}^{\mathrm{T}}=-\boldsymbol{A}$，则称其为反对称的，证明：奇数阶反对称矩阵 $\boldsymbol{A}$ 是不可逆的.

6. 设 $\boldsymbol{A}$ 为 3×3 矩阵，$|\boldsymbol{A}|=-2$，把 $\boldsymbol{A}$ 按列分块为 $\boldsymbol{A}=(\boldsymbol{A}_1,\boldsymbol{A}_2,\boldsymbol{A}_3)$，证明：

(1) $|\boldsymbol{A}_1,2\boldsymbol{A}_2,\boldsymbol{A}_3|=-4$； (2) $|\boldsymbol{A}_3-2\boldsymbol{A}_1,3\boldsymbol{A}_2,\boldsymbol{A}_1|=6$.

习题 2-2
参考答案

第三节 行列式的应用

一、用公式法求逆矩阵

定理 2-8 方阵 $\boldsymbol{A}$ 可逆的充要条件是 $|\boldsymbol{A}|\neq 0$，且有 $\boldsymbol{A}^{-1}=\frac{1}{|\boldsymbol{A}|}\boldsymbol{A}^{*}$，其中 $\boldsymbol{A}^{*}$ 为 $\boldsymbol{A}$ 的伴随矩阵.

$$\boldsymbol{A}^{*}=\begin{pmatrix} A_{11} & A_{21} & \cdots & A_{n1} \\ A_{12} & A_{22} & \cdots & A_{n2} \\ \vdots & \vdots & & \vdots \\ A_{1n} & A_{2n} & \cdots & A_{nn} \end{pmatrix}，A_{ij} \text{ 为元素 } a_{ij} \text{ 的代数余子式.}$$

证明： 必要性：若 $\boldsymbol{A}$ 可逆，则存在 n 阶矩阵 $\boldsymbol{B}$，满足 $\boldsymbol{AB}=\boldsymbol{BA}=\boldsymbol{E}$，有 $|\boldsymbol{A}||\boldsymbol{B}|=|\boldsymbol{AB}|=|\boldsymbol{E}|=1\neq 0$，所以 $|\boldsymbol{A}|\neq 0$ 且 $|\boldsymbol{B}|\neq 0$.

充分性：设 $\boldsymbol{A}=(a_{ij})_{n\times n}$，则

$$\boldsymbol{AA}^{*}=\begin{pmatrix} a_{11} & a_{12} & \cdots & a_{1n} \\ a_{21} & a_{22} & \cdots & a_{2n} \\ \vdots & \vdots & & \vdots \\ a_{n1} & a_{n2} & \cdots & a_{nn} \end{pmatrix}\begin{pmatrix} A_{11} & A_{21} & \cdots & A_{n1} \\ A_{12} & A_{22} & \cdots & A_{n2} \\ \vdots & \vdots & & \vdots \\ A_{1n} & A_{2n} & \cdots & A_{nn} \end{pmatrix}=\begin{pmatrix} |\boldsymbol{A}| & \cdots & 0 \\ \vdots & & \vdots \\ 0 & \cdots & |\boldsymbol{A}| \end{pmatrix}=|\boldsymbol{A}|\boldsymbol{E}$$

当 $|\boldsymbol{A}|\neq 0$ 时，有 $\boldsymbol{A}\left(\boldsymbol{A}^{*}\frac{1}{|\boldsymbol{A}|}\right)=\boldsymbol{E}$，类似地，有 $\boldsymbol{A}^{*}\boldsymbol{A}=|\boldsymbol{A}|\boldsymbol{E}$，当 $|\boldsymbol{A}|\neq 0$ 时，有 $\left(\boldsymbol{A}^{*}\frac{1}{|\boldsymbol{A}|}\right)\boldsymbol{A}=\boldsymbol{E}$，所以 $\boldsymbol{A}^{-1}=\boldsymbol{A}^{*}\frac{1}{|\boldsymbol{A}|}$.

推论 2-3 若 $\boldsymbol{AB}=\boldsymbol{E}$（或 $\boldsymbol{BA}=\boldsymbol{E}$），则 $\boldsymbol{B}=\boldsymbol{A}^{-1}$.

证明： 由 $\boldsymbol{AB}=\boldsymbol{E}$ 得 $|\boldsymbol{A}||\boldsymbol{B}|\neq 0$，可知 $|\boldsymbol{A}|\neq 0$，故 $\boldsymbol{A}$ 可逆，且 $\boldsymbol{B}=\boldsymbol{EB}=(\boldsymbol{A}^{-1}\boldsymbol{A})\boldsymbol{B}=\boldsymbol{A}^{-1}(\boldsymbol{AB})=\boldsymbol{A}^{-1}\boldsymbol{E}=\boldsymbol{A}^{-1}$.

说明：可逆矩阵的定义 $\boldsymbol{AB}=\boldsymbol{BA}=\boldsymbol{E}$ 是过于严格的，在实际应用中只要有 $\boldsymbol{AB}=\boldsymbol{E}$ 或 $\boldsymbol{BA}=\boldsymbol{E}$ 就可以断言 $\boldsymbol{A}=\boldsymbol{B}^{-1}$ 或 $\boldsymbol{B}=\boldsymbol{A}^{-1}$.

例 2-8 设 $\boldsymbol{A}=\begin{pmatrix} 1 & 0 & 1 \\ 2 & 1 & 0 \\ -3 & 2 & -5 \end{pmatrix}$，求矩阵 $\boldsymbol{A}$ 的伴随矩阵 $\boldsymbol{A}^{*}$ 和逆矩阵 $\boldsymbol{A}^{-1}$.

解： $A_{11}=-5$，$A_{12}=10$，$A_{13}=7$，$A_{21}=2$，$A_{22}=-2$，$A_{23}=-2$，$A_{31}=-1$，$A_{32}=2$，$A_{33}=1$，所以

$$A^*=\begin{pmatrix}-5 & 2 & -1\\ 10 & -2 & 2\\ 7 & -2 & 1\end{pmatrix}$$

又因为$|A|=\begin{vmatrix}1 & 0 & 1\\ 2 & 1 & 0\\ -3 & 2 & -5\end{vmatrix}=2\neq 0$，所以

$$A^{-1}=\frac{1}{|A|}A^*=\frac{1}{2}\begin{pmatrix}-5 & 2 & -1\\ 10 & -2 & 2\\ 7 & -2 & 1\end{pmatrix}=\begin{pmatrix}-\frac{5}{2} & 1 & -\frac{1}{2}\\ 5 & -1 & 1\\ \frac{7}{2} & -1 & \frac{1}{2}\end{pmatrix}$$

推论 2-4　若矩阵 A 可逆，则$|A^{-1}|=|A|^{-1}$.

证明：因为$AA^{-1}=E$，有$|A||A^{-1}|=1$，所以$|A^{-1}|=|A|^{-1}$.

克莱姆介绍

二、克莱姆法则

定理 2-9　设 A 为 n 阶可逆矩阵，则方程 $Ax=b$ 有解且有唯一解，解为 $x_i=\frac{|A_i|}{|A|}(i=1,2,\cdots,n)$，其中 A_i 为将矩阵 A 中第 i 列用 b 替换得到的矩阵.

证明：因为 $x=A^{-1}b=\frac{1}{|A|}A^*b$，可得

$$x_i=\frac{b_1A_{1i}+b_2A_{2i}+\cdots+b_nA_{ni}}{|A|}=\frac{|A_i|}{|A|}$$

得证.

例 2-9　用克莱姆法则解下列线性方程组：

$$\begin{cases}x_1+x_2+x_3+x_4=5\\ x_1+2x_2-x_3+4x_4=-2\\ 2x_1-3x_2-x_3-5x_4=-2\\ 3x_1+x_2+2x_3+11x_4=0\end{cases}$$

解：$|A|=\begin{vmatrix}1 & 1 & 1 & 1\\ 1 & 2 & -1 & 4\\ 2 & -3 & -1 & -5\\ 3 & 1 & 2 & 11\end{vmatrix}=-142$，$|A_1|=\begin{vmatrix}5 & 1 & 1 & 1\\ -2 & 2 & -1 & 4\\ -2 & -3 & -1 & -5\\ 0 & 1 & 2 & 11\end{vmatrix}=-142$，

$|A_2|=\begin{vmatrix}1 & 5 & 1 & 1\\ 1 & -2 & -1 & 4\\ 2 & -2 & -1 & -5\\ 3 & 0 & 2 & 11\end{vmatrix}=-284$，$|A_3|=\begin{vmatrix}1 & 1 & 5 & 1\\ 1 & 2 & -2 & 4\\ 2 & -3 & -2 & -5\\ 3 & 1 & 0 & 11\end{vmatrix}=-426$，

$$|\boldsymbol{A}_4|=\begin{vmatrix}1&1&1&5\\1&2&-1&-2\\2&-3&-1&-2\\3&1&2&0\end{vmatrix}=142$$

所以 $x_1=1$，$x_2=2$，$x_3=3$，$x_4=-1$.

克莱姆法则给出了一个将线性方程组的解用行列式表示的方法.

若线性方程 $\boldsymbol{Ax}=\boldsymbol{b}$ 中的 $\boldsymbol{b}=\boldsymbol{0}$，则

$$\begin{cases}a_{11}x_1+a_{12}x_2+\cdots+a_{1n}x_n=0\\a_{21}x_1+a_{22}x_2+\cdots+a_{2n}x_n=0\\\quad\vdots\\a_{n1}x_1+a_{n2}x_2+\cdots+a_{nn}x_n=0\end{cases}\tag{2-10}$$

称之为齐次线性方程组. 显然 $x_1=x_2=\cdots=x_n=0$ 是方程组（2－10）的解，称之为齐次线性方程组的零解；若 x_1，x_2，…，x_n 不全为零，则称齐次线性方程组有非零解. 结合克莱姆法则，对于齐次线性方程组，可得下面的定理.

定理 2－10　若齐次线性方程组（2－10）的系数行列式 $|\boldsymbol{A}|\neq 0$，则齐次线性方程组有唯一的零解.

推论 2－5　若齐次线性方程组（2－10）的系数行列式 $|\boldsymbol{A}|=0$，则齐次线性方程组有非零解.

三、信息编码

一个通用的传递信息的方法是将每一个字母与一个整数相对应，然后输入一串整数. 例如，信息 SEND MONEY，可以编码为 5，8，10，21，7，2，10，8，3，其中 S 表示 5，E 表示 8，等等. 但是，这种编码很容易被破译. 在一段较长的信息中，可以根据数字出现的相对频率猜测每一数字表示的字母. 因此，例如，若 8 为编码信息中最常出现的数字，则它最有可能表示字母 E，因为英文中最常出现的字母为 E.

幸运地是，可以用矩阵乘法对信息进行进一步的伪装. 设 $\boldsymbol{A}$ 是所有元素均为整数的矩阵，且其行列式为 ±1，由于 $\boldsymbol{A}^{-1}=\pm\boldsymbol{A}^*$，因此 $\boldsymbol{A}^{-1}$ 的元素也是整数，可以用这个矩阵对信息进行变换. 变换后的信息将很难被破译. 比如，若

$\boldsymbol{A}=\begin{pmatrix}1&2&1\\2&5&3\\2&3&2\end{pmatrix}$，将需要编码的信息放置在矩阵 $\boldsymbol{B}$ 的各个列上，即 $\boldsymbol{B}=\begin{pmatrix}5&21&10\\8&7&8\\10&2&3\end{pmatrix}$，

乘积得

$$AB=\begin{pmatrix}1&2&1\\2&5&3\\2&3&2\end{pmatrix}\begin{pmatrix}5&21&10\\8&7&8\\10&2&3\end{pmatrix}=\begin{pmatrix}31&37&29\\80&83&69\\54&67&50\end{pmatrix}$$

给出了用于传输的编码信息：31，80，54，37，83，67，29，69，50. 接收信息的人可以通过左乘 A^{-1} 进行译码：

$$\begin{pmatrix}1&-1&1\\2&0&-1\\-4&1&1\end{pmatrix}\begin{pmatrix}31&37&29\\80&83&69\\54&67&50\end{pmatrix}=\begin{pmatrix}5&21&10\\8&7&8\\10&2&3\end{pmatrix}$$

为构造编码矩阵 A，可以从单位矩阵 E 开始，利用初等行变换第三类或利用初等行变换第一类来编排. 结果矩阵 A 将只有整数元素，且由于

$$|A|=\pm|E|=\pm 1$$

因此 A^{-1} 也将只有整数元素.

习　题　2-3

1. 对下列矩阵，计算 $|A|$、A^*、A^{-1}.

(1) $A=\begin{pmatrix}1&2\\3&-1\end{pmatrix}$；　(2) $A=\begin{pmatrix}1&1&1\\0&1&1\\0&0&1\end{pmatrix}$；　(3) $A=\begin{pmatrix}1&3&1\\2&1&1\\-2&2&-1\end{pmatrix}$.

2. 设 A 为 3×3 矩阵，A^* 是 A 的伴随矩阵，若 $|A|=2$，求 $|A^*|$.

3. 设 $A=\begin{pmatrix}1&0&0\\0&\frac{1}{2}&\frac{3}{2}\\0&1&\frac{5}{2}\end{pmatrix}$，$A^*$ 是 A 的伴随矩阵，求 $[(A^*)^{\mathrm{T}}]^{-1}$.

4. 设 A 为 n 阶可逆矩阵，证明：当 $n>1$ 时，$|A^*|=|A|^{n-1}$.

5. 证明：若 A 为不可逆矩阵，则 A^* 也为不可逆矩阵.

6. 证明：若 A 为可逆矩阵，则 A^* 也为可逆矩阵，且 $(A^*)^{-1}=|A^{-1}|A=(A^{-1})^*$.

7. 用克莱姆法则解下列方程组：

(1) $\begin{cases}x_1+3x_2+x_3=1\\2x_1+x_2+x_3=5\\-2x_1+2x_2-x_3=-8\end{cases}$；　(2) $\begin{cases}2x_1+x_2-3x_3=0\\4x_1+5x_2+x_3=8\\-2x_1-x_2+4x_3=2\end{cases}$.

8. 设 $\boldsymbol{A}=\begin{pmatrix}1&2&1\\0&4&3\\1&2&2\end{pmatrix}$，试用克莱姆法则解方程组 $\boldsymbol{A}\boldsymbol{x}=\boldsymbol{e}_3$ 来计算 $\boldsymbol{A}^{-1}$ 的第三列，其中 $\boldsymbol{e}_3=\begin{pmatrix}0\\0\\1\end{pmatrix}$.

习题 2-3
参考答案

第三章　向量和线性方程组

知识结构

线性方程组是线性代数的核心，其在科学技术、工程等领域中都有着非常广泛的应用，当研究线性方程组时，可发现每一个方程 $a_1x_1+a_2x_2+\cdots+a_nx_n=b_m$ 都可以用一个 n 元有序数组（$a_1,a_2,\cdots,a_n,b_m$）来表示，当对线性方程组施行加减消元运算时，就等价于对其相应的 n 元有序数组施行相应的变换. 通过本章的学习，可以更深刻地了解线性方程组的可解性和解集的结构.

第一节　矩阵的秩与方程组解的判定

一、矩阵的秩

矩阵秩的概念是讨论向量组的线性相关性和线性方程组解的重要工具.

定义 3-1（矩阵的 k 阶子式）　在 $m\times n$ 矩阵 $\boldsymbol{A}$ 中，任取 k 行 k 列（$1\leqslant k\leqslant m$，$1\leqslant k\leqslant n$），位于这些行列交叉处的 k^2 个元素，不改变它们在 $\boldsymbol{A}$ 中所处的位置次序而得到的 k 阶行列式，称为矩阵 $\boldsymbol{A}$ 的 k 阶子式.

注： $m\times n$ 矩阵 $\boldsymbol{A}$ 的 k 阶子式共有 $C_m^k\cdot C_n^k$ 个.

设 $\boldsymbol{A}$ 为 $m\times n$ 矩阵，当 $\boldsymbol{A}=\boldsymbol{O}$ 时，它的任何子式都为零. 当 $\boldsymbol{A}\neq\boldsymbol{O}$ 时，它至少有一个元素不为零，即它至少有一个一阶子式不为零. 再考察二阶子式，若 $\boldsymbol{A}$ 中有一个二阶子式不为零，则往下考察三阶子式，如此进行下去，最后一定会得到 $\boldsymbol{A}$ 中有 r 阶子式不为零，而再没有比 r 阶更高的不为零的子式，这个不为零的子式的最高阶数 r 反映了矩阵 $\boldsymbol{A}$ 内在的重要特征，在矩阵的理论和应用中都有重要意义.

定义 3-2（矩阵的秩）　设 $\boldsymbol{A}$ 为 $m\times n$ 矩阵，如果存在一个 $\boldsymbol{A}$ 的 r 阶子式不为零，而所有的 $r+1$ 阶子式（如果存在的话）都为零，则称数 r 为矩阵 $\boldsymbol{A}$ 的秩. 记为 $r(\boldsymbol{A})$ 或 $R(\boldsymbol{A})$ 或秩（$\boldsymbol{A}$）.

由行列式的性质可知，若 $\boldsymbol{A}$ 中所有的 $r+1$ 阶子式都为零，则所有高于 $r+1$ 阶的子式也都为零，因此，$\boldsymbol{A}$ 的秩 $r(\boldsymbol{A})$ 就是 $\boldsymbol{A}$ 中不为零的子式的最高阶数.

显然：① $r(\boldsymbol{A})=r(\boldsymbol{A}^{\mathrm{T}})$；② 若 $\boldsymbol{A}$ 为 $m\times n$ 矩阵，则 $0\leqslant r(\boldsymbol{A})\leqslant\min\{m,n\}$.

当 $\boldsymbol{A}=\boldsymbol{O}$ 时，$r(\boldsymbol{A})=0$. 当 $r(\boldsymbol{A})=\min\{m,n\}$ 时，称矩阵 $\boldsymbol{A}$ 为满秩矩阵，否则称为降秩矩阵. 对于 n 阶满秩矩阵 $\boldsymbol{A}$，有 $|\boldsymbol{A}|\neq 0$；对于 n 阶降秩矩阵 $\boldsymbol{A}$，有

$|\boldsymbol{A}|=0$.

例 3-1　求下列矩阵的秩，并说明其是不是满秩矩阵.

(1) $\boldsymbol{A}=\begin{pmatrix}1&2&3&0\\0&1&0&1\\0&0&1&0\end{pmatrix}$；　(2) $\boldsymbol{B}=\begin{pmatrix}1&2\\0&1\\0&0\end{pmatrix}$；

(3) $\boldsymbol{C}=\begin{pmatrix}1&0&0\\0&1&0\\0&0&1\end{pmatrix}$；　(4) $\boldsymbol{D}=\begin{pmatrix}1&2&3\\2&3&-5\\4&7&1\end{pmatrix}$.

解：由矩阵秩的定义可得

(1) $r(\boldsymbol{A})=3$.

(2) $r(\boldsymbol{B})=2$.

(3) $r(\boldsymbol{C})=3$，且 $\boldsymbol{A}$、$\boldsymbol{B}$、$\boldsymbol{C}$ 都为满秩矩阵.

(4) $|\boldsymbol{D}|=\begin{vmatrix}1&2&3\\2&3&-5\\4&7&1\end{vmatrix}=0$，而 $\begin{vmatrix}1&2\\2&3\end{vmatrix}\neq 0$，所以 $r(\boldsymbol{D})=2$，$\boldsymbol{D}$ 为降秩矩阵.

从例 3-1 中各矩阵秩的求解可知，当矩阵是行阶梯形矩阵时，其秩比较容易判断，而任意矩阵可以经过有限次初等行变换化为行阶梯形矩阵，所以考察初等变换法是否改变矩阵的秩.

定理 3-1　若矩阵 $\boldsymbol{A}$ 与 $\boldsymbol{B}$ 等价，则 $r(\boldsymbol{A})=r(\boldsymbol{B})$. 即矩阵经过初等变换后，其秩不变.

根据这个定理，得到利用初等变换求矩阵秩的方法：用初等行变换把矩阵变成行阶梯形矩阵，其中非零行的行数就是该矩阵的秩.

例 3-2　求 $\boldsymbol{A}=\begin{pmatrix}1&2&3&2\\1&4&5&3\\0&2&2&1\end{pmatrix}$ 的秩.

解：$\boldsymbol{A}=\begin{pmatrix}1&2&3&2\\1&4&5&3\\0&2&2&1\end{pmatrix}\xrightarrow{r_2-r_1}\begin{pmatrix}1&2&3&2\\0&2&2&1\\0&2&2&1\end{pmatrix}\xrightarrow{r_3-r_2}\begin{pmatrix}1&2&3&2\\0&2&2&1\\0&0&0&0\end{pmatrix}$

所以 $r(\boldsymbol{A})=2$.

例 3-3　设 $\boldsymbol{A}=\begin{pmatrix}2&-1&-1&1&2\\1&1&-2&1&4\\4&-6&2&-2&4\\3&6&-9&7&9\end{pmatrix}$，求矩阵 $\boldsymbol{A}$ 的秩，并求 $\boldsymbol{A}$ 的一个最

高阶非零子式.

$$\text{解：}\boldsymbol{A}=\begin{pmatrix}2&-1&-1&1&2\\1&1&-2&1&4\\4&-6&2&-2&4\\3&6&-9&7&9\end{pmatrix}\to\begin{pmatrix}1&1&-2&1&4\\0&1&-1&1&0\\0&0&0&1&-3\\0&0&0&0&0\end{pmatrix}=\boldsymbol{B}$$

注意到，$\boldsymbol{B}$ 中第一列、第二列、第四列构成的行阶梯形矩阵为 $\begin{pmatrix}1&1&1\\0&1&1\\0&0&1\\0&0&0\end{pmatrix}$，所以 $r(\boldsymbol{B})=3$，即 $\boldsymbol{B}$ 中必有三阶非零子式.

计算 $\boldsymbol{A}$ 中第一列、第二列、第四列前三行构成的子式：$\begin{vmatrix}2&-1&1\\1&1&1\\4&-6&-2\end{vmatrix}=-8\neq 0$，则这个子式便是 $\boldsymbol{A}$ 的一个最高阶非零子式.

二、矩阵的秩用于方程组解的判定

将矩阵 $\boldsymbol{A}$ 列分块为 $\boldsymbol{A}=(\boldsymbol{\alpha}_1,\boldsymbol{\alpha}_2,\cdots,\boldsymbol{\alpha}_n)$，则矩阵方程 $\boldsymbol{Ax}=\boldsymbol{b}$ 可记为

$$(\boldsymbol{\alpha}_1,\boldsymbol{\alpha}_2,\cdots,\boldsymbol{\alpha}_n)\boldsymbol{x}=\boldsymbol{\beta}\quad(\text{其中 }\boldsymbol{b}=\boldsymbol{\beta})$$

展开得到

$$x_1\boldsymbol{\alpha}_1+x_2\boldsymbol{\alpha}_2+\cdots+x_n\boldsymbol{\alpha}_n=\boldsymbol{\beta}\tag{3-1}$$

称式（3-1）为线性方程组（1-1）的向量形式.

消元法

因此，不仅可以求解线性方程组（1-1）的未知量 $x_1,x_2,\cdots,x_n$ 的取值，也可以讨论系数和常数构成的向量 $\boldsymbol{\alpha}_1$、$\boldsymbol{\alpha}_2$、…、$\boldsymbol{\alpha}_n$、$\boldsymbol{\beta}$ 之间的关系，即向量关系.

在第一章的第一节中已经讨论了方程组解的三种情况，根据增广矩阵化简结果可得如下判定定理.

定理 3-2　n 元非齐次线性方程组 $\boldsymbol{A}_{m\times n}\boldsymbol{x}=\boldsymbol{b}$ 有解的充要条件是系数矩阵 $\boldsymbol{A}$ 的秩等于增广矩阵 $(\boldsymbol{A}\,\vdots\,\boldsymbol{b})$ 的秩，即 $r(\boldsymbol{A})=r(\boldsymbol{A}\,\vdots\,\boldsymbol{b})$，且当 $r(\boldsymbol{A})=r(\boldsymbol{A}\,\vdots\,\boldsymbol{b})=n$ 时有唯一解；$r(\boldsymbol{A})=r(\boldsymbol{A}\,\vdots\,\boldsymbol{b})<n$ 时有无穷多解.

例 3-4　解线性方程组 $\begin{cases}x_1+5x_2-x_3-x_4=-1\\x_1-2x_2+x_3+3x_4=3\\3x_1-2x_2-x_3+x_4=1\\x_1-9x_2+3x_3+7x_4=7\end{cases}$.

解： 构造增广矩阵 $(\boldsymbol{A}\,\vdots\,\boldsymbol{b})$，并进行初等行变换，化为行最简形矩阵：

$$(\boldsymbol{A} \vdots \boldsymbol{b})=\left(\begin{array}{cccc:c}1&5&-1&-1&-1\\1&-2&1&3&3\\3&-2&-1&1&1\\1&-9&3&7&7\end{array}\right)\xrightarrow[r_4-r_1]{\substack{r_2-r_1\\r_3-3r_1}}\left(\begin{array}{cccc:c}1&5&-1&-1&-1\\0&-7&2&4&4\\0&-17&2&4&4\\0&-14&4&8&8\end{array}\right)$$

$$\xrightarrow[r_3-\frac{17}{7}r_2]{r_4-2r_2}\left(\begin{array}{cccc:c}1&5&-1&-1&-1\\0&-7&2&4&4\\0&0&-\frac{20}{7}&-\frac{40}{7}&-\frac{40}{7}\\0&0&0&0&0\end{array}\right)\xrightarrow[-\frac{7}{20}r_3]{-\frac{1}{7}r_2}\left(\begin{array}{ccccc}1&5&-1&-1&-1\\0&1&-\frac{2}{7}&-\frac{4}{7}&-\frac{4}{7}\\0&0&1&2&2\\0&0&0&0&0\end{array}\right)$$

$$\xrightarrow[r_2+\frac{2}{7}r_3]{r_1-5r_2}\left(\begin{array}{cccc:c}1&0&\frac{3}{7}&\frac{13}{7}&\frac{13}{7}\\0&1&0&0&0\\0&0&1&2&2\\0&0&0&0&0\end{array}\right)\xrightarrow{r_1-\frac{3}{7}r_3}\left(\begin{array}{cccc:c}1&0&0&1&1\\0&1&0&0&0\\0&0&1&2&2\\0&0&0&0&0\end{array}\right)$$

有 $r(\boldsymbol{A})=r(\boldsymbol{A} \vdots \boldsymbol{b})=3<4$（未知量个数），所以，方程组有无穷多解，且与方程组 $\begin{cases}x_1+\qquad\qquad x_4=1\\ \qquad x_2\qquad\qquad=0\\ \qquad\quad x_3+2x_4=2\end{cases}$ 同解，即 $\begin{cases}x_1=-x_4+1\\x_2=0\\x_3=-2x_4+2\end{cases}$.

令 $x_4=k$，所以 $\begin{pmatrix}x_1\\x_2\\x_3\\x_4\end{pmatrix}=\begin{pmatrix}-k+1\\0\\-2k+2\\k\end{pmatrix}=k\begin{pmatrix}-1\\0\\-2\\1\end{pmatrix}+\begin{pmatrix}1\\0\\2\\0\end{pmatrix}\quad(k\in\mathbf{R})$.

例 3－5　解方程组 $\begin{cases}x_1-\ x_2+2x_3=1\\x_1-2x_2-\ x_3=2\\3x_1-\ x_2+5x_3=3\\-x_1+\qquad 2x_3=-2\end{cases}$.

解：对增广矩阵 $(\boldsymbol{A} \vdots \boldsymbol{b})$ 进行初等行变换：

$$(\boldsymbol{A} \vdots \boldsymbol{b})=\left(\begin{array}{ccc:c}1&-1&2&1\\1&-2&-1&2\\3&-1&5&3\\-1&0&2&-2\end{array}\right)\xrightarrow[r_4+r_1]{\substack{r_2-r_1\\r_3-3r_1}}\left(\begin{array}{ccc:c}1&-1&2&1\\0&-1&-3&1\\0&2&-1&0\\0&-1&4&-1\end{array}\right)\xrightarrow[r_4-r_2]{r_3+2r_2}\left(\begin{array}{ccc:c}1&-1&2&1\\0&-1&-3&1\\0&0&-7&2\\0&0&7&-2\end{array}\right)$$

$$\xrightarrow[r_4+r_3]{\substack{r_1-r_2\\ r_2-\frac{3}{7}r_3}}\left(\begin{array}{ccc:c}1&0&5&0\\0&-1&0&\frac{1}{7}\\0&0&-7&2\\0&0&0&0\end{array}\right)\xrightarrow[r_3\div(-7)]{-r_2}\left(\begin{array}{ccc:c}1&0&5&0\\0&1&0&-\frac{1}{7}\\0&0&1&-\frac{2}{7}\\0&0&0&0\end{array}\right)\xrightarrow{r_1-5r_3}\left(\begin{array}{ccc:c}1&0&0&\frac{10}{7}\\0&1&0&-\frac{1}{7}\\0&0&1&-\frac{2}{7}\\0&0&0&0\end{array}\right)$$

可见 $r(\boldsymbol{A})=r(\boldsymbol{A}\,\vdots\,\boldsymbol{b})=3=n$，所以方程组有唯一解，解为 $\begin{pmatrix}x_1\\x_2\\x_3\end{pmatrix}=\begin{pmatrix}\frac{10}{7}\\-\frac{1}{7}\\-\frac{2}{7}\end{pmatrix}$.

例 3-6　解方程组 $\begin{cases}x_1+3x_2-x_3-x_4=6\\3x_1-x_2+5x_3-3x_4=6\\2x_1+x_2+2x_3-2x_4=8\end{cases}$.

解：对增广矩阵（$\boldsymbol{A}\,\vdots\,\boldsymbol{b}$）进行初等行变换：

$$(\boldsymbol{A}\,\vdots\,\boldsymbol{b})=\left(\begin{array}{cccc:c}1&3&-1&-1&6\\3&-1&5&-3&6\\2&1&2&-2&8\end{array}\right)\xrightarrow[r_3-2r_1]{r_2-3r_1}\left(\begin{array}{cccc:c}1&3&-1&-1&6\\0&-10&8&0&-12\\0&-5&4&0&-4\end{array}\right)\xrightarrow{r_3-\frac{1}{2}r_2}$$

$$\left(\begin{array}{cccc:c}1&3&-1&-1&6\\0&-10&8&0&-12\\0&0&0&0&2\end{array}\right)$$

可见，$r(\boldsymbol{A})=2\neq r(\boldsymbol{A}\,\vdots\,\boldsymbol{b})=3$，所以方程组无解.

在例 3-6 中，因为 $r(\boldsymbol{A})<r(\boldsymbol{A}\,\vdots\,\boldsymbol{b})$，出现了矛盾方程 $0\cdot x_1+0\cdot x_2+0\cdot x_3+0\cdot x_4=2$，所以无解．而在例 3-5 中，$r(\boldsymbol{A})=r(\boldsymbol{A}\,\vdots\,\boldsymbol{b})=n$，一个方程对唯一变量进行约束，所以解是唯一的．在例 3-4 中，$r(\boldsymbol{A})=r(\boldsymbol{A}\,\vdots\,\boldsymbol{b})<n$，出现了三个方程约束四个未知量的情况，所以必然出现一个变量取任意值的情况，所以有无穷多解.

定理 3-3　齐次线性方程组 $\boldsymbol{A}_{m\times n}\boldsymbol{x}=\boldsymbol{0}$ 有非零解的条件是 $r(\boldsymbol{A})<n$.

推论 3-1　当 $m<n$ 时，齐次线性方程组 $\boldsymbol{A}\boldsymbol{x}=\boldsymbol{0}$ 有非零解.

例 3-7　当 p、q 为何值时，齐次线性方程组 $\begin{cases}x_1+qx_2+x_3=0\\x_1+2qx_2+x_3=0\\px_1+x_2+x_3=0\end{cases}$ 仅有零解、

有非零解？在方程组有非零解时，求其全部解.

解法一： 系数矩阵 $\boldsymbol{A}=\begin{pmatrix}1&q&1\\1&2q&1\\p&1&1\end{pmatrix}\xrightarrow[r_3-pr_1]{r_2-r_1}\begin{pmatrix}1&q&1\\0&q&0\\0&1-pq&1-p\end{pmatrix}\xrightarrow[r_3+pr_2]{r_1-r_2}$

$\begin{pmatrix}1&0&1\\0&q&0\\0&1&1-p\end{pmatrix}$.

(1) 当 $q\neq0$，$p\neq1$ 时，$r(\boldsymbol{A})=3$，这时方程组仅有零解.

(2) 当 $p=1$ 时，则系数矩阵可化为 $\begin{pmatrix}1&0&1\\0&q&0\\0&1&1-p\end{pmatrix}=\begin{pmatrix}1&0&1\\0&q&0\\0&1&0\end{pmatrix}\xrightarrow{r_2-qr_3}\begin{pmatrix}1&0&1\\0&0&0\\0&1&0\end{pmatrix}$，

有 $r(\boldsymbol{A})=2<3=n$，方程组有一个自由未知量，取 $x_3=c_1$，则原方程组的解为

$\boldsymbol{x}=\begin{pmatrix}x_1\\x_2\\x_3\end{pmatrix}=\begin{pmatrix}-c_1\\0\\c_1\end{pmatrix}$（$c_1$ 为任意常数）.

(3) 当 $q=0$，$p\neq1$，则系数矩阵可化为 $\begin{pmatrix}1&0&1\\0&q&0\\0&1&1-p\end{pmatrix}=\begin{pmatrix}1&0&1\\0&0&0\\0&1&1-p\end{pmatrix}$，有

$r(\boldsymbol{A})=2<3=n$，方程组有一个自由未知量，取 $x_3=c_2$，则原方程组的解为

$$\boldsymbol{x}=\begin{pmatrix}x_1\\x_2\\x_3\end{pmatrix}=\begin{pmatrix}-c_2\\(p-1)c_2\\c_2\end{pmatrix}\text{（c_2 为任意常数）}$$

解法二： 用行列式的性质. $|\boldsymbol{A}|=\begin{vmatrix}1&q&1\\1&2q&1\\p&1&1\end{vmatrix}=q(1-p)$.

(1) 当 $q\neq0$，$p\neq1$ 时，$|\boldsymbol{A}|\neq0$，方程组仅有零解.

(2) 当 $p=1$ 时，则系数矩阵可化为 $\begin{pmatrix}1&q&1\\1&2q&1\\1&1&1\end{pmatrix}\rightarrow\begin{pmatrix}1&0&1\\0&0&0\\0&1&0\end{pmatrix}$，有 $r(\boldsymbol{A})=$

$2<3=n$，方程组有一个自由未知量，取 $x_3=c_1$，结果同解法一.

(3) 当 $q=0$，$p\neq 1$，则系数矩阵可化为 $\begin{pmatrix}1&0&1\\1&0&1\\1&1&1-p\end{pmatrix}\to\begin{pmatrix}1&0&1\\0&0&0\\0&1&1-p\end{pmatrix}$，有 $r(\boldsymbol{A})=2<3=n$，方程组有一个自由未知量，取 $x_3=c_2$，结果同解法一.

小结：(1) 用消元法求线性方程组解的步骤：

1）对增广矩阵（$\boldsymbol{A}\vdots\boldsymbol{b}$）施行初等行变换，化为行阶梯形矩阵（消元过程），然后判断方程组是否有解，若有解，判断是唯一解还是无穷多解.

2）当 $r(\boldsymbol{A})=r(\boldsymbol{A}\vdots\boldsymbol{b})$ 时，方程组有解，继续对所得行阶梯形矩阵施行初等行变换，化为行最简形矩阵.

3）写出方程组的解（回代过程）.

注：解齐次线性方程组时，可仅对系数矩阵施行初等行变换.

(2) 当 $r(\boldsymbol{A})=r(\boldsymbol{A}\vdots\boldsymbol{b})<n$ 时，方程组有无穷多解，则方程组中应有 $n-r$ 个自由未知量.

(3) 线性方程组 $\boldsymbol{Ax}=\boldsymbol{b}$ 有唯一解的充要条件是 $r(\boldsymbol{A})=r(\boldsymbol{A}\vdots\boldsymbol{b})=n$.

线性方程组 $\boldsymbol{Ax}=\boldsymbol{b}$ 有无穷多解的充要条件是 $r(\boldsymbol{A})=r(\boldsymbol{A}\vdots\boldsymbol{b})<n$.

线性方程组 $\boldsymbol{Ax}=\boldsymbol{b}$ 无解的充要条件是：$r(\boldsymbol{A})\neq r(\boldsymbol{A}\vdots\boldsymbol{b})$.

(4) 线性方程组 $\boldsymbol{Ax}=\boldsymbol{0}$ 有非零解的充要条件是 $r(\boldsymbol{A})<n$（若 $|\boldsymbol{A}|$ 存在，此时 $|\boldsymbol{A}|=0$）；线性方程组 $\boldsymbol{Ax}=\boldsymbol{0}$ 仅有零解的充要条件是 $r(\boldsymbol{A})=n$（若 $|\boldsymbol{A}|$ 存在，此时 $|\boldsymbol{A}|\neq 0$）.

习 题 3-1

1. 设矩阵 $\boldsymbol{A}=\begin{pmatrix}3&1&0&2\\1&-1&2&-1\\1&3&-4&4\end{pmatrix}$，试计算 $\boldsymbol{A}$ 的全部三阶子式，并求 $r(\boldsymbol{A})$.

2. 设矩阵 $\boldsymbol{A}=\begin{pmatrix}1&0&0&1\\1&2&0&-1\\3&-1&0&4\\1&4&5&1\end{pmatrix}$，求 $r(\boldsymbol{A})$ 并讨论 $\boldsymbol{A}$ 中有没有等于零的 $r(\boldsymbol{A})-1$ 阶子式？有没有等于零的 $r(\boldsymbol{A})$ 阶子式？

3. 设矩阵 $\boldsymbol{A}=\begin{pmatrix}1&\lambda&-1&2\\2&-1&\lambda&5\\1&10&-6&1\end{pmatrix}$，其中 λ 为参数，求矩阵 $\boldsymbol{A}$ 的秩.

4. 用消元法解下列线性方程组：

(1) $\begin{cases}2x_1-x_2+3x_3=3\\3x_1+x_2-5x_3=0\\4x_1-x_2+x_3=3\\x_1+3x_2-13x_3=-6\end{cases}$；　(2) $\begin{cases}x_1-2x_2+x_3+x_4=1\\x_1-2x_2+x_3-x_4=-1\\x_1-2x_2+x_3-5x_4=5\end{cases}$.

5. α 取何值时，线性方程组 $\begin{cases}x_1+x_2+x_3=\alpha\\\alpha x_1+x_2+x_3=1\\x_1+x_2+\alpha x_3=1\end{cases}$ 有解，并求其解.

6. 设线性方程组 $\begin{cases}x_1+x_2+(1+\lambda)x_3=\lambda\\x_1+(1+\lambda)x_2+x_3=3\\(1+\lambda)x_1+x_2+x_3=0\end{cases}$，问 λ 满足什么条件时，方程组无解？有唯一解？有无穷多解？并在其有无穷多解时求其通解.

7. 确定 a、b 的值，使下列线性方程组有解，并求其解.

(1) $\begin{cases}x_1+2x_2-2x_3+2x_4=2\\x_2-x_3-x_4=1\\x_1+x_2-x_3+3x_4=a\\x_1-x_2+x_3+5x_4=b\end{cases}$；　(2) $\begin{cases}ax_1+bx_2+2x_3=1\\(b-1)x_2+x_3=0\\ax_1+bx_2+(1-b)x_3=3-2b\end{cases}$.

习题 3-1
参考答案

第二节 n 维 向 量

在许多经济问题中，所研究的对象需要用多个数构成的有序数组来描述. 如某超市的商品甲、乙、丙，其单价分别是 a、b、c，则（a，b，c）就称为价格向量，若某天超市卖出甲、乙、丙商品的数量分别是 x、y、z，则（x，y，z）就称为销售向量，本节将三维向量推广到 n 维向量，并给出 n 维向量的线性运算规律.

一、n 维向量及其线性运算

定义 3-3（n 维向量） n 个数 $a_1,a_2,\cdots,a_n$ 所组成的有序数组称为 n 维向量，若记为 $(a_1,a_2,\cdots,a_n)$，则称为 n 维行向量，若记为 $\begin{pmatrix}a_1\\a_2\\\vdots\\a_n\end{pmatrix}$，则称为 n 维列向量. 其中，a_i 称为第 i 个分量，n 称为向量的维数.

分量全为实数的向量称为实向量，分量有复数的向量称为复向量，本书中除特别说明外，均指实向量.

需要注意的是，n 维行向量就是 $1\times n$ 矩阵，n 维列向量就是 $n\times 1$ 矩阵，所以行向量就是行矩阵，列向量就是列矩阵，因此，n 维行向量和 n 维列向量是两个不同的向量.

在解析几何中，二维向量是平面坐标系中既有大小又有方向的量，三维向量是空间坐标系中既有大小，又有方向的量. 但当维数超过三维时，就不再有这种几何形象，只是沿用一些几何术语罢了.

本书中，用黑体小写字母 $\boldsymbol{a}$、$\boldsymbol{b}$、$\boldsymbol{\alpha}$、$\boldsymbol{\beta}$、$\boldsymbol{\gamma}$ 表示列向量，用 $\boldsymbol{a}^{\mathrm{T}}$、$\boldsymbol{b}^{\mathrm{T}}$、$\boldsymbol{\alpha}^{\mathrm{T}}$、$\boldsymbol{\beta}^{\mathrm{T}}$、$\boldsymbol{\gamma}^{\mathrm{T}}$ 等表示行向量.

定义 3-4（向量的加法） 两个 n 维向量 $\boldsymbol{\alpha}=(a_1,a_2,\cdots,a_n)^{\mathrm{T}}$ 与 $\boldsymbol{\beta}=(b_1,b_2,\cdots,b_n)^{\mathrm{T}}$ 的各对应分量之和组成的向量，称为向量 $\boldsymbol{\alpha}$ 与 $\boldsymbol{\beta}$ 的和，记为 $\boldsymbol{\alpha}+\boldsymbol{\beta}$. 即 $\boldsymbol{\alpha}+\boldsymbol{\beta}=(a_1+b_1,a_2+b_2,\cdots,a_n+b_n)^{\mathrm{T}}$.

定义 3-5（向量的数乘） n 维向量 $\boldsymbol{\alpha}=(a_1,a_2,\cdots,a_n)^{\mathrm{T}}$ 的各个分量都乘实数 k 所组成的向量，称为数 k 与向量 $\boldsymbol{\alpha}$ 的乘积（简称数乘），记为 $k\boldsymbol{\alpha}$. 即 $k\boldsymbol{\alpha}=(ka_1,ka_2,\cdots,ka_n)^{\mathrm{T}}$.

向量的加法和数乘运算统称为向量的线性运算，根据矩阵的运算规律，向量的线性运算满足下列运算规律.

定理 3-4 对于任意的 n 维向量 $\boldsymbol{\alpha}$、$\boldsymbol{\beta}$、$\boldsymbol{\gamma}$ 和数 k、l，有以下运算规律成立：

(1) $\boldsymbol{\alpha}+\boldsymbol{\beta}=\boldsymbol{\beta}+\boldsymbol{\alpha}$；　(2) $(\boldsymbol{\alpha}+\boldsymbol{\beta})+\boldsymbol{\gamma}=\boldsymbol{\alpha}+(\boldsymbol{\beta}+\boldsymbol{\gamma})$；

(3) $\boldsymbol{\alpha}+\boldsymbol{0}=\boldsymbol{\alpha}$；　(4) $\boldsymbol{\alpha}+(-\boldsymbol{\alpha})=\boldsymbol{0}$；

(5) $1\times\boldsymbol{\alpha}=\boldsymbol{\alpha}$；　(6) $k(l\boldsymbol{\alpha})=(kl)\boldsymbol{\alpha}$；

(7) $k(\boldsymbol{\alpha}+\boldsymbol{\beta})=k\boldsymbol{\alpha}+k\boldsymbol{\beta}$；　(8) $(k+l)\boldsymbol{\alpha}=k\boldsymbol{\alpha}+l\boldsymbol{\alpha}$.

例 3-8 设 $\boldsymbol{\alpha}=(2,0,-1,3)^{\mathrm{T}}$，$\boldsymbol{\beta}=(1,7,4,-2)^{\mathrm{T}}$，$\boldsymbol{\gamma}=(0,1,0,1)^{\mathrm{T}}$.

(1) 求 $2\boldsymbol{\alpha}+\boldsymbol{\beta}-3\boldsymbol{\gamma}$；(2) 若存在 $\boldsymbol{x}$，满足 $3\boldsymbol{\alpha}-\boldsymbol{\beta}+5\boldsymbol{\gamma}+\boldsymbol{x}=\boldsymbol{0}$，求 $\boldsymbol{x}$.

解：(1) $2\boldsymbol{\alpha}+\boldsymbol{\beta}-3\boldsymbol{\gamma}=2(2,0,-1,3)^{\mathrm{T}}+(1,7,4,-2)^{\mathrm{T}}-3(0,1,0,1)^{\mathrm{T}}$
$=(5,4,2,1)^{\mathrm{T}}$

(2) 由 $3\boldsymbol{\alpha}-\boldsymbol{\beta}+5\boldsymbol{\gamma}+\boldsymbol{x}=\boldsymbol{0}$，得 $\boldsymbol{x}=(-5,2,7,-16)^{\mathrm{T}}$.

例 3-9 将某工厂 4 种产品两天的产量（单位：t）按照顺序用向量表示，第一天为 $\boldsymbol{\alpha}_1=(15,20,17,8)^{\mathrm{T}}$，第二天为 $\boldsymbol{\alpha}_2=(16,22,18,9)^{\mathrm{T}}$，求该工厂这两天各产品的产量和.

解：$\boldsymbol{\alpha}_1+\boldsymbol{\alpha}_2=(15,20,17,8)^{\mathrm{T}}+(16,22,18,9)^{\mathrm{T}}=(31,42,35,17)^{\mathrm{T}}$

若干个同维数的行向量或同维数的列向量组成的集合称为向量组. 例如，一

个 $m\times n$ 矩阵 $\boldsymbol{A}=\begin{pmatrix} a_{11} & a_{12} & \cdots & a_{1n} \\ a_{21} & a_{22} & \cdots & a_{2n} \\ \vdots & \vdots & & \vdots \\ a_{m1} & a_{m2} & \cdots & a_{mn} \end{pmatrix}$ 的每一列为

$$\boldsymbol{\alpha}_j=\begin{pmatrix} a_{1j} \\ a_{2j} \\ \vdots \\ a_{mj} \end{pmatrix} \quad (j=1,2,\cdots,n)$$

组成的向量组 $\boldsymbol{\alpha}_1,\boldsymbol{\alpha}_2,\cdots,\boldsymbol{\alpha}_n$ 称为矩阵 $\boldsymbol{A}$ 的列向量组，而由矩阵 $\boldsymbol{A}$ 的每一行为

$$\boldsymbol{\beta}_i^{\mathrm{T}}=(a_{i1},a_{i2},\cdots,a_{in}) \quad (i=1,2,\cdots,m)$$

组成的向量组 $\boldsymbol{\beta}_1^{\mathrm{T}},\boldsymbol{\beta}_2^{\mathrm{T}},\cdots,\boldsymbol{\beta}_m^{\mathrm{T}}$ 称为矩阵 $\boldsymbol{A}$ 的行向量组.

所以矩阵 $\boldsymbol{A}=\begin{pmatrix} a_{11} & a_{12} & \cdots & a_{1n} \\ a_{21} & a_{22} & \cdots & a_{2n} \\ \vdots & \vdots & \cdots & \vdots \\ a_{m1} & a_{m2} & \cdots & a_{mn} \end{pmatrix}$ 既可以记为 $\boldsymbol{A}=(\boldsymbol{\alpha}_1,\boldsymbol{\alpha}_2,\cdots,\boldsymbol{\alpha}_n)$，也可以记为 $\boldsymbol{A}=\begin{pmatrix} \boldsymbol{\beta}_1^{\mathrm{T}} \\ \boldsymbol{\beta}_2^{\mathrm{T}} \\ \vdots \\ \boldsymbol{\beta}_m^{\mathrm{T}} \end{pmatrix}$，这样，矩阵 $\boldsymbol{A}$ 就与其列（行）向量组之间建立了一一对应的关系.

显然，矩阵 $\boldsymbol{A}$ 的列（行）向量组中包含的向量个数是有限的，而线性方程组 $\boldsymbol{Ax}=\boldsymbol{0}$ 有无穷多解时，其所有解构成含有无数个向量的向量组. 因此，需要深入研究向量组中向量的关系，向量组的性质，以及向量组与矩阵之间的关联.

对于线性方程组的一般形式 $\begin{cases} a_{11}x_1+a_{12}x_2+\cdots+a_{1n}x_n=b_1 \\ a_{21}x_1+a_{22}x_2+\cdots+a_{2n}x_n=b_2 \\ \vdots \\ a_{m1}x_1+a_{m2}x_2+\cdots+a_{mn}x_n=b_m \end{cases}$ 和矩阵形式 $\boldsymbol{Ax}=\boldsymbol{b}$，方程组有解的判断依据可表示为 $r(\boldsymbol{A})=r(\boldsymbol{A},\boldsymbol{b})$；无解的判断依据可表示为 $r(\boldsymbol{A})\neq r(\boldsymbol{A},\boldsymbol{b})$.

对于方程组的向量形式 $x_1\boldsymbol{\alpha}_1+x_2\boldsymbol{\alpha}_2+\cdots+x_n\boldsymbol{\alpha}_n=\boldsymbol{\beta}$，方程组有解的判断依据可表示为 $r(\boldsymbol{\alpha}_1,\boldsymbol{\alpha}_2,\cdots,\boldsymbol{\alpha}_n)=r(\boldsymbol{\alpha}_1,\boldsymbol{\alpha}_2,\cdots,\boldsymbol{\alpha}_n,\boldsymbol{\beta})$.

由方程组的向量形式，可知向量组 $\boldsymbol{\alpha}_1,\boldsymbol{\alpha}_2,\cdots,\boldsymbol{\alpha}_n$ 和 $\boldsymbol{\beta}$ 之间由系数 $x_1,x_2,\cdots,$

x_n 连接起来，从而可以得出向量组的线性组合、线性表示、线性相关、线性无关等向量的线性关系.

二、向量组的线性组合

对向量组的学习和研究是十分重要的，下面从线性关系的角度来展开.

定义 3-6（向量组的线性组合） 给定向量组 A：$\boldsymbol{\alpha}_1,\boldsymbol{\alpha}_2,\cdots,\boldsymbol{\alpha}_n$，对于任何一组实数 $k_1,k_2,\cdots,k_n$，表达式 $k_1\boldsymbol{\alpha}_1+k_2\boldsymbol{\alpha}_2+\cdots+k_n\boldsymbol{\alpha}_n$ 称为向量组 A 的一个线性组合，$k_1,k_2,\cdots,k_n$ 称为这个线性组合的系数.

定义 3-7（向量组的线性表示） 给定向量组 A：$\boldsymbol{\alpha}_1,\boldsymbol{\alpha}_2,\cdots,\boldsymbol{\alpha}_n$ 和向量 $\boldsymbol{\beta}$，如果存在一组实数 $k_1,k_2,\cdots,k_n$，使 $k_1\boldsymbol{\alpha}_1+k_2\boldsymbol{\alpha}_2+\cdots+k_n\boldsymbol{\alpha}_n=\boldsymbol{\beta}$ 成立，则称向量 $\boldsymbol{\beta}$ 是向量组 A 的线性组合，或称向量 $\boldsymbol{\beta}$ 能由向量组 A 线性表示（或线性表出）.

例 3-10 设 $\boldsymbol{\alpha}_1=(1,0,1)^{\mathrm{T}}$，$\boldsymbol{\alpha}_2=(0,1,2)^{\mathrm{T}}$，则

$$\mathbf{0}=(0,0,0)^{\mathrm{T}}=0\times(1,0,1)^{\mathrm{T}}+0\times(0,1,2)^{\mathrm{T}}$$

即零向量可由 $\boldsymbol{\alpha}_1$、$\boldsymbol{\alpha}_2$ 线性表示.

更一般地，n 维零向量可由任意 n 维向量线性表示，事实上，设 $\boldsymbol{\alpha}_1$，$\boldsymbol{\alpha}_2$，…，$\boldsymbol{\alpha}_n$ 为任意向量组，则有 $\mathbf{0}=0\times\boldsymbol{\alpha}_1+0\times\boldsymbol{\alpha}_2+\cdots+0\times\boldsymbol{\alpha}_n$.

例 3-11 $\boldsymbol{e}_1=(1,0,\cdots,0)^{\mathrm{T}},\boldsymbol{e}_2=(0,1,\cdots,0)^{\mathrm{T}},\cdots,\boldsymbol{e}_n=(0,0,\cdots,1)^{\mathrm{T}}$ 称为 n 维单位向量. 任何一个 n 维向量 $\boldsymbol{\alpha}=(a_1,a_2,\cdots,a_n)^{\mathrm{T}}$ 都是 $\boldsymbol{e}_1=(1,0,\cdots,0)^{\mathrm{T}}$，$\boldsymbol{e}_2=(0,1,\cdots,0)^{\mathrm{T}},\cdots,\boldsymbol{e}_n=(0,0,\cdots,1)^{\mathrm{T}}$ 的线性组合，因为 $\boldsymbol{\alpha}=a_1\boldsymbol{e}_1+a_2\boldsymbol{e}_2+\cdots+a_n\boldsymbol{e}_n$.

例 3-12 将向量 $\boldsymbol{\beta}=(8,0,3)^{\mathrm{T}}$ 表示成向量组 $\boldsymbol{\alpha}_1=(1,1,1)^{\mathrm{T}}$，$\boldsymbol{\alpha}_2=(3,1,4)^{\mathrm{T}}$，$\boldsymbol{\alpha}_3=(-1,3,6)^{\mathrm{T}}$ 的线性组合.

解： 设存在一组数 x_1、x_2、x_3，使 $x_1\boldsymbol{\alpha}_1+x_2\boldsymbol{\alpha}_2+x_3\boldsymbol{\alpha}_3=\boldsymbol{\beta}$，即 $\begin{cases}x_1+3x_2-x_3=8\\x_1+x_2+3x_3=0,\\x_1+4x_2+6x_3=3\end{cases}$

使用克莱姆法则可解得 $x_1=1$，$x_2=2$，$x_3=-1$，故 $\boldsymbol{\beta}=\boldsymbol{\alpha}_1+2\boldsymbol{\alpha}_2-\boldsymbol{\alpha}_3$.

向量 $\boldsymbol{\beta}$ 能否由向量组 $\boldsymbol{\alpha}_1,\boldsymbol{\alpha}_2,\cdots,\boldsymbol{\alpha}_n$ 线性表示的问题等价于线性方程组 $x_1\boldsymbol{\alpha}_1+x_2\boldsymbol{\alpha}_2+\cdots+x_n\boldsymbol{\alpha}_n=\boldsymbol{\beta}$ 是否有解的问题，于是有以下定理.

定理 3-5 向量 $\boldsymbol{\beta}$ 能由向量组 A 线性表示的充要条件是：矩阵 $\boldsymbol{A}=(\boldsymbol{\alpha}_1,\boldsymbol{\alpha}_2,\cdots,\boldsymbol{\alpha}_n)$ 的秩等于矩阵 $\boldsymbol{B}=(\boldsymbol{\alpha}_1,\boldsymbol{\alpha}_2,\cdots,\boldsymbol{\alpha}_n,\boldsymbol{\beta})$ 的秩.

例 3-13 判断向量 $\boldsymbol{\beta}_1=\begin{pmatrix}4\\3\\-1\\11\end{pmatrix}$ 与向量 $\boldsymbol{\beta}_2=\begin{pmatrix}4\\3\\0\\11\end{pmatrix}$ 是否可表示为向量组 $\boldsymbol{\alpha}_1=$

$\begin{pmatrix}1\\2\\-1\\5\end{pmatrix}$，$\boldsymbol{\alpha}_2=\begin{pmatrix}2\\-1\\1\\1\end{pmatrix}$的线性组合，若是，请写出表达式.

解：(1) 设 $\boldsymbol{\beta}_1=k_1\boldsymbol{\alpha}_1+k_2\boldsymbol{\alpha}_2$，对矩阵 $(\boldsymbol{\alpha}_1, \boldsymbol{\alpha}_2, \boldsymbol{\beta}_1)$ 施行初等行变换：

$$\begin{pmatrix}1&2&4\\2&-1&3\\-1&1&-1\\5&1&11\end{pmatrix}\to\begin{pmatrix}1&2&4\\0&-5&-5\\0&3&3\\0&-9&-9\end{pmatrix}\to\begin{pmatrix}1&2&4\\0&1&1\\0&0&0\\0&0&0\end{pmatrix}\to\begin{pmatrix}1&0&2\\0&1&1\\0&0&0\\0&0&0\end{pmatrix}$$

因为 $r(\boldsymbol{\alpha}_1,\boldsymbol{\alpha}_2)=r(\boldsymbol{\alpha}_1,\boldsymbol{\alpha}_2,\boldsymbol{\beta}_1)$，所以 $\boldsymbol{\beta}_1$ 可以由 $\boldsymbol{\alpha}_1$、$\boldsymbol{\alpha}_2$ 线性表示，且 $\boldsymbol{\beta}_1=2\boldsymbol{\alpha}_1+\boldsymbol{\alpha}_2$.

(2) 设 $\boldsymbol{\beta}_2=k_1\boldsymbol{\alpha}_1+k_2\boldsymbol{\alpha}_2$，对矩阵 $(\boldsymbol{\alpha}_1, \boldsymbol{\alpha}_2, \boldsymbol{\beta}_2)$ 施行初等行变换：

$$\begin{pmatrix}1&2&4\\2&-1&3\\-1&1&0\\5&1&11\end{pmatrix}\to\begin{pmatrix}1&2&4\\0&-5&-5\\0&3&4\\0&-9&-9\end{pmatrix}\to\begin{pmatrix}1&2&4\\0&1&1\\0&0&1\\0&0&0\end{pmatrix}$$

因为 $r(\boldsymbol{\alpha}_1,\boldsymbol{\alpha}_2)=2\neq r(\boldsymbol{\alpha}_1,\boldsymbol{\alpha}_2,\boldsymbol{\beta}_2)=3$，所以 $\boldsymbol{\beta}_2$ 不能由 $\boldsymbol{\alpha}_1$、$\boldsymbol{\alpha}_2$ 线性表示.

三、向量组等价

定义 3-8（向量组等价） 设有两个向量组 A：$\boldsymbol{\alpha}_1,\boldsymbol{\alpha}_2,\cdots,\boldsymbol{\alpha}_n$ 和 B：$\boldsymbol{\beta}_1,\boldsymbol{\beta}_2,\cdots,\boldsymbol{\beta}_m$，如果向量组 A 中每个向量都可由向量组 B 线性表示，则称向量组 A 可由向量组 B 线性表示，若两个向量组可相互线性表示，则称它们等价.

例如，向量组 $\boldsymbol{e}_1=(1,0,0)^{\mathrm{T}}$，$\boldsymbol{e}_2=(0,1,0)^{\mathrm{T}}$，$\boldsymbol{e}_3=(0,0,1)^{\mathrm{T}}$ 和向量组 $\boldsymbol{\alpha}_1=(1,1,1)^{\mathrm{T}}$，$\boldsymbol{\alpha}_2=(1,1,0)^{\mathrm{T}}$，$\boldsymbol{\alpha}_3=(1,0,0)^{\mathrm{T}}$ 是等价的.

按定义 3-8，记矩阵 $\boldsymbol{A}=(\boldsymbol{\alpha}_1,\boldsymbol{\alpha}_2,\cdots,\boldsymbol{\alpha}_n)$，$\boldsymbol{B}=(\boldsymbol{\beta}_1,\boldsymbol{\beta}_2,\cdots,\boldsymbol{\beta}_m)$，向量组 B 能由向量组 A 线性表示，即对于每个向量 $\boldsymbol{\beta}_j\,(j=1,2,\cdots,m)$，存在数 $k_{1j},k_{2j},\cdots,k_{nj}$，使

$$\boldsymbol{\beta}_j=k_{1j}\boldsymbol{\alpha}_1+k_{2j}\boldsymbol{\alpha}_2+\cdots+k_{nj}\boldsymbol{\alpha}_n=(\boldsymbol{\alpha}_1,\boldsymbol{\alpha}_2,\cdots,\boldsymbol{\alpha}_n)\begin{pmatrix}k_{1j}\\k_{2j}\\\vdots\\k_{nj}\end{pmatrix}$$

故

$$(\boldsymbol{\beta}_1,\boldsymbol{\beta}_2,\cdots,\boldsymbol{\beta}_m)=(\boldsymbol{\alpha}_1,\boldsymbol{\alpha}_2,\cdots,\boldsymbol{\alpha}_n)\begin{pmatrix} k_{11} & k_{12} & \cdots & k_{1m} \\ k_{21} & k_{22} & \cdots & k_{2m} \\ \vdots & \vdots & & \vdots \\ k_{n1} & k_{n2} & \cdots & k_{nm} \end{pmatrix}$$

这里 $\boldsymbol{K}_{n\times m}=(k_{ij})_{n\times m}$ 称为这一线性表示的系数矩阵.

引理 3-1　若 $\boldsymbol{C}_{s\times n}=\boldsymbol{A}_{s\times t}\boldsymbol{B}_{t\times n}$，则矩阵 $\boldsymbol{C}$ 的列向量组能由矩阵 $\boldsymbol{A}$ 的列向量组线性表示，矩阵 $\boldsymbol{B}$ 为这一线性表示的系数矩阵，而矩阵 $\boldsymbol{C}$ 的行向量组能由矩阵 $\boldsymbol{B}$ 的行向量组线性表示，矩阵 $\boldsymbol{A}$ 为这一线性表示的系数矩阵.

定理 3-6　若向量组 A 可由向量组 B 线性表示，向量组 B 可由向量组 C 线性表示，则向量组 A 可由向量组 C 线性表示.

证明： 设向量组 A、B 对应的矩阵分别为 $\boldsymbol{A}$、$\boldsymbol{B}$，由定理 3-6 的条件，可知存在系数矩阵 $\boldsymbol{M}$、$\boldsymbol{N}$，使 $\boldsymbol{A}=\boldsymbol{BM}$，$\boldsymbol{B}=\boldsymbol{CN}$，由此得 $\boldsymbol{A}=\boldsymbol{CNM}=\boldsymbol{CK}$，其中 $\boldsymbol{K}=\boldsymbol{NM}$，即向量组 A 可由向量组 C 线性表示.

习　题　3-2

1. 已知向量 $\boldsymbol{\alpha}_1=(1,2,3)^{\mathrm{T}}$，$\boldsymbol{\alpha}_2=(3,2,1)^{\mathrm{T}}$，$\boldsymbol{\alpha}_3=(-2,0,2)^{\mathrm{T}}$，$\boldsymbol{\alpha}_4=(1,2,4)^{\mathrm{T}}$，求

（1）$3\boldsymbol{\alpha}_1+2\boldsymbol{\alpha}_2-5\boldsymbol{\alpha}_3+4\boldsymbol{\alpha}_4$；　（2）$5\boldsymbol{\alpha}_1+2\boldsymbol{\alpha}_2-\boldsymbol{\alpha}_3-\boldsymbol{\alpha}_4$.

2. 已知向量 $\boldsymbol{\alpha}=(3,5,7,9)^{\mathrm{T}}$，$\boldsymbol{\beta}=(-1,5,2,0)^{\mathrm{T}}$，（1）若 $\boldsymbol{\alpha}+\boldsymbol{v}=\boldsymbol{\beta}$，求 $\boldsymbol{v}$；（2）若 $3\boldsymbol{\alpha}-2\boldsymbol{\gamma}=5\boldsymbol{\beta}$，求 $\boldsymbol{\gamma}$.

3. 已知 $\boldsymbol{\alpha}_1=(2,5,1,3)^{\mathrm{T}}$，$\boldsymbol{\alpha}_2=(10,1,5,10)^{\mathrm{T}}$，$\boldsymbol{\alpha}_3=(4,1,-1,1)^{\mathrm{T}}$，若 $3(\boldsymbol{\alpha}_1-\boldsymbol{\beta})+2(\boldsymbol{\alpha}_2+\boldsymbol{\beta})=5(\boldsymbol{\alpha}_3+\boldsymbol{\beta})$，求 $\boldsymbol{\beta}$.

4. 将下列各题中的向量 $\boldsymbol{\beta}$ 表示为其他向量的线性组合.

（1）$\boldsymbol{\beta}=(3,5,-6)^{\mathrm{T}}$，$\boldsymbol{\alpha}_1=(1,0,1)^{\mathrm{T}}$，$\boldsymbol{\alpha}_2=(1,1,1)^{\mathrm{T}}$，$\boldsymbol{\alpha}_3=(0,-1,-1)^{\mathrm{T}}$；

（2）$\boldsymbol{\beta}=(2,-1,5,1)^{\mathrm{T}}$，$\boldsymbol{e}_1=(1,0,0,0)^{\mathrm{T}}$，$\boldsymbol{e}_2=(0,1,0,0)^{\mathrm{T}}$，$\boldsymbol{e}_3=(0,0,1,0)^{\mathrm{T}}$，$\boldsymbol{e}_4=(0,0,0,1)^{\mathrm{T}}$.

5. 设有向量 $\boldsymbol{\alpha}_1=(1,0,2,3)^{\mathrm{T}}$，$\boldsymbol{\alpha}_2=(1,1,3,5)^{\mathrm{T}}$，$\boldsymbol{\alpha}_3=(1,-1,a+2,1)^{\mathrm{T}}$，$\boldsymbol{\alpha}_4=(1,2,4,a+8)^{\mathrm{T}}$，$\boldsymbol{\beta}=(1,1,b+3,5)^{\mathrm{T}}$，试问 a、b 为何值时：

（1）$\boldsymbol{\beta}$ 不能由 $\boldsymbol{\alpha}_1$、$\boldsymbol{\alpha}_2$、$\boldsymbol{\alpha}_3$、$\boldsymbol{\alpha}_4$ 线性表示；

（2）$\boldsymbol{\beta}$ 有 $\boldsymbol{\alpha}_1$、$\boldsymbol{\alpha}_2$、$\boldsymbol{\alpha}_3$、$\boldsymbol{\alpha}_4$ 的唯一线性表达式，并写出表达式.

6. 设有向量 $\boldsymbol{\alpha}_1=(1,4,0,2)^{\mathrm{T}}$，$\boldsymbol{\alpha}_2=(2,7,1,3)^{\mathrm{T}}$，$\boldsymbol{\alpha}_3=(0,1,-1,a)^{\mathrm{T}}$，$\boldsymbol{\beta}=(3,10,b,4)^{\mathrm{T}}$，试问 a、b 为何值时：

（1）$\boldsymbol{\beta}$ 不能由 $\boldsymbol{\alpha}_1$、$\boldsymbol{\alpha}_2$、$\boldsymbol{\alpha}_3$ 线性表示；

（2）$\boldsymbol{\beta}$ 可由 $\boldsymbol{\alpha}_1$、$\boldsymbol{\alpha}_2$、$\boldsymbol{\alpha}_3$ 线性表示，并写出表达式.

习题 3-2
参考答案

第三节　向量组的线性相关性

一、线性相关性概念

线性相关、
线性无关

定义 3-9（向量组的线性相关性）　给定 n 维向量组 A：$\boldsymbol{\alpha}_1,\boldsymbol{\alpha}_2,\cdots,\boldsymbol{\alpha}_n$，如果存在不全为零的数 $k_1,k_2,\cdots,k_n$，使 $k_1\boldsymbol{\alpha}_1+k_2\boldsymbol{\alpha}_2+\cdots+k_n\boldsymbol{\alpha}_n=\mathbf{0}$ 成立，则称向量组 A：$\boldsymbol{\alpha}_1,\boldsymbol{\alpha}_2,\cdots,\boldsymbol{\alpha}_n$ 线性相关. 否则，称向量组 A：$\boldsymbol{\alpha}_1,\boldsymbol{\alpha}_2,\cdots,\boldsymbol{\alpha}_n$ 线性无关，即如果 $k_1\boldsymbol{\alpha}_1+k_2\boldsymbol{\alpha}_2+\cdots+k_n\boldsymbol{\alpha}_n=\mathbf{0}$ 当且仅当 $k_1,k_2,\cdots,k_n$ 全为零时成立.

由定义 3-9 可得以下结论.

（1）向量组只含有一个向量 $\boldsymbol{\alpha}$ 时，$\boldsymbol{\alpha}$ 线性无关的充要条件是 $\boldsymbol{\alpha}\neq\mathbf{0}$. 因此，单个零向量是线性相关的. 进一步还可以推出包含零向量的任何向量组都是线性相关的. 事实上，对于向量组 $\boldsymbol{\alpha}_1,\boldsymbol{\alpha}_2,\cdots,\boldsymbol{\alpha}_n,\mathbf{0}$，恒有 $0\times\boldsymbol{\alpha}_1+0\times\boldsymbol{\alpha}_2+\cdots+0\times\boldsymbol{\alpha}_n+k\times\mathbf{0}=\mathbf{0}$，其中 k 可以是任意不为零的数，故该向量组线性相关.

（2）若两个向量 $\boldsymbol{\alpha}_1$ 与 $\boldsymbol{\alpha}_2$ 线性相关，则存在不全为零的数 k_1、k_2，使 $k_1\boldsymbol{\alpha}_1+k_2\boldsymbol{\alpha}_2=0$，不妨设 $k_1\neq 0$，则有 $\boldsymbol{\alpha}_1=-\dfrac{k_2}{k_1}\boldsymbol{\alpha}_2$，因此两个向量线性相关的几何意义是这两个向量共线. 类似地，三个向量线性相关的几何意义是这三个向量共面.

例 3-14　证明：n 维基本单位向量组 $\boldsymbol{e}_1=(1,0,\cdots,0)^{\mathrm{T}}$，$\boldsymbol{e}_2=(0,1,\cdots,0)^{\mathrm{T}},\cdots$，$\boldsymbol{e}_n=(0,0,\cdots,1)^{\mathrm{T}}$ 线性无关.

证明： 设存在一组数 $k_1,k_2,\cdots,k_n$，使 $k_1\boldsymbol{e}_1+k_2\boldsymbol{e}_2+\cdots+k_n\boldsymbol{e}_n=0$，则有 $(k_1,k_2,\cdots,k_n)^{\mathrm{T}}=\mathbf{0}$，即 $k_1=k_2=\cdots=k_n=0$，所以 $\boldsymbol{e}_1$、$\boldsymbol{e}_2$、…、$\boldsymbol{e}_n$ 线性无关.

例 3-15　讨论向量组 $\boldsymbol{\alpha}_1=(1,1,-1)^{\mathrm{T}}$，$\boldsymbol{\alpha}_2=(1,0,1)^{\mathrm{T}}$，$\boldsymbol{\alpha}_3=(2,1,0)^{\mathrm{T}}$ 的线性相关性.

解： 设存在一组数 k_1、k_2、k_3，使 $k_1\boldsymbol{\alpha}_1+k_2\boldsymbol{\alpha}_2+k_3\boldsymbol{\alpha}_3=\mathbf{0}$，即

$$\begin{cases} k_1+k_2+2k_3=0 \\ k_1+\qquad k_3=0 \\ -k_1+k_2\qquad\ =0 \end{cases}$$

该方程组的系数行列式 $\begin{vmatrix} 1 & 1 & 2 \\ 1 & 0 & 1 \\ -1 & 1 & 0 \end{vmatrix}=0$，方程组有非零解，故 $\boldsymbol{\alpha}_1$、$\boldsymbol{\alpha}_2$、$\boldsymbol{\alpha}_3$ 线性

相关.

由上述解题过程可知，当向量组中的向量个数等于向量维数时，可利用行列式判别向量组的线性相关性.

例 3-16 设 $\boldsymbol{\alpha}_1$、$\boldsymbol{\alpha}_2$、$\boldsymbol{\alpha}_3$ 线性无关，证明：$\boldsymbol{\alpha}_1+\boldsymbol{\alpha}_2$，$\boldsymbol{\alpha}_2+\boldsymbol{\alpha}_3$，$\boldsymbol{\alpha}_1+\boldsymbol{\alpha}_3$ 线性无关.

证明： 设存在一组数 k_1、k_2、k_3，使

$$k_1(\boldsymbol{\alpha}_1+\boldsymbol{\alpha}_2)+k_2(\boldsymbol{\alpha}_2+\boldsymbol{\alpha}_3)+k_3(\boldsymbol{\alpha}_1+\boldsymbol{\alpha}_3)=\mathbf{0}$$

整理得 $(k_1+k_3)\boldsymbol{\alpha}_1+(k_1+k_2)\boldsymbol{\alpha}_2+(k_2+k_3)\boldsymbol{\alpha}_3=\mathbf{0}$，因为 $\boldsymbol{\alpha}_1$、$\boldsymbol{\alpha}_2$、$\boldsymbol{\alpha}_3$ 线性无关，所以 $\begin{cases}k_1+k_3=0\\k_1+k_2=0\\k_2+k_3=0\end{cases}$，解得 $k_1=k_2=k_3=0$，所以 $\boldsymbol{\alpha}_1+\boldsymbol{\alpha}_2$、$\boldsymbol{\alpha}_2+\boldsymbol{\alpha}_3$、$\boldsymbol{\alpha}_1+\boldsymbol{\alpha}_3$ 线性无关.

二、线性相关性的判定

下面给出关于向量组线性相关性的一些基本性质.

定理 3-7 向量组 A：$\boldsymbol{\alpha}_1,\boldsymbol{\alpha}_2,\cdots,\boldsymbol{\alpha}_n(n\geqslant 2)$ 线性相关的充要条件是向量组中至少有一个向量可由其余 $n-1$ 个向量线性表示.

证明： 必要性：如果向量组 A：$\boldsymbol{\alpha}_1,\boldsymbol{\alpha}_2,\cdots,\boldsymbol{\alpha}_n$ 线性相关，则存在不全为零的数 $k_1,k_2,\cdots,k_n$，使 $k_1\boldsymbol{\alpha}_1+k_2\boldsymbol{\alpha}_2+\cdots+k_n\boldsymbol{\alpha}_n=\mathbf{0}$ 成立，因为 $k_1,k_2,\cdots,k_n$ 不全为零，不妨设 $k_1\neq 0$，于是有 $\boldsymbol{\alpha}_1=-\dfrac{1}{k_1}(k_2\boldsymbol{\alpha}_2+\cdots+k_n\boldsymbol{\alpha}_n)$，即向量 $\boldsymbol{\alpha}_1$ 能由 $\boldsymbol{\alpha}_2,\cdots,\boldsymbol{\alpha}_n$ 线性表示.

充分性：如果向量组中有某个向量能由其余 $n-1$ 个向量线性表示，不妨设 $\boldsymbol{\alpha}_n$ 能由 $\boldsymbol{\alpha}_1,\boldsymbol{\alpha}_2,\cdots,\boldsymbol{\alpha}_{n-1}$ 线性表示，即存在数 $\lambda_1,\lambda_2,\cdots,\lambda_{n-1}$，使 $\boldsymbol{\alpha}_n=\lambda_1\boldsymbol{\alpha}_1+\lambda_2\boldsymbol{\alpha}_2+\cdots+\lambda_{n-1}\boldsymbol{\alpha}_{n-1}$，于是 $\lambda_1\boldsymbol{\alpha}_1+\lambda_2\boldsymbol{\alpha}_2+\cdots+\lambda_{n-1}\boldsymbol{\alpha}_{n-1}-\boldsymbol{\alpha}_n=\mathbf{0}$，因为 $\lambda_1,\lambda_2,\cdots,\lambda_{n-1},-1$ 是一组不全为零的数，所以向量组 A 线性相关.

设有列向量组 $\boldsymbol{\alpha}_1,\boldsymbol{\alpha}_2,\cdots,\boldsymbol{\alpha}_n$ 及由该向量组构成的矩阵 $\mathbf{A}=(\boldsymbol{\alpha}_1,\boldsymbol{\alpha}_2,\cdots,\boldsymbol{\alpha}_n)$，则向量组 $\boldsymbol{\alpha}_1,\boldsymbol{\alpha}_2,\cdots,\boldsymbol{\alpha}_n$ 线性相关，就是齐次线性方程组 $x_1\boldsymbol{\alpha}_1+x_2\boldsymbol{\alpha}_2+\cdots+x_n\boldsymbol{\alpha}_n=\mathbf{0}$（即 $\mathbf{A}\boldsymbol{x}=\mathbf{0}$）有非零解.

定理 3-8 向量组 $\boldsymbol{\alpha}_1,\boldsymbol{\alpha}_2,\cdots,\boldsymbol{\alpha}_n$ 线性相关的充要条件是它所构成的矩阵 $\mathbf{A}=(\boldsymbol{\alpha}_1,\boldsymbol{\alpha}_2,\cdots,\boldsymbol{\alpha}_n)$ 的秩小于向量的个数 n；向量组 $\boldsymbol{\alpha}_1,\boldsymbol{\alpha}_2,\cdots,\boldsymbol{\alpha}_n$ 线性无关的充要条件是 $r(\mathbf{A})=n$.

例 3-17 已知 $\boldsymbol{\alpha}_1=\begin{pmatrix}1\\1\\1\end{pmatrix}$，$\boldsymbol{\alpha}_2=\begin{pmatrix}0\\2\\5\end{pmatrix}$，$\boldsymbol{\alpha}_3=\begin{pmatrix}2\\4\\7\end{pmatrix}$，讨论向量组 $\boldsymbol{\alpha}_1$，$\boldsymbol{\alpha}_2$，$\boldsymbol{\alpha}_3$ 及 $\boldsymbol{\alpha}_1$，

$\boldsymbol{\alpha}_2$ 的线性相关性.

解：对矩阵 $\boldsymbol{A}=(\boldsymbol{\alpha}_1,\boldsymbol{\alpha}_2,\boldsymbol{\alpha}_3)$ 作初等行变换得

$$\begin{pmatrix}1&0&2\\1&2&4\\1&5&7\end{pmatrix}\to\begin{pmatrix}1&0&2\\0&2&2\\0&5&5\end{pmatrix}\to\begin{pmatrix}1&0&2\\0&1&1\\0&0&0\end{pmatrix}$$

可见 $r(\boldsymbol{\alpha}_1,\boldsymbol{\alpha}_2,\boldsymbol{\alpha}_3)=2$，$r(\boldsymbol{\alpha}_1,\boldsymbol{\alpha}_2)=2$，所以向量组 $\boldsymbol{\alpha}_1$，$\boldsymbol{\alpha}_2$，$\boldsymbol{\alpha}_3$ 线性相关，向量组 $\boldsymbol{\alpha}_1$，$\boldsymbol{\alpha}_2$ 线性无关.

推论 3-2　任意 m 个 n 维向量 $\boldsymbol{\alpha}_1,\boldsymbol{\alpha}_2,\cdots,\boldsymbol{\alpha}_m$ 线性无关（线性相关）的充要条件是：矩阵 $\boldsymbol{A}=(\boldsymbol{\alpha}_1,\boldsymbol{\alpha}_2,\cdots,\boldsymbol{\alpha}_m)$ 的秩等于（小于）向量的个数 m.

推论 3-3　任意 n 个 n 维向量 $\boldsymbol{\alpha}_1,\boldsymbol{\alpha}_2,\cdots,\boldsymbol{\alpha}_n$ 线性无关（线性相关）的充要条件是：矩阵 $\boldsymbol{A}=(\boldsymbol{\alpha}_1,\boldsymbol{\alpha}_2,\cdots,\boldsymbol{\alpha}_n)$ 的行列式不等于（等于）零.

推论 3-4　当向量组中所含向量的个数大于向量的维数时，此向量组线性相关.

推论 3-4 相当于齐次线性方程组中未知量的个数多于有效方程的个数，所以方程组有非零解，即方程组的系数构成的向量组是线性相关的. 由此，向量组的线性相关性的分析可以应用到线性方程组中来，当方程组中有某个方程是其余方程的线性组合时，这个方程就是多余的，这时称该方程组（各个方程）线性相关；当方程组中没有多余的方程时，就称该方程组（各个方程）线性无关（或线性独立）.

例 3-18　已知向量组 $\boldsymbol{\alpha}_1=(1,2,-1,3)^{\mathrm{T}}$，$\boldsymbol{\alpha}_2=(2,-1,3,5)^{\mathrm{T}}$，$\boldsymbol{\alpha}_3=(-1,a+17,a,-1)^{\mathrm{T}}$，问 a 为何值时，向量组 $\boldsymbol{\alpha}_1$，$\boldsymbol{\alpha}_2$，$\boldsymbol{\alpha}_3$ 线性相关？a 为何值时，向量组 $\boldsymbol{\alpha}_1$，$\boldsymbol{\alpha}_2$，$\boldsymbol{\alpha}_3$ 线性无关？

解：对矩阵 $\boldsymbol{A}=(\boldsymbol{\alpha}_1,\boldsymbol{\alpha}_2,\boldsymbol{\alpha}_3)$ 施行初等行变换，化为行阶梯形矩阵，有

$$(\boldsymbol{\alpha}_1,\boldsymbol{\alpha}_2,\boldsymbol{\alpha}_3)=\begin{pmatrix}1&2&-1\\2&-1&a+17\\-1&3&a\\3&5&-1\end{pmatrix}\xrightarrow[r_4-3r_1]{\substack{r_2-2r_1\\r_3+r_1}}\begin{pmatrix}1&2&-1\\0&-5&a+19\\0&5&a-1\\0&-1&2\end{pmatrix}\xrightarrow{r_2\leftrightarrow r_4}\begin{pmatrix}1&2&-1\\0&-1&2\\0&5&a-1\\0&-5&a+19\end{pmatrix}$$

$$\xrightarrow[r_4-5r_2]{r_3+5r_2}\begin{pmatrix}1&2&-1\\0&-1&2\\0&0&a+9\\0&0&a+9\end{pmatrix}\xrightarrow{r_4-r_3}\begin{pmatrix}1&2&-1\\0&-1&2\\0&0&a+9\\0&0&0\end{pmatrix}$$

当 $a+9\neq0$，即 $a\neq-9$ 时，$r(\boldsymbol{\alpha}_1,\boldsymbol{\alpha}_2,\boldsymbol{\alpha}_3)=3$，由定理 3-8 知，向量组 $\boldsymbol{\alpha}_1$，

$\boldsymbol{\alpha}_2$，$\boldsymbol{\alpha}_3$ 线性无关.

当 $a=-9$ 时，$r(\boldsymbol{\alpha}_1,\boldsymbol{\alpha}_2,\boldsymbol{\alpha}_3)=2<3$，向量组 $\boldsymbol{\alpha}_1$，$\boldsymbol{\alpha}_2$，$\boldsymbol{\alpha}_3$ 线性相关.

定理 3-9　若向量组 $\boldsymbol{\alpha}_1,\boldsymbol{\alpha}_2,\cdots,\boldsymbol{\alpha}_n$ 中有一部分向量组（称为部分组）线性相关，则整个向量组线性相关.

证明：设向量组 $\boldsymbol{\alpha}_1,\boldsymbol{\alpha}_2,\cdots,\boldsymbol{\alpha}_n$ 中有 r 个（$r\leqslant n$）向量的部分组线性相关，不妨设 $\boldsymbol{\alpha}_1,\boldsymbol{\alpha}_2,\cdots,\boldsymbol{\alpha}_r$ 线性相关，则存在不全为零的数 $k_1,k_2,\cdots,k_r$，使 $k_1\boldsymbol{\alpha}_1+k_2\boldsymbol{\alpha}_2+\cdots+k_r\boldsymbol{\alpha}_r=\boldsymbol{0}$ 成立，所以，存在不全为零的数 $k_1,k_2,\cdots,k_r,k_{r+1}=\cdots=k_n=0$，使 $k_1\boldsymbol{\alpha}_1+k_2\boldsymbol{\alpha}_2+\cdots+k_r\boldsymbol{\alpha}_r+0\cdot\boldsymbol{\alpha}_{r+1}+\cdots+0\cdot\boldsymbol{\alpha}_n=\boldsymbol{0}$ 成立. 即 $\boldsymbol{\alpha}_1,\boldsymbol{\alpha}_2,\cdots,\boldsymbol{\alpha}_n$ 线性相关.

推论 3-5　线性无关的向量组中任一部分组皆线性无关.

定理 3-10　如果向量组 $\boldsymbol{\alpha}_1,\boldsymbol{\alpha}_2,\cdots,\boldsymbol{\alpha}_n$ 线性无关，而向量组 $\boldsymbol{\alpha}_1,\boldsymbol{\alpha}_2,\cdots,\boldsymbol{\alpha}_n,\boldsymbol{\beta}$ 线性相关，则 $\boldsymbol{\beta}$ 能由向量组 $\boldsymbol{\alpha}_1,\boldsymbol{\alpha}_2,\cdots,\boldsymbol{\alpha}_n$ 线性表示，且表示法唯一.

证法一：先证 $\boldsymbol{\beta}$ 能由向量组 $\boldsymbol{\alpha}_1,\boldsymbol{\alpha}_2,\cdots,\boldsymbol{\alpha}_n$ 线性表示.

因为向量组 $\boldsymbol{\alpha}_1,\boldsymbol{\alpha}_2,\cdots,\boldsymbol{\alpha}_n,\boldsymbol{\beta}$ 线性相关，故存在不全为零的数 $k_1,k_2,\cdots,k_n,k_{n+1}$，使

$$k_1\boldsymbol{\alpha}_1+k_2\boldsymbol{\alpha}_2+\cdots+k_n\boldsymbol{\alpha}_n+k_{n+1}\boldsymbol{\beta}=\boldsymbol{0}$$

若 $k_{n+1}=0$，则 $k_1,k_2,\cdots,k_n$ 不全为零，且有 $k_1\boldsymbol{\alpha}_1+k_2\boldsymbol{\alpha}_2+\cdots+k_n\boldsymbol{\alpha}_n=\boldsymbol{0}$，而向量组 $\boldsymbol{\alpha}_1,\boldsymbol{\alpha}_2,\cdots,\boldsymbol{\alpha}_n$ 线性无关，则必有 $k_1=k_2=\cdots=k_n=0$，与假设矛盾，所以 $k_{n+1}\neq 0$. 即有 $\boldsymbol{\beta}=-\dfrac{1}{k_{n+1}}(k_1\boldsymbol{\alpha}_1+k_2\boldsymbol{\alpha}_2+\cdots+k_n\boldsymbol{\alpha}_n)$.

再证表示法唯一.

设有两个表达式：$\boldsymbol{\beta}=\lambda_1\boldsymbol{\alpha}_1+\lambda_2\boldsymbol{\alpha}_2+\cdots+\lambda_n\boldsymbol{\alpha}_n$ 与 $\boldsymbol{\beta}=\mu_1\boldsymbol{\alpha}_1+\mu_2\boldsymbol{\alpha}_2+\cdots+\mu_n\boldsymbol{\alpha}_n$，两式相减得 $(\lambda_1-\mu_1)\boldsymbol{\alpha}_1+(\lambda_2-\mu_2)\boldsymbol{\alpha}_2+\cdots+(\lambda_n-\mu_n)\boldsymbol{\alpha}_n=0$，因为向量组 $\boldsymbol{\alpha}_1,\boldsymbol{\alpha}_2,\cdots,\boldsymbol{\alpha}_n$ 线性无关，所以 $\lambda_1=\mu_1,\lambda_2=\mu_2,\cdots,\lambda_n=\mu_n$，即表示法唯一.

证法二：记 $\boldsymbol{A}=(\boldsymbol{\alpha}_1,\boldsymbol{\alpha}_2,\cdots,\boldsymbol{\alpha}_n)$，$\boldsymbol{B}=(\boldsymbol{\alpha}_1,\boldsymbol{\alpha}_2,\cdots,\boldsymbol{\alpha}_n,\boldsymbol{\beta})$，有 $r(\boldsymbol{A})\leqslant r(\boldsymbol{B})$，又因为向量组 $\boldsymbol{\alpha}_1,\boldsymbol{\alpha}_2,\cdots,\boldsymbol{\alpha}_n$ 线性无关，所以 $r(\boldsymbol{A})=n$，向量组 $\boldsymbol{\alpha}_1,\boldsymbol{\alpha}_2,\cdots,\boldsymbol{\alpha}_n,\boldsymbol{\beta}$ 线性相关，所以 $r(\boldsymbol{B})<n+1$，故有 $r(\boldsymbol{A})\leqslant r(\boldsymbol{B})<n+1$，所以 $r(\boldsymbol{A})=r(\boldsymbol{B})=n$，说明 $\boldsymbol{Ax}=\boldsymbol{\beta}$ 有唯一解，即 $\boldsymbol{\beta}$ 能由 $\boldsymbol{\alpha}_1,\boldsymbol{\alpha}_2,\cdots,\boldsymbol{\alpha}_n$ 线性表示，且表示法唯一.

例 3-19　设向量组 $\boldsymbol{\alpha}_1$，$\boldsymbol{\alpha}_2$，$\boldsymbol{\alpha}_3$ 线性相关，向量组 $\boldsymbol{\alpha}_2$，$\boldsymbol{\alpha}_3$，$\boldsymbol{\alpha}_4$ 线性无关，证明：

（1）$\boldsymbol{\alpha}_1$ 可由向量组 $\boldsymbol{\alpha}_2$，$\boldsymbol{\alpha}_3$ 线性表示；

（2）$\boldsymbol{\alpha}_4$ 不能由向量组 $\boldsymbol{\alpha}_1$，$\boldsymbol{\alpha}_2$，$\boldsymbol{\alpha}_3$ 线性表示.

证明：（1）因向量组 $\boldsymbol{\alpha}_2$，$\boldsymbol{\alpha}_3$，$\boldsymbol{\alpha}_4$ 线性无关，由推论 3-5 知向量组 $\boldsymbol{\alpha}_2$，$\boldsymbol{\alpha}_3$ 线

性无关，而向量组 $\boldsymbol{\alpha}_1$，$\boldsymbol{\alpha}_2$，$\boldsymbol{\alpha}_3$ 线性相关，由定理 3－10 知，$\boldsymbol{\alpha}_1$ 可由向量组 $\boldsymbol{\alpha}_2$，$\boldsymbol{\alpha}_3$ 线性表示.

（2）用反证法. 假设 $\boldsymbol{\alpha}_4$ 能由向量组 $\boldsymbol{\alpha}_1$，$\boldsymbol{\alpha}_2$，$\boldsymbol{\alpha}_3$ 线性表示，由（1）知，$\boldsymbol{\alpha}_1$ 可由向量组 $\boldsymbol{\alpha}_2$，$\boldsymbol{\alpha}_3$ 线性表示，则 $\boldsymbol{\alpha}_4$ 能由向量组 $\boldsymbol{\alpha}_2$，$\boldsymbol{\alpha}_3$ 线性表示，这与条件向量组 $\boldsymbol{\alpha}_2$，$\boldsymbol{\alpha}_3$，$\boldsymbol{\alpha}_4$ 线性无关矛盾，所以 $\boldsymbol{\alpha}_4$ 不能由向量组 $\boldsymbol{\alpha}_1$，$\boldsymbol{\alpha}_2$，$\boldsymbol{\alpha}_3$ 线性表示.

习　题　3－3

1. 判断下列向量组线性相关还是线性无关：

（1）$\boldsymbol{\alpha}_1=(1,1,1)^{\mathrm{T}}$，$\boldsymbol{\alpha}_2=(1,1,0)^{\mathrm{T}}$，$\boldsymbol{\alpha}_3=(1,0,1)^{\mathrm{T}}$；

（2）$\boldsymbol{\alpha}_1=(1,0,1)^{\mathrm{T}}$，$\boldsymbol{\alpha}_2=(0,1,0)^{\mathrm{T}}$；

（3）$\boldsymbol{\alpha}_1=(1,2,4)^{\mathrm{T}}$，$\boldsymbol{\alpha}_2=(2,1,3)^{\mathrm{T}}$，$\boldsymbol{\alpha}_3=(4,-1,1)^{\mathrm{T}}$；

（4）$\boldsymbol{\alpha}_1=(1,1,3,1)^{\mathrm{T}}$，$\boldsymbol{\alpha}_2=(3,-1,2,4)^{\mathrm{T}}$，$\boldsymbol{\alpha}_3=(2,2,7,-1)^{\mathrm{T}}$；

（5）$\boldsymbol{\alpha}_1=(1,0,0)^{\mathrm{T}}$，$\boldsymbol{\alpha}_2=(0,1,1)^{\mathrm{T}}$，$\boldsymbol{\alpha}_3=(1,0,1)^{\mathrm{T}}$，$\boldsymbol{\alpha}_4=(1,2,3)^{\mathrm{T}}$.

2. 设 $\boldsymbol{\alpha}_1$，$\boldsymbol{\alpha}_2$，…，$\boldsymbol{\alpha}_k$ 为线性无关的向量组，

（1）若在向量组中添加一个向量 $\boldsymbol{\alpha}_{k+1}$，是否仍然得到一个线性无关的向量组？试说明.

（2）若在向量组中删除一个向量 $\boldsymbol{\alpha}_k$，是否仍然得到一个线性无关的向量组？试说明.

3. 已知向量组 $\boldsymbol{\alpha}_1=(k,2,1)^{\mathrm{T}}$，$\boldsymbol{\alpha}_2=(2,k,0)^{\mathrm{T}}$，$\boldsymbol{\alpha}_3=(1,-1,1)^{\mathrm{T}}$，试求 k 为何值时，向量组 $\boldsymbol{\alpha}_1$，$\boldsymbol{\alpha}_2$，$\boldsymbol{\alpha}_3$ 线性相关、线性无关.

4. 已知向量组 $\boldsymbol{\alpha}_1=(1,1,1,3)^{\mathrm{T}}$，$\boldsymbol{\alpha}_2=(-1,-3,5,1)^{\mathrm{T}}$，$\boldsymbol{\alpha}_3=(3,2,-1,k+2)^{\mathrm{T}}$，$\boldsymbol{\alpha}_4=(-2,-6,10,k)^{\mathrm{T}}$ 线性相关，求 k.

5. 已知向量组 $\boldsymbol{\alpha}_1$，$\boldsymbol{\alpha}_2$，$\boldsymbol{\alpha}_3$ 线性无关，证明：$\boldsymbol{\alpha}_1+2\boldsymbol{\alpha}_2$，$2\boldsymbol{\alpha}_2+3\boldsymbol{\alpha}_3$，$\boldsymbol{\alpha}_1+3\boldsymbol{\alpha}_3$ 线性无关.

习题 3－3
参考答案

第四节　向 量 组 的 秩

n 维基本单位向量组 $\boldsymbol{e}_1,\boldsymbol{e}_2,\cdots,\boldsymbol{e}_n$ 是线性无关的，而且任意一个 n 维向量都可由它们线性表示. 很自然的问题是，在一个向量组中，具备上述性质的部分组是什么样的呢？这就是本节要讨论的内容——向量组的极大线性无关向量组和向量组的秩.

向量组的极大无关组与秩

定义 3-10（极大无关组） 设有向量组 A：$\boldsymbol{\alpha}_1,\boldsymbol{\alpha}_2,\cdots,\boldsymbol{\alpha}_n$，如果在向量组 A 中能选出 r 个向量 $\boldsymbol{\alpha}_{j_1},\boldsymbol{\alpha}_{j_2},\cdots,\boldsymbol{\alpha}_{j_r}$ 满足：

（1）向量组 A_0：$\boldsymbol{\alpha}_{j_1},\boldsymbol{\alpha}_{j_2},\cdots,\boldsymbol{\alpha}_{j_r}$ 线性无关；

（2）向量组 A 中任意 $r+1$ 个向量（若有的话）都线性相关，则称向量组 A_0 是向量组 A 的一个极大线性无关向量组（简称极大无关组）.

注：向量组的极大无关组可能不止一个，但任何一个极大无关组所含向量的个数相同.

例如，二维向量组 $\boldsymbol{\alpha}_1=(0,1)^{\mathrm{T}}$，$\boldsymbol{\alpha}_2=(1,0)^{\mathrm{T}}$，$\boldsymbol{\alpha}_3=(1,1)^{\mathrm{T}}$，因为任何三个二维向量的向量组必定线性相关，又 $\boldsymbol{\alpha}_1$，$\boldsymbol{\alpha}_2$ 线性无关，故 $\boldsymbol{\alpha}_1$，$\boldsymbol{\alpha}_2$ 是该向量组的一个极大无关组，易知 $\boldsymbol{\alpha}_2$，$\boldsymbol{\alpha}_3$ 也是该向量组的极大无关组.

定理 3-11 如果 $\boldsymbol{\alpha}_{j_1},\boldsymbol{\alpha}_{j_2},\cdots,\boldsymbol{\alpha}_{j_r}$ 是向量组 $\boldsymbol{\alpha}_1,\boldsymbol{\alpha}_2,\cdots,\boldsymbol{\alpha}_n$ 的线性无关部分组，它是极大无关组的充要条件是：向量组 $\boldsymbol{\alpha}_1,\boldsymbol{\alpha}_2,\cdots,\boldsymbol{\alpha}_n$ 中的每一个向量都可由 $\boldsymbol{\alpha}_{j_1}$，$\boldsymbol{\alpha}_{j_2},\cdots,\boldsymbol{\alpha}_{j_r}$ 线性表示.

证明：必要性：若 $\boldsymbol{\alpha}_{j_1},\boldsymbol{\alpha}_{j_2},\cdots,\boldsymbol{\alpha}_{j_r}$ 是向量组 $\boldsymbol{\alpha}_1,\boldsymbol{\alpha}_2,\cdots,\boldsymbol{\alpha}_n$ 的一个极大无关组，则当 j 是 $j_1,j_2,\cdots,j_r$ 中的数时，显然 $\boldsymbol{\alpha}_j$ 可由 $\boldsymbol{\alpha}_{j1},\boldsymbol{\alpha}_{j2},\cdots,\boldsymbol{\alpha}_{jr}$ 线性表示，而当 j 不是 $j_1,j_2,\cdots,j_r$ 中的数时，$\boldsymbol{\alpha}_{j_1},\boldsymbol{\alpha}_{j_2},\cdots,\boldsymbol{\alpha}_{j_r},\boldsymbol{\alpha}_j$ 线性相关，又 $\boldsymbol{\alpha}_{j_1},\boldsymbol{\alpha}_{j_2},\cdots,\boldsymbol{\alpha}_{j_r}$ 线性无关，由定理 3-10 知 $\boldsymbol{\alpha}_j$ 可由 $\boldsymbol{\alpha}_{j_1},\boldsymbol{\alpha}_{j_2},\cdots,\boldsymbol{\alpha}_{j_r}$ 线性表示.

充分性：如果向量组 $\boldsymbol{\alpha}_1,\boldsymbol{\alpha}_2,\cdots,\boldsymbol{\alpha}_n$ 中的每一个向量都可由 $\boldsymbol{\alpha}_{j_1},\boldsymbol{\alpha}_{j_2},\cdots,\boldsymbol{\alpha}_{j_r}$ 线性表示，则向量组 $\boldsymbol{\alpha}_1,\boldsymbol{\alpha}_2,\cdots,\boldsymbol{\alpha}_n$ 中任何包含 $r+1(n>r)$ 个向量的部分组都线性相关，于是 $\boldsymbol{\alpha}_{j_1},\boldsymbol{\alpha}_{j_2},\cdots,\boldsymbol{\alpha}_{j_r}$ 是向量组 $\boldsymbol{\alpha}_1,\boldsymbol{\alpha}_2,\cdots,\boldsymbol{\alpha}_n$ 的极大无关组.

注：由定理 3-11 知，向量组与其极大无关组可相互线性表示，即向量组与其极大无关组等价.

定义 3-11（向量组的秩） 向量组 $\boldsymbol{\alpha}_1,\boldsymbol{\alpha}_2,\cdots,\boldsymbol{\alpha}_n$ 的极大无关组所含向量的个数称为该向量组的秩，记为 $r(\boldsymbol{\alpha}_1,\boldsymbol{\alpha}_2,\cdots,\boldsymbol{\alpha}_n)$.

只含有零向量的向量组没有极大无关组，规定它的秩为零.

由定义 3-11 知，向量组 $\boldsymbol{\alpha}_1,\boldsymbol{\alpha}_2,\cdots,\boldsymbol{\alpha}_n$ 线性无关的充要条件是其秩等于 n；线性相关的充要条件是其秩小于 n.

定理 3-12 设 $\boldsymbol{A}$ 为 $m\times n$ 矩阵，则矩阵 $\boldsymbol{A}$ 的秩等于它的列向量组的秩，也等于它的行向量组的秩.

证明：设 $\boldsymbol{A}=(\boldsymbol{\alpha}_1,\boldsymbol{\alpha}_2,\cdots,\boldsymbol{\alpha}_n)$，$r(\boldsymbol{A})=s$，则由矩阵的秩的定义知，存在 $\boldsymbol{A}$ 的 s 阶子式 $D_s\neq 0$，从而 D_s 所在的 s 个列向量线性无关，又 $\boldsymbol{A}$ 中所有 $s+1$ 阶子式 $D_{s+1}=0$，故 $\boldsymbol{A}$ 中的任意 $s+1$ 个列向量线性相关，因此，D_s 所在的 s 列是 $\boldsymbol{A}$ 的列向量组的一个极大无关组，所以列向量组的秩等于 s. 同理可知，矩阵 $\boldsymbol{A}$ 的行向

量组的秩也等于 s.

由定理 3-12 的证明可知，若 D_s 是矩阵 $\boldsymbol{A}$ 的一个最高阶非零子式，则其所在的 s 列就是 $\boldsymbol{A}$ 的列向量组的一个极大无关组，其所在的 s 行就是 $\boldsymbol{A}$ 的行向量组的一个极大无关组. 由此，可得求向量组的秩及一个极大无关组的方法如下：

(1) 如果向量 $\boldsymbol{\alpha}_1,\boldsymbol{\alpha}_2,\cdots,\boldsymbol{\alpha}_n$ 是 n 维列向量，由此向量组构成矩阵 $\boldsymbol{A}=(\boldsymbol{\alpha}_1,\boldsymbol{\alpha}_2,\cdots,\boldsymbol{\alpha}_n)$.

(2) 将矩阵 $\boldsymbol{A}$ 施行初等行变换，化为行阶梯形矩阵 $\boldsymbol{B}$，求出 $r(\boldsymbol{A})$.

(3) 行阶梯形矩阵 $\boldsymbol{B}$ 的每一个非零行的首非零元所在的列对应矩阵 $\boldsymbol{A}$ 相应的 $r(\boldsymbol{A})$ 个列向量就是一个极大无关组.

例 3-20　求向量组 A：$\boldsymbol{\alpha}_1=(2,1,4,3)^{\mathrm{T}}$，$\boldsymbol{\alpha}_2=(-1,1,-6,6)^{\mathrm{T}}$，$\boldsymbol{\alpha}_3=(-1,-2,2,-9)^{\mathrm{T}}$，$\boldsymbol{\alpha}_4=(1,1,-2,7)^{\mathrm{T}}$，$\boldsymbol{\alpha}_5=(2,4,4,9)^{\mathrm{T}}$ 的秩和一个极大无关组，并把其他向量用此极大无关组线性表示.

解：向量组构成的矩阵为

$$\boldsymbol{A}=\begin{pmatrix}2&-1&-1&1&2\\1&1&-2&1&4\\4&-6&2&-2&4\\3&6&-9&7&9\end{pmatrix}\xrightarrow{r_1\leftrightarrow r_2}\begin{pmatrix}1&1&-2&1&4\\2&-1&-1&1&2\\4&-6&2&-2&4\\3&6&-9&7&9\end{pmatrix}\xrightarrow[\substack{r_3-4r_1\\r_4-3r_1}]{r_2-2r_1}$$

$$\begin{pmatrix}1&1&-2&1&4\\0&-3&3&-1&-6\\0&-10&10&-6&-12\\0&3&-3&4&-3\end{pmatrix}\xrightarrow[r_4+r_2]{r_3-\frac{10}{3}r_2}\begin{pmatrix}1&1&-2&1&4\\0&-3&3&-1&-6\\0&0&0&-\frac{8}{3}&8\\0&0&0&3&-9\end{pmatrix}\xrightarrow{-\frac{3}{8}r_3}$$

$$\begin{pmatrix}1&1&-2&1&4\\0&-3&3&-1&-6\\0&0&0&1&-3\\0&0&0&3&-9\end{pmatrix}\xrightarrow{r_4-3r_3}\begin{pmatrix}1&1&-2&1&4\\0&-3&3&-1&-6\\0&0&0&1&-3\\0&0&0&0&0\end{pmatrix}\xrightarrow{-\frac{1}{3}r_2}$$

$$\begin{pmatrix}1&1&-2&1&4\\0&1&-1&\frac{1}{3}&2\\0&0&0&1&-3\\0&0&0&0&0\end{pmatrix}\xrightarrow{r_1-r_2}\begin{pmatrix}1&0&-1&\frac{2}{3}&2\\0&1&-1&\frac{1}{3}&2\\0&0&0&1&-3\\0&0&0&0&0\end{pmatrix}\xrightarrow[r_2-\frac{1}{3}r_3]{r_1-\frac{2}{3}r_3}$$

$$\begin{pmatrix} 1 & 0 & -1 & 0 & 4 \\ 0 & 1 & -1 & 0 & 3 \\ 0 & 0 & 0 & 1 & -3 \\ 0 & 0 & 0 & 0 & 0 \end{pmatrix}$$

可知向量组 A 的秩为 3，$\boldsymbol{\alpha}_1$，$\boldsymbol{\alpha}_2$，$\boldsymbol{\alpha}_4$ 是它的一个极大无关组，且$\begin{cases} \boldsymbol{\alpha}_3 = -\boldsymbol{\alpha}_1 - \boldsymbol{\alpha}_2 \\ \boldsymbol{\alpha}_5 = 4\boldsymbol{\alpha}_1 + 3\boldsymbol{\alpha}_2 - 3\boldsymbol{\alpha}_4 \end{cases}$.

例 3-21 求向量组 A：$\boldsymbol{\alpha}_1 = (2,4,2)^{\mathrm{T}}$，$\boldsymbol{\alpha}_2 = (1,1,0)^{\mathrm{T}}$，$\boldsymbol{\alpha}_3 = (2,3,1)^{\mathrm{T}}$，$\boldsymbol{\alpha}_4 = (3,5,2)^{\mathrm{T}}$ 的一个极大无关组，并把其他向量用此极大无关组线性表示.

解： 对矩阵 $\boldsymbol{A} = (\boldsymbol{\alpha}_1, \boldsymbol{\alpha}_2, \boldsymbol{\alpha}_3, \boldsymbol{\alpha}_4)$ 施行初等行变换：

$$\boldsymbol{A} = \begin{pmatrix} 2 & 1 & 2 & 3 \\ 4 & 1 & 3 & 5 \\ 2 & 0 & 1 & 2 \end{pmatrix} \xrightarrow[r_2 - r_1]{r_2 - 2r_1} \begin{pmatrix} 2 & 1 & 2 & 3 \\ 0 & -1 & -1 & -1 \\ 0 & -1 & -1 & -1 \end{pmatrix} \xrightarrow[-r_2]{r_3 - r_2} \begin{pmatrix} 2 & 1 & 2 & 3 \\ 0 & 1 & 1 & 1 \\ 0 & 0 & 0 & 0 \end{pmatrix} \xrightarrow{r_1 - r_2}$$

$$\begin{pmatrix} 2 & 0 & 1 & 2 \\ 0 & 1 & 1 & 1 \\ 0 & 0 & 0 & 0 \end{pmatrix} \xrightarrow{\frac{1}{2}r_1} \begin{pmatrix} 1 & 0 & \frac{1}{2} & 1 \\ 0 & 1 & 1 & 1 \\ 0 & 0 & 0 & 0 \end{pmatrix}$$

可知向量组 A 的秩为 2，$\boldsymbol{\alpha}_1$，$\boldsymbol{\alpha}_2$ 是它的一个极大无关组，且$\begin{cases} \boldsymbol{\alpha}_3 = \frac{1}{2}\boldsymbol{\alpha}_1 + \boldsymbol{\alpha}_2 \\ \boldsymbol{\alpha}_4 = \boldsymbol{\alpha}_1 + \boldsymbol{\alpha}_2 \end{cases}$.

结论：若对矩阵 $\boldsymbol{A}$ 仅施行初等行变换得到矩阵 $\boldsymbol{B}$，则 $\boldsymbol{B}$ 的列向量组与 $\boldsymbol{A}$ 的列向量组有相同的线性关系. 同理，初等列变换保持行向量间的线性关系.

例 3-22 全体 n 维向量构成的向量组记作 $\mathbf{R}^n$，求 $\mathbf{R}^n$ 的一个极大无关组及 $\mathbf{R}^n$ 的秩.

解： 因为 n 维基本单位向量组构成单位矩阵，$\boldsymbol{E}_n = (\boldsymbol{e}_1, \boldsymbol{e}_2, \cdots, \boldsymbol{e}_n)$，$|\boldsymbol{E}_n| = 1 \neq 0$，所以向量组：$\boldsymbol{e}_1, \boldsymbol{e}_2, \cdots, \boldsymbol{e}_n$ 线性无关，又知 $\mathbf{R}^n$ 中任意 $n+1$ 个向量线性相关，由定义 1 知，向量组 $\boldsymbol{e}_1, \boldsymbol{e}_2, \cdots, \boldsymbol{e}_n$ 是 $\mathbf{R}^n$ 的一个极大无关组，且 $r(\mathbf{R}^n) = n$.

例 3-23 设矩阵 $\boldsymbol{A} = \begin{pmatrix} 1 & -1 & 2 & 1 & 0 \\ 2 & -2 & 4 & -2 & 0 \\ 3 & 0 & 6 & -1 & 1 \\ 0 & 3 & 0 & 0 & 1 \end{pmatrix}$，求 $\boldsymbol{A}$ 的列向量组的一个极大无关组，并把其他列向量用此极大无关组线性表示.

解： 对 $\boldsymbol{A}$ 施行初等行变换化为行阶梯形矩阵：

$$A=\begin{pmatrix}1&-1&2&1&0\\2&-2&4&-2&0\\3&0&6&-1&1\\0&3&0&0&1\end{pmatrix}\xrightarrow[r_3-3r_1]{r_2-2r_1}\begin{pmatrix}1&-1&2&1&0\\0&0&0&-4&0\\0&3&0&-4&1\\0&3&0&0&1\end{pmatrix}\xrightarrow{r_2\leftrightarrow r_4}$$

$$\begin{pmatrix}1&-1&2&1&0\\0&3&0&0&1\\0&3&0&-4&1\\0&0&0&-4&0\end{pmatrix}\xrightarrow{r_3-r_2}\begin{pmatrix}1&-1&2&1&0\\0&3&0&0&1\\0&0&0&-4&0\\0&0&0&-4&0\end{pmatrix}\xrightarrow[-\frac{1}{4}r_3]{r_4-r_3}$$

$$\begin{pmatrix}1&-1&2&1&0\\0&3&0&0&1\\0&0&0&1&0\\0&0&0&0&0\end{pmatrix}\xrightarrow{r_1-r_3}\begin{pmatrix}1&-1&2&0&0\\0&3&0&0&1\\0&0&0&1&0\\0&0&0&0&0\end{pmatrix}\xrightarrow[r_1+\frac{1}{3}r_2]{\frac{1}{3}r_2}$$

$$\begin{pmatrix}1&0&2&0&\frac{1}{3}\\0&1&0&0&\frac{1}{3}\\0&0&0&1&0\\0&0&0&0&0\end{pmatrix}$$

$r(A)=3$，可知 A 的列向量组 α_1，α_2，α_3，α_4，α_5 的极大无关组含 3 个列向量，而三个非零行的首非零元在第一列、第二列、第四列，所以 α_1，α_2，α_4 是它的一个极大无关组，且 $\begin{cases}\alpha_3=2\alpha_1\\\alpha_5=\frac{1}{3}\alpha_1+\frac{1}{3}\alpha_2\end{cases}$.

习　题　3-4

1. 求下列向量组的秩，并求它的一个极大无关组：

(1) $\alpha_1=\begin{pmatrix}2\\1\end{pmatrix}$，$\alpha_2=\begin{pmatrix}4\\3\end{pmatrix}$，$\alpha_3=\begin{pmatrix}7\\-3\end{pmatrix}$；(2) $\alpha_1=\begin{pmatrix}3\\-2\\4\end{pmatrix}$，$\alpha_2=\begin{pmatrix}-3\\2\\-4\end{pmatrix}$，$\alpha_3=\begin{pmatrix}-6\\4\\-8\end{pmatrix}$；

(3) $\alpha_1=\begin{pmatrix}1\\2\\1\\3\end{pmatrix}$，$\alpha_2=\begin{pmatrix}4\\-1\\-5\\-6\end{pmatrix}$，$\alpha_3=\begin{pmatrix}1\\-3\\-4\\-7\end{pmatrix}$.

2. 下列各题给定向量组 $\boldsymbol{\alpha}_1$，$\boldsymbol{\alpha}_2$，$\boldsymbol{\alpha}_3$，$\boldsymbol{\alpha}_4$，试证明 $\boldsymbol{\alpha}_1$，$\boldsymbol{\alpha}_2$，$\boldsymbol{\alpha}_3$ 是其一个极大无关组，并将 $\boldsymbol{\alpha}_4$ 由 $\boldsymbol{\alpha}_1$，$\boldsymbol{\alpha}_2$，$\boldsymbol{\alpha}_3$ 线性表示.

(1) $\boldsymbol{\alpha}_1=(1,0,0,1)^{\mathrm{T}}$，$\boldsymbol{\alpha}_2=(0,1,0,-1)^{\mathrm{T}}$，$\boldsymbol{\alpha}_3=(0,0,1,-1)^{\mathrm{T}}$，$\boldsymbol{\alpha}_4=(2,-1,3,0)^{\mathrm{T}}$；

(2) $\boldsymbol{\alpha}_1=(1,0,1,0,1)^{\mathrm{T}}$，$\boldsymbol{\alpha}_2=(0,1,1,0,1)^{\mathrm{T}}$，$\boldsymbol{\alpha}_3=(1,1,0,0,1)^{\mathrm{T}}$，$\boldsymbol{\alpha}_4=(-3,-2,3,0,-1)^{\mathrm{T}}$.

3. 求下列向量组的一个极大无关组，并将其余向量用此极大无关组线性表示.

(1) $\boldsymbol{\alpha}_1=(1,1,1)^{\mathrm{T}}$，$\boldsymbol{\alpha}_2=(1,1,0)^{\mathrm{T}}$，$\boldsymbol{\alpha}_3=(1,0,0)^{\mathrm{T}}$，$\boldsymbol{\alpha}_4=(1,2,-3)^{\mathrm{T}}$；

(2) $\boldsymbol{\alpha}_1=(1,1,3,1)^{\mathrm{T}}$，$\boldsymbol{\alpha}_2=(-1,1,-3,1)^{\mathrm{T}}$，$\boldsymbol{\alpha}_3=(5,-2,8,-9)^{\mathrm{T}}$，$\boldsymbol{\alpha}_4=(-1,3,1,7)^{\mathrm{T}}$.

4. 求下列矩阵的列向量组的一个极大无关组：

(1) $\boldsymbol{A}=\begin{pmatrix}1 & 1 & 0\\ 2 & 0 & 4\\ 2 & 3 & -2\end{pmatrix}$；　(2) $\boldsymbol{A}=\begin{pmatrix}1 & 3 & 2 & 2 & 1\\ -1 & 1 & 2 & 1 & 3\\ 0 & 2 & 2 & 3 & 2\\ 0 & -1 & -1 & 1 & -1\end{pmatrix}$.

5. 设向量组 $\boldsymbol{\alpha}_1=\begin{pmatrix}a\\3\\1\end{pmatrix}$，$\boldsymbol{\alpha}_2=\begin{pmatrix}2\\b\\3\end{pmatrix}$，$\boldsymbol{\alpha}_3=\begin{pmatrix}1\\2\\1\end{pmatrix}$，$\boldsymbol{\alpha}_4=\begin{pmatrix}2\\3\\1\end{pmatrix}$ 的秩为 2，求 a 和 b.

习题 3-4
参考答案

第五节　线性方程组解的结构

线性方程组
解的结构

前面已经介绍了方程组解的三种情况，对于无解和唯一解，内容相对比较简单，而对于方程组的无穷多解，则需要进一步深入研究. 下面先从齐次线性方程组的非零解入手，拓展得到非齐次线性方程组通解的结构.

一、齐次线性方程组解的结构

对于齐次线性方程组 $\begin{cases}a_{11}x_1+a_{12}x_2+\cdots+a_{1n}x_n=0\\ a_{21}x_1+a_{22}x_2+\cdots+a_{2n}x_n=0\\ \quad\vdots\\ a_{m1}x_1+a_{m2}x_2+\cdots+a_{mn}x_n=0\end{cases}$，令 $\boldsymbol{A}=\begin{pmatrix}a_{11} & \cdots & a_{1n}\\ \vdots & & \vdots\\ a_{m1} & \cdots & a_{mn}\end{pmatrix}$，

$\boldsymbol{x}=\begin{pmatrix}x_1\\ \vdots\\ x_n\end{pmatrix}$，则方程组可写为 $\boldsymbol{Ax}=\boldsymbol{0}$，而 $\boldsymbol{x}=\begin{pmatrix}x_1\\ \vdots\\ x_n\end{pmatrix}$ 即为方程组的解向量，简称解.

齐次线性方程组的解具有如下性质.

性质 3-1　如果 $\boldsymbol{v}_1$、$\boldsymbol{v}_2$ 是齐次线性方程组 $\mathbf{A}\boldsymbol{x}=\mathbf{0}$ 的两个解，则 $\boldsymbol{v}_1+\boldsymbol{v}_2$ 也是它的解.

性质 3-2　如果 $\boldsymbol{v}$ 是齐次线性方程组 $\mathbf{A}\boldsymbol{x}=\mathbf{0}$ 的解，则 $c\boldsymbol{v}$（c 为实数）也是它的解.

性质 3-3　如果 $\boldsymbol{v}_1$、$\boldsymbol{v}_2$、…、$\boldsymbol{v}_s$ 都是齐次线性方程组 $\mathbf{A}\boldsymbol{x}=\mathbf{0}$ 的解，则其线性组合 $c_1\boldsymbol{v}_1+c_2\boldsymbol{v}_2+\cdots+c_s\boldsymbol{v}_s$ 也是它的解，其中 $c_1,c_2,\cdots,c_s$ 为任意实数.

如果一个齐次线性方程组有非零解，则它有无穷多解，可用一个极大无关组的线性组合来表示它的全部解.

定义 3-12（基础解系）　如果 $\boldsymbol{v}_1,\boldsymbol{v}_2,\cdots,\boldsymbol{v}_s$ 是齐次线性方程组 $\mathbf{A}\boldsymbol{x}=\mathbf{0}$ 的解向量组的一个极大无关组，则称 $\boldsymbol{v}_1,\boldsymbol{v}_2,\cdots,\boldsymbol{v}_s$ 是齐次线性方程组 $\mathbf{A}\boldsymbol{x}=\mathbf{0}$ 的一个基础解系.

定理 3-13　如果齐次线性方程组 $\mathbf{A}\boldsymbol{x}=\mathbf{0}$ 的系数矩阵 $\mathbf{A}$ 的秩 $r(\mathbf{A})=r<n$，则方程组的基础解系存在，且每个基础解系中恰好有 $n-r$ 个解，若其中一个基础解系为 $\boldsymbol{v}_1,\boldsymbol{v}_2,\cdots,\boldsymbol{v}_{n-r}$，则其全部解为 $\boldsymbol{x}=c_1\boldsymbol{v}_1+c_2\boldsymbol{v}_2+\cdots+c_{n-r}\boldsymbol{v}_{n-r}$（$c_1,c_2,\cdots,c_{n-r}$ 为任意实数）.

例 3-24　求齐次线性方程组 $\begin{cases}x_1+x_2+x_3 &=0\\ 2x_2-x_3-x_4=0\end{cases}$ 的一个基础解系和全部解.

解法一： 构造系数矩阵：

$$\mathbf{A}=\begin{pmatrix}1 & 1 & 1 & 0\\ 0 & 2 & -1 & -1\end{pmatrix}\rightarrow\begin{pmatrix}1 & 1 & 1 & 0\\ 0 & -2 & 1 & 1\end{pmatrix}=\boldsymbol{B}$$

矩阵 $\mathbf{A}$ 对应原方程组的系数，而矩阵 $\boldsymbol{B}$ 可还原成与原方程组同解的方程组 $\begin{cases}x_1+x_2+x_3 &=0\\ -2x_2+x_3+x_4=0\end{cases}$，即 $\begin{cases}x_1=-x_2-x_3\\ x_4=2x_2-x_3\end{cases}$，令 $x_2=c_1$，$x_3=c_2$，即可得原方程组的通解为

$$\begin{cases}x_1=-c_1-c_2\\ x_2=c_1\\ x_3=c_2\\ x_4=2c_1-c_2\end{cases}\quad(c_1,c_2\in\mathbf{R})$$

用向量表示为

$$\boldsymbol{x}=c_1\begin{pmatrix}-1\\ 1\\ 0\\ 2\end{pmatrix}+c_2\begin{pmatrix}-1\\ 0\\ 1\\ -1\end{pmatrix}\quad(c_1,c_2\in\mathbf{R})$$

易知，$\boldsymbol{v}_1=\begin{pmatrix}-1\\1\\0\\2\end{pmatrix}$，$\boldsymbol{v}_2=\begin{pmatrix}-1\\0\\1\\-1\end{pmatrix}$是原方程组的两个解，且

$$(\boldsymbol{v}_1,\boldsymbol{v}_2)=\begin{pmatrix}-1&-1\\1&0\\0&1\\2&-1\end{pmatrix}\rightarrow\begin{pmatrix}1&1\\0&1\\0&0\\0&0\end{pmatrix}$$

可得 $r(\boldsymbol{v}_1,\boldsymbol{v}_2)=2$，所以 $\boldsymbol{v}_1$、$\boldsymbol{v}_2$ 线性无关. 而原方程组的未知量的个数为 4，有效方程个数为 $r=2$，因此，不受约束的自由未知量的个数为 $n-r=4-2=2$. 取 x_2、x_3 为自由未知量，当$\begin{pmatrix}x_2\\x_3\end{pmatrix}$遍取所有二维向量时，即可求得满足原方程组的全部解；而任意一个二维向量都可由向量组 $\boldsymbol{\varepsilon}_1=\begin{pmatrix}1\\0\end{pmatrix}$、$\boldsymbol{\varepsilon}_2=\begin{pmatrix}0\\1\end{pmatrix}$线性表示，所以只需将 $n-r$ 个自由未知量构造成 $n-r$ 个 $n-r$ 维单位向量，之后代入最简同解方程组，即可得 $n-r$ 个解，这 $n-r$ 个解就是原方程组无穷多解的一个基础解系，用 $n-r$ 个任意实数 $c_1,c_2,\cdots,c_{n-r}$ 作为系数，将基础解系中的解进行线性组合，即可得原方程组的全部无穷多解.

由于基础解系不唯一，下面介绍一般的求基础解系的方法.

解法二：由系数矩阵

$$\boldsymbol{A}=\begin{pmatrix}1&1&1&0\\0&2&-1&-1\end{pmatrix}\rightarrow\begin{pmatrix}1&1&1&0\\0&1&-\frac{1}{2}&-\frac{1}{2}\end{pmatrix}\rightarrow\begin{pmatrix}1&0&\frac{3}{2}&\frac{1}{2}\\0&1&-\frac{1}{2}&-\frac{1}{2}\end{pmatrix}$$

易知 $r(\boldsymbol{A})=2<4=n$，所以原方程组有 $n-r(\boldsymbol{A})=2$ 个自由未知量，选 x_3、x_4 为自由未知量，分别取$\begin{pmatrix}x_3\\x_4\end{pmatrix}=\begin{pmatrix}1\\0\end{pmatrix}$、$\begin{pmatrix}x_3\\x_4\end{pmatrix}=\begin{pmatrix}0\\1\end{pmatrix}$，求出原方程组的一个基础解系为

$$\boldsymbol{v}_1=\begin{pmatrix}-\frac{3}{2}\\\frac{1}{2}\\1\\0\end{pmatrix},\ \boldsymbol{v}_2=\begin{pmatrix}-\frac{1}{2}\\\frac{1}{2}\\0\\1\end{pmatrix}$$

则原方程组的全部解为

$$x=c_1v_1+c_2v=c_1\begin{pmatrix}-\frac{3}{2}\\ \frac{1}{2}\\ 1\\ 0\end{pmatrix}+c_2\begin{pmatrix}-\frac{1}{2}\\ \frac{1}{2}\\ 0\\ 1\end{pmatrix}\quad (c_1,c_2\in\mathbf{R})$$

二、非齐次线性方程组解的结构

设有非齐次线性方程组$\begin{cases}a_{11}x_1+a_{12}x_2+\cdots+a_{1n}x_n=b_1\\ a_{21}x_1+a_{22}x_2+\cdots+a_{2n}x_n=b_2\\ \vdots\\ a_{m1}x_1+a_{m2}x_2+\cdots+a_{mn}x_n=b_m\end{cases}$，令 $\boldsymbol{b}=\begin{pmatrix}b_1\\ b_2\\ \vdots\\ b_m\end{pmatrix}$，则它也可以写作 $\boldsymbol{Ax}=\boldsymbol{b}$，称方程组 $\boldsymbol{Ax}=\boldsymbol{0}$ 为 $\boldsymbol{Ax}=\boldsymbol{b}$ 对应的齐次线性方程组（也称为导出组）.

非齐次线性方程组 $\boldsymbol{Ax}=\boldsymbol{b}$ 具有如下性质.

性质 3-4　如果 $\boldsymbol{u}$ 是非齐次线性方程组 $\boldsymbol{Ax}=\boldsymbol{b}$ 的一个解，$\boldsymbol{v}$ 是其导出组的一个解，则 $\boldsymbol{u}+\boldsymbol{v}$ 也是方程组 $\boldsymbol{Ax}=\boldsymbol{b}$ 的一个解.

性质 3-5　如果 $\boldsymbol{u}_1$，$\boldsymbol{u}_2$ 是非齐次线性方程组 $\boldsymbol{Ax}=\boldsymbol{b}$ 的两个解，则 $\boldsymbol{u}_1-\boldsymbol{u}_2$ 是其导出组 $\boldsymbol{Ax}=\boldsymbol{0}$ 的解.

定理 3-14　设 $\boldsymbol{u}$ 是非齐次线性方程组 $\boldsymbol{Ax}=\boldsymbol{b}$ 的一个解（特解），$\boldsymbol{v}$ 是其导出组 $\boldsymbol{Ax}=\boldsymbol{0}$ 的通解，则 $\boldsymbol{x}=\boldsymbol{u}+\boldsymbol{v}$ 是非齐次线性方程组 $\boldsymbol{Ax}=\boldsymbol{b}$ 的通解. 其中 $\boldsymbol{v}=c_1\boldsymbol{v}_1+c_2\boldsymbol{v}_2+\cdots+c_{n-r}\boldsymbol{v}_{n-r}$（$c_1,c_2,\cdots,c_{n-r}$ 为任意实数），$\boldsymbol{v}_1,\boldsymbol{v}_2,\cdots,\boldsymbol{v}_{n-r}$ 为导出组 $\boldsymbol{Ax}=\boldsymbol{0}$ 的一个基础解系.

证明： $\boldsymbol{v}$ 是 $\boldsymbol{Ax}=\boldsymbol{0}$ 的通解，所以

$$\boldsymbol{Av}=\boldsymbol{0} \tag{1}$$

$\boldsymbol{u}$ 是 $\boldsymbol{Ax}=\boldsymbol{b}$ 的一个特解，所以

$$\boldsymbol{Au}=\boldsymbol{b} \tag{2}$$

(1)+(2) 得 $\boldsymbol{A}(\boldsymbol{u}+\boldsymbol{v})=\boldsymbol{0}+\boldsymbol{b}=\boldsymbol{b}$，可知 $\boldsymbol{u}+\boldsymbol{v}$ 是 $\boldsymbol{Ax}=\boldsymbol{b}$ 的解，而 $\boldsymbol{v}$ 中含有 $n-r$ 个自由未知量，所以 $\boldsymbol{u}+\boldsymbol{v}$ 是 $\boldsymbol{Ax}=\boldsymbol{b}$ 的通解.

例 3-25　求线性方程组$\begin{cases}x_1+x_2+x_3\qquad\quad=2\\ \qquad 2x_2-x_3-x_4=6\end{cases}$的解，并用其导出组的基础解系表示.

解：增广矩阵为

$$(\boldsymbol{A} \mid \boldsymbol{b})=\begin{pmatrix}1 & 1 & 1 & 0 & 2\\ 0 & 2 & -1 & -1 & 6\end{pmatrix}\rightarrow\begin{pmatrix}1 & 0 & \frac{3}{2} & \frac{1}{2} & -1\\ 0 & 1 & -\frac{1}{2} & -\frac{1}{2} & 3\end{pmatrix}$$

可得到同解方程组 $\begin{cases}x_1+\quad\frac{3}{2}x_3+\frac{1}{2}x_4=-1\\ x_2-\frac{1}{2}x_3-\frac{1}{2}x_4=3\end{cases}$，即 $\begin{cases}x_1=-\frac{3}{2}x_3-\frac{1}{2}x_4-1\\ x_2=\frac{1}{2}x_3+\frac{1}{2}x_4+3\end{cases}$.

选 x_3、x_4 为自由未知量，取 $\begin{pmatrix}x_3\\x_4\end{pmatrix}=\begin{pmatrix}0\\0\end{pmatrix}$，得原方程组的一个特解 $\boldsymbol{u}=\begin{pmatrix}-1\\3\\0\\0\end{pmatrix}$，而原方程组的导出组的最简同解方程组为 $\begin{cases}x_1=-\frac{3}{2}x_3-\frac{1}{2}x_4\\ x_2=\frac{1}{2}x_3+\frac{1}{2}x_4\end{cases}$，取 $\begin{pmatrix}x_3\\x_4\end{pmatrix}$ 为 $\begin{pmatrix}1\\0\end{pmatrix}$ 及 $\begin{pmatrix}0\\1\end{pmatrix}$，则 $\boldsymbol{v}_1=\begin{pmatrix}-\frac{3}{2}\\ \frac{1}{2}\\ 1\\ 0\end{pmatrix}$，$\boldsymbol{v}_2=\begin{pmatrix}-\frac{1}{2}\\ \frac{1}{2}\\ 0\\ 1\end{pmatrix}$ 是原方程组导出组的一个基础解系，所以原方程组的通解为

$$\boldsymbol{x}=\boldsymbol{u}+c_1\boldsymbol{v}_1+c_2\boldsymbol{v}_2=\begin{pmatrix}-1\\3\\0\\0\end{pmatrix}+c_1\begin{pmatrix}-\frac{3}{2}\\ \frac{1}{2}\\ 1\\ 0\end{pmatrix}+c_2\begin{pmatrix}-\frac{1}{2}\\ \frac{1}{2}\\ 0\\ 1\end{pmatrix}\quad(c_1,c_2\in\mathbf{R})$$

注：自由未知量的选取可以有多种方式，例如对于例 3 - 25，可以选取 x_1、x_2 为自由未知量，得到通解，习惯上总是选取下标靠后的变量作为自由未知量.

例 3 - 26　设四元非齐次线性方程组 $\boldsymbol{Ax}=\boldsymbol{b}$ 的系数矩阵 $\boldsymbol{A}$ 的秩为 3，已知它的三个解为 $\boldsymbol{\eta}_1$、$\boldsymbol{\eta}_2$、$\boldsymbol{\eta}_3$，其中 $\boldsymbol{\eta}_1=\begin{pmatrix}3\\-4\\1\\2\end{pmatrix}$，$\boldsymbol{\eta}_2+\boldsymbol{\eta}_3=\begin{pmatrix}4\\6\\8\\0\end{pmatrix}$，求该方程组的通解.

解： 由题意：$n=4$，$r(\boldsymbol{A})=3$，所以方程组有 $n-r(\boldsymbol{A})=1$ 个自由未知量，说明方程组 $\boldsymbol{Ax}=\boldsymbol{b}$ 的导出组的基础解系含一个解，而 $\boldsymbol{\eta}_1-\frac{1}{2}(\boldsymbol{\eta}_2+\boldsymbol{\eta}_3)=\begin{pmatrix}1\\-7\\-3\\2\end{pmatrix}$ 是其导出组的一个非零解，也就是一个基础解系，故方程组 $\boldsymbol{Ax}=\boldsymbol{b}$ 的通解为

$$\boldsymbol{x}=\boldsymbol{\eta}_1+c\left[\boldsymbol{\eta}_1-\frac{1}{2}(\boldsymbol{\eta}_2+\boldsymbol{\eta}_3)\right]=\begin{pmatrix}3\\-4\\1\\2\end{pmatrix}+c\begin{pmatrix}1\\-7\\-3\\2\end{pmatrix}\quad(c\text{ 为任意实数})$$

习　题　3－5

1. 求下列齐次线性方程组的基础解系：

(1) $\begin{cases}x_1-2x_2+4x_3-7x_4=0\\2x_1+x_2-2x_3+x_4=0\\3x_1-x_2+2x_3-4x_4=0\end{cases}$；　(2) $\begin{cases}2x_1-3x_2-2x_3+x_4=0\\3x_1+5x_2+4x_3-2x_4=0\\8x_1+7x_2+6x_3-3x_4=0\end{cases}$.

2. 求一个齐次线性方程组，使它的基础解系为：$\boldsymbol{v}_1=(0,1,2,3)^{\mathrm{T}}$，$\boldsymbol{v}_2=(3,2,1,0)^{\mathrm{T}}$.

3. 设四元非齐次线性方程组的系数矩阵的秩为 3，已知 $\boldsymbol{\eta}_1$、$\boldsymbol{\eta}_2$、$\boldsymbol{\eta}_3$ 是它的三个解，且 $\boldsymbol{\eta}_1=\begin{pmatrix}2\\3\\4\\5\end{pmatrix}$，$\boldsymbol{\eta}_2+\boldsymbol{\eta}_3=\begin{pmatrix}1\\2\\3\\4\end{pmatrix}$，求该方程组的通解.

4. 求下列非齐次线性方程组的一个解及对应的齐次线性方程组的基础解系.

(1) $\begin{cases}x_1-x_2+x_3-x_4=1\\x_1-x_2-x_3+x_4=0\\x_1-x_2-2x_3+2x_4=-\frac{1}{2}\end{cases}$；　(2) $\begin{cases}x_1+x_2=5\\2x_1+x_2+x_3+2x_4=1\\5x_1+3x_2+2x_3+2x_4=3\end{cases}$.

5. 设四元非齐次线性方程组 $\boldsymbol{Ax}=\boldsymbol{b}$ 的系数矩阵 $\boldsymbol{A}$ 的秩为 2，已知它的 3 个解

为 $\boldsymbol{\eta}_1$、$\boldsymbol{\eta}_2$、$\boldsymbol{\eta}_3$，其中 $\boldsymbol{\eta}_1=\begin{pmatrix}4\\3\\2\\1\end{pmatrix}$，$\boldsymbol{\eta}_2=\begin{pmatrix}1\\3\\5\\1\end{pmatrix}$，$\boldsymbol{\eta}_3=\begin{pmatrix}-2\\6\\3\\2\end{pmatrix}$，求该方程组的通解.

6. 设矩阵 $\boldsymbol{A}=\begin{bmatrix}1&2&1&2\\0&1&t&t\\1&t&0&1\end{bmatrix}$，齐次线性方程组 $\boldsymbol{Ax}=\boldsymbol{0}$ 的基础解系含有 2 个线性无关的解，试求方程组 $\boldsymbol{Ax}=\boldsymbol{0}$ 的通解.

7. 设 $\boldsymbol{\eta}_1,\boldsymbol{\eta}_2,\cdots,\boldsymbol{\eta}_s$ 是非齐次线性方程组 $\boldsymbol{Ax}=\boldsymbol{b}$ 的 s 个解，$k_1,k_2,\cdots,k_s$ 为实数，满足 $k_1+k_2+\cdots+k_s=1$，证明：$\boldsymbol{x}=k_1\boldsymbol{\eta}_1+k_2\boldsymbol{\eta}_2+\cdots+k_s\boldsymbol{\eta}_s$ 也是该方程组的解.

习题 3-5
参考答案

第六节　应　用　举　例

一、交通流量

例 3-27　如图 3-1 所示，某城市市区的交叉路口由两条单向车道组成，图中给出了在交通高峰时段，每小时进入和离开路口的车辆数，计算在四个交叉路口间的车辆数.

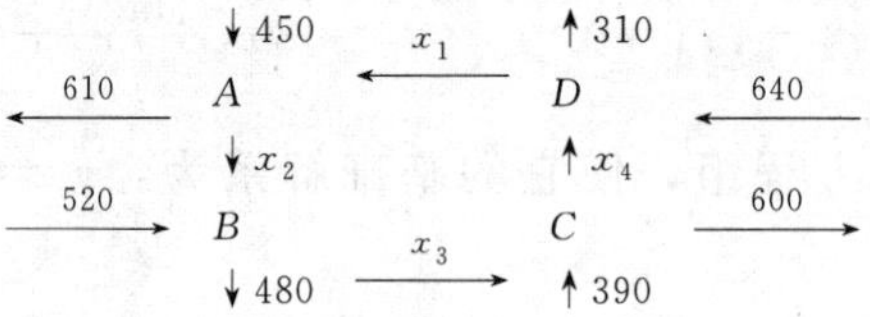

图 3-1

解：在每一个路口，必有进入的车辆数与离开的车辆数相等，因此有

$$\begin{cases}x_1+450=x_2+610\\x_2+520=x_3+480\\x_3+390=x_4+600\\x_4+640=x_1+310\end{cases}$$

即

$$\begin{cases}x_1-x_2=160\\x_2-x_3=-40\\x_3-x_4=210\\x_4-x_1=-330\end{cases}$$

此方程组的增广矩阵为

$$\left(\begin{array}{cccc:c}1 & -1 & 0 & 0 & 160\\ 0 & 1 & -1 & 0 & -40\\ 0 & 0 & 1 & -1 & 210\\ -1 & 0 & 0 & 1 & -330\end{array}\right)\xrightarrow{r_4+r_3+r_2+r_1}\left(\begin{array}{cccc:c}1 & -1 & 0 & 0 & 160\\ 0 & 1 & -1 & 0 & -40\\ 0 & 0 & 1 & -1 & 210\\ 0 & 0 & 0 & 0 & 0\end{array}\right)\xrightarrow{r_1+r_2}$$

$$\left(\begin{array}{cccc:c}1 & 0 & -1 & 0 & 120\\ 0 & 1 & -1 & 0 & -40\\ 0 & 0 & 1 & -1 & 210\\ 0 & 0 & 0 & 0 & 0\end{array}\right)\xrightarrow[r_2+r_3]{r_1+r_3}\left(\begin{array}{cccc:c}1 & 0 & 0 & -1 & 330\\ 0 & 1 & 0 & -1 & 170\\ 0 & 0 & 1 & -1 & 210\\ 0 & 0 & 0 & 0 & 0\end{array}\right)$$

设 $x_4=c$，得通解为

$$\begin{pmatrix}x_1\\x_2\\x_3\\x_4\end{pmatrix}=c\begin{pmatrix}1\\1\\1\\1\end{pmatrix}+\begin{pmatrix}330\\170\\210\\0\end{pmatrix}\quad(c\in\mathbf{Z}^+)$$

交通示意图并没有给出足够的信息来唯一地确定 x_1、x_2、x_3、x_4，如果知道在某一路口的车辆数，则其他路口的车辆数即可求得.

二、空间解析几何上的应用

例 3－28　设在空间坐标系上有 3 个平面，方程分别为

$$\Pi_1:x+2y+z-a=0$$

$$\Pi_2:2x+5y+3z-b=0$$

$$\Pi_3:x-3y-az-a+b=0$$

问：在何种情况下三个平面无公共点？三个平面相交于一点？三个平面相交于一条直线？

解： 构造线性方程组：

$$\begin{cases}x+2y+z=a\\ 2x+5y+3z=b\\ x-3y-az=a-b\end{cases}$$

将其增广矩阵化为行最简形矩阵：

$$\left(\begin{array}{ccc:c}1 & 2 & 1 & a\\ 2 & 5 & 3 & b\\ 1 & -3 & -a & a-b\end{array}\right)\xrightarrow[r_3-r_1]{r_2-2r_1}\left(\begin{array}{ccc:c}1 & 2 & 1 & a\\ 0 & 1 & 1 & b-2a\\ 0 & -5 & -a-1 & -b\end{array}\right)\xrightarrow{r_3+5r_2}$$

$$\left(\begin{array}{ccc:c}1 & 2 & 1 & a \\ 0 & 1 & 1 & b-2a \\ 0 & 0 & 4-a & 4b-10a\end{array}\right) \xrightarrow{r_1-2r_2} \left(\begin{array}{ccc:c}1 & 0 & -1 & 5a-2b \\ 0 & 1 & 1 & b-2a \\ 0 & 0 & 4-a & 4b-10a\end{array}\right)$$

于是得出

当 $a=4$，$b\neq 10$ 时，$r(\boldsymbol{A})=2\neq r(\boldsymbol{B})=3$，方程组无解，则三个平面无公共点.

当 $a\neq 4$ 时，$r(\boldsymbol{A})=r(\boldsymbol{B})=3$，方程组有唯一解，则三个平面相交于一点.

当 $a=4$，$b=10$ 时，$r(\boldsymbol{A})=r(\boldsymbol{B})=2$，方程组有一个自由变量，则三个平面相交于一条直线.

三、古代数学典籍中的线性方程组

自从“方程”出现在数学著作中以后，关于线性方程组的问题与解法在我国数学教育中连绵不绝，薪火相传.

《九章算术》在数学理论上达到高峰，却不是一部入门教材，其受教育对象是太学中的学生，所以普通人很难见到，此后成书于四五世纪的《孙子算经》则填补了此处的空白，其作为启蒙算书，以浅显易懂而广为人知和传播，其中著名的第三十一问如下.

今有雉、兔同笼，上有三十五头，下有九十四足，问：雉、兔各几何？答曰：雉二十三，兔一十二. 术曰：上置三十五头，下置九十四足，半其足，得四十七，以少减多，再命之，上三除下四，上五除下七，下有一除上三，下有二除上五，即得.

用矩阵表示：$\begin{pmatrix}35\\94\end{pmatrix}\to\begin{pmatrix}35\\47\end{pmatrix}\to\begin{pmatrix}35\\12\end{pmatrix}\to\begin{pmatrix}23\\12\end{pmatrix}\begin{matrix}\text{雉}\\\text{兔}\end{matrix}$

该题可用方程术，但作者却是用假设法：若全为雉，则应有 $\frac{94}{2}=47$ 头，而实际上有 35 头，多了 12 个头，正好是兔子的头数，因为一只兔子 4 条腿，是雉的两倍，则雉的头数是 $35-\left(\frac{94}{2}-35\right)=23$.

如果设雉为 x，兔为 y，则用线性方程组可表示为

$$\begin{cases}x+y=35 & ①\\ 2x+4y=94 & ②\end{cases}$$

“半其足”相当于式②两边同时除以 2，得

$$x+2y=47 \quad ③$$

“以少减多”即用式③－式①，得

$$x=12 \quad ④$$

“下有一除上三，下有二除上五”即用式①－式④得 $y=23$.

第四章　相似矩阵及二次型

特征值和特征向量在线性代数中扮演着重要的角色，无论是在数学理论研究中，还是在工程应用中，都有广泛的应用．它们在矩阵对角化、线性方程组的解、数据降维和图像处理等领域都能够发挥重要作用．本章主要讨论方阵的特征值、特征向量及方阵的相似对角化和二次型的化简等问题．

第一节　向量的内积

在解析几何中，我们学习了二维和三维空间中的长度，数量积和垂直等概念，本书将把这些概念推广到 n 维向量．通过引入内积，在向量空间上增加结构的概念，例如，在 $\mathbf{R}^2$ 中，定义两个向量 $\boldsymbol{x}$，$\boldsymbol{y}$ 的内积为 $\boldsymbol{x}^{\mathrm{T}}\boldsymbol{y}$，$\mathbf{R}^2$ 中的向量可以认为是从原点出发的有向线段．一般地，设 V 为定义了内积的空间，若 V 中的两个向量的内积为零，则称它们正交，可以将正交理解为定义了内积的向量空间中垂直概念的推广．

一、向量的内积

定义 4－1（向量的内积） 设 n 维向量 $\boldsymbol{x}=(x_1,x_2,\cdots,x_n)^{\mathrm{T}}$，$\boldsymbol{y}=(y_1,y_2,\cdots,y_n)^{\mathrm{T}}$，称 $(\boldsymbol{x},\boldsymbol{y})=x_1y_1+x_2y_2+\cdots+x_ny_n=\boldsymbol{x}^{\mathrm{T}}\boldsymbol{y}$ 为向量 $\boldsymbol{x}$ 与 $\boldsymbol{y}$ 的内积．

例如，$\boldsymbol{x}=\begin{pmatrix}3\\-2\\1\end{pmatrix}$，$\boldsymbol{y}=\begin{pmatrix}4\\3\\2\end{pmatrix}$，则

$$(\boldsymbol{x},\boldsymbol{y})=\boldsymbol{x}^{\mathrm{T}}\boldsymbol{y}=(3,-2,1)\begin{pmatrix}4\\3\\2\end{pmatrix}=3\times4+(-2)\times3+1\times2=8$$

由此可知，内积是向量的一种运算，其结果是一个实数，特别地，当 $n=2$，$n=3$ 时，内积即为解析几何中的数量积（或点积，点乘）．

由定义 4－1 易得内积具有下列性质（$\boldsymbol{x}$，$\boldsymbol{y}$，$\boldsymbol{z}$ 为 n 维向量，λ_1，$\lambda_2\in\mathbf{R}$）：

（1）$(\boldsymbol{x},\boldsymbol{x})\geqslant0$，其中等号成立的充要条件是 $\boldsymbol{x}=\mathbf{0}$．

(2) $(\boldsymbol{x},\boldsymbol{y})=(\boldsymbol{y},\boldsymbol{x})$.

(3) $(\lambda_1\boldsymbol{x}+\lambda_2\boldsymbol{y},\boldsymbol{z})=\lambda_1(\boldsymbol{x},\boldsymbol{z})+\lambda_2(\boldsymbol{y},\boldsymbol{z})$.

下面利用内积定义向量的长度和夹角.

定义 4-2（向量的长度） 令 $\|\boldsymbol{x}\|=\sqrt{(\boldsymbol{x},\boldsymbol{x})}=\sqrt{x_1^2+x_2^2+\cdots+x_n^2}$，称 $\|\boldsymbol{x}\|$ 为 n 维向量 $\boldsymbol{x}$ 的长度（或范数）.

向量的长度具有以下性质：

(1) $\|\boldsymbol{x}\|\geqslant 0$，其中等号成立的充要条件是 $\boldsymbol{x}=\boldsymbol{0}$.

(2) $\|\lambda\boldsymbol{x}\|=|\lambda|\,\|\boldsymbol{x}\|$，($\lambda$ 为实数).

(3) $\|\boldsymbol{x}+\boldsymbol{y}\|\leqslant\|\boldsymbol{x}\|+\|\boldsymbol{y}\|$（三角不等式）.

当 $\|\boldsymbol{x}\|=1$ 时，称 $\boldsymbol{x}$ 为单位向量. 当 $\boldsymbol{x}\neq\boldsymbol{0}$ 时，称 $\dfrac{\boldsymbol{x}}{\|\boldsymbol{x}\|}$ 为 $\boldsymbol{x}$ 的单位向量，这个过程叫作向量 $\boldsymbol{x}$ 的单位化.

定义 4-3（两向量的夹角） 当 $\boldsymbol{x}\neq\boldsymbol{0}$，$\boldsymbol{y}\neq\boldsymbol{0}$ 时，称 $\theta=\arccos\dfrac{(\boldsymbol{x},\boldsymbol{y})}{\|\boldsymbol{x}\|\|\boldsymbol{y}\|}$ $(0\leqslant\theta\leqslant\pi)$ 为 n 维向量 $\boldsymbol{x}$ 与 $\boldsymbol{y}$ 的夹角.

若 $(\boldsymbol{x},\boldsymbol{y})=0$，则称向量 $\boldsymbol{x}$ 与 $\boldsymbol{y}$ **正交**，记为 $\boldsymbol{x}\perp\boldsymbol{y}$.

例如，$\boldsymbol{x}=\begin{pmatrix}1\\0\\0\end{pmatrix}$，$\boldsymbol{y}=\begin{pmatrix}0\\1\\1\end{pmatrix}$，显然 $(\boldsymbol{x},\boldsymbol{y})=0$，所以 $\boldsymbol{x}$ 与 $\boldsymbol{y}$ **正交**.

例 4-1 求向量 $\boldsymbol{x}=(1,2,2,3)^{\mathrm{T}}$ 与 $\boldsymbol{y}=(3,1,5,1)^{\mathrm{T}}$ 的夹角.

解：

$$(\boldsymbol{x},\boldsymbol{y})=1\times3+2\times1+2\times5+3\times1=18$$

$$\|\boldsymbol{x}\|=\sqrt{1^2+2^2+2^2+3^2}=3\sqrt{2}，\|\boldsymbol{y}\|=\sqrt{3^2+1^2+5^2+1^2}=6$$

所以夹角 $\theta=\arccos\dfrac{(\boldsymbol{x},\boldsymbol{y})}{\|\boldsymbol{x}\|\|\boldsymbol{y}\|}=\arccos\dfrac{18}{3\sqrt{2}\times6}=\arccos\dfrac{\sqrt{2}}{2}=\dfrac{\pi}{4}$.

二、向量组的正交规范化

定义 4-4（正交向量组） 两两正交的非零向量组 $\boldsymbol{\alpha}_1,\boldsymbol{\alpha}_2,\cdots,\boldsymbol{\alpha}_r$ 称为正交向量组.

例 4-2 已知三维向量空间 $\mathbf{R}^3$ 中的两个向量 $\boldsymbol{\alpha}_1=\begin{pmatrix}1\\1\\1\end{pmatrix}$、$\boldsymbol{\alpha}_2=\begin{pmatrix}1\\-2\\1\end{pmatrix}$ 正交，试求一个非零向量 $\boldsymbol{\alpha}_3$，使 $\boldsymbol{\alpha}_1$、$\boldsymbol{\alpha}_2$、$\boldsymbol{\alpha}_3$ 两两正交.

解： 设 $\boldsymbol{\alpha}_3=\begin{pmatrix}x_1\\x_2\\x_3\end{pmatrix}$，由 $\boldsymbol{\alpha}_3$ 与 $\boldsymbol{\alpha}_1$、$\boldsymbol{\alpha}_2$ 正交，得 $\begin{cases}x_1+\ \ x_2+x_3=0\\x_1-2x_2+x_3=0\end{cases}$，上述方程组的系数矩阵为 $\boldsymbol{A}=\begin{pmatrix}1&1&1\\1&-2&1\end{pmatrix}\to\begin{pmatrix}1&1&1\\0&-3&0\end{pmatrix}\to\begin{pmatrix}1&0&1\\0&1&0\end{pmatrix}$，得 $\begin{cases}x_1=-x_3\\x_2=0\end{cases}$，从而有基础解系 $\begin{pmatrix}-1\\0\\1\end{pmatrix}$，取 $\boldsymbol{\alpha}_3=\begin{pmatrix}-1\\0\\1\end{pmatrix}$ 即为所求.

正交向量组有如下重要性质.

定理 4－1　正交向量组 $\boldsymbol{\alpha}_1,\boldsymbol{\alpha}_2,\cdots,\boldsymbol{\alpha}_r$ 线性无关.

证明： 设 $\boldsymbol{\alpha}_1,\boldsymbol{\alpha}_2,\cdots,\boldsymbol{\alpha}_r$ 为两两正交的非零向量组，若存在一组数 $k_1,k_2,\cdots,k_r$，使 $k_1\boldsymbol{\alpha}_1+k_2\boldsymbol{\alpha}_2+\cdots+k_r\boldsymbol{\alpha}_r=\boldsymbol{0}$，上式两端同时与 $\boldsymbol{\alpha}_j$ 作内积，得

$$k_1(\boldsymbol{\alpha}_1,\boldsymbol{\alpha}_j)+k_2(\boldsymbol{\alpha}_2,\boldsymbol{\alpha}_j)+\cdots+k_r(\boldsymbol{\alpha}_r,\boldsymbol{\alpha}_j)=0\quad(1\leqslant j\leqslant r)$$

因为 $(\boldsymbol{\alpha}_i,\boldsymbol{\alpha}_j)=0(i\neq j)$，则 $k_j\|\boldsymbol{\alpha}_j\|^2=0$，所以 $k_j=0(j=1,2,\cdots,r)$，即向量组 $\boldsymbol{\alpha}_1,\boldsymbol{\alpha}_2,\cdots,\boldsymbol{\alpha}_r$ 线性无关.

定义 4－5（标准正交基）　设 n 维向量 $\boldsymbol{e}_1,\boldsymbol{e}_2,\cdots,\boldsymbol{e}_r$ 是向量空间 $V(V\subset\mathbf{R}^n)$ 的一组基*，若 $\boldsymbol{e}_1,\boldsymbol{e}_2,\cdots,\boldsymbol{e}_r$ 两两正交，且都是单位向量，则称 $\boldsymbol{e}_1,\boldsymbol{e}_2,\cdots,\boldsymbol{e}_r$ 是向量空间 V 的一组标准正交基.

例如，$\boldsymbol{e}_1=(1,0,\cdots,0)^{\mathrm{T}}$，$\boldsymbol{e}_2=(0,1,\cdots,0)^{\mathrm{T}},\cdots,\boldsymbol{e}_n=(0,0,\cdots,1)^{\mathrm{T}}$ 是 $\mathbf{R}^n$ 中的一组标准正交基.

向量在标准正交基中的坐标计算公式如下.

设 $\boldsymbol{e}_1,\boldsymbol{e}_2,\cdots,\boldsymbol{e}_r$ 是向量空间 V 的一组标准正交基，那么 V 中任一向量 $\boldsymbol{\alpha}$ 可由 $\boldsymbol{e}_1,\boldsymbol{e}_2,\cdots,\boldsymbol{e}_r$ 线性表示，即存在一组数 $\lambda_1,\lambda_2,\cdots,\lambda_r$，使

$$\boldsymbol{\alpha}=\lambda_1\boldsymbol{e}_1+\lambda_2\boldsymbol{e}_2+\cdots+\lambda_r\boldsymbol{e}_r$$

为求其中的系数 λ_i，可由 $\boldsymbol{e}_i^{\mathrm{T}}$ 左乘上式，因为 $(\boldsymbol{e}_i,\boldsymbol{e}_j)=0(i\neq j)$，故 $\boldsymbol{e}_i^{\mathrm{T}}\boldsymbol{\alpha}=\lambda_i\boldsymbol{e}_i^{\mathrm{T}}\boldsymbol{e}_i=\lambda_i$，即 $\lambda_i=\boldsymbol{e}_i^{\mathrm{T}}\boldsymbol{\alpha}=(\boldsymbol{e}_i,\boldsymbol{\alpha})$（$i=1$，2，…，$r$）.
利用这个公式能方便地求得向量 $\boldsymbol{\alpha}$ 在标准正交基 $\boldsymbol{e}_1,\boldsymbol{e}_2,\cdots,\boldsymbol{e}_r$ 下的坐标. 因此，在给向量空间取基时常常取标准正交基.

一般情况下，线性无关的向量组，未必是正交向量组，所以现在的问题是如何将线性无关的向量组变成与之等价的标准正交基？这就是下面要介绍的施密特

施密特正交化

* 线性空间、基参见第五章第一节、第二节.

正交化方法.

设向量组 $\boldsymbol{\alpha}_1,\boldsymbol{\alpha}_2,\cdots,\boldsymbol{\alpha}_r$ 线性无关，令

$$\boldsymbol{\beta}_1=\boldsymbol{\alpha}_1$$

$$\boldsymbol{\beta}_2=\boldsymbol{\alpha}_2-\frac{(\boldsymbol{\beta}_1,\boldsymbol{\alpha}_2)}{(\boldsymbol{\beta}_1,\boldsymbol{\beta}_1)}\boldsymbol{\beta}_1$$

$$\boldsymbol{\beta}_3=\boldsymbol{\alpha}_3-\frac{(\boldsymbol{\beta}_1,\boldsymbol{\alpha}_3)}{(\boldsymbol{\beta}_1,\boldsymbol{\beta}_1)}\boldsymbol{\beta}_1-\frac{(\boldsymbol{\beta}_2,\boldsymbol{\alpha}_3)}{(\boldsymbol{\beta}_2,\boldsymbol{\beta}_2)}\boldsymbol{\beta}_2$$

$$\vdots$$

$$\boldsymbol{\beta}_r=\boldsymbol{\alpha}_r-\frac{(\boldsymbol{\beta}_1,\boldsymbol{\alpha}_r)}{(\boldsymbol{\beta}_1,\boldsymbol{\beta}_1)}\boldsymbol{\beta}_1-\frac{(\boldsymbol{\beta}_2,\boldsymbol{\alpha}_r)}{(\boldsymbol{\beta}_2,\boldsymbol{\beta}_2)}\boldsymbol{\beta}_2-\cdots-\frac{(\boldsymbol{\beta}_{r-1},\boldsymbol{\alpha}_r)}{(\boldsymbol{\beta}_{r-1},\boldsymbol{\beta}_{r-1})}\boldsymbol{\beta}_{r-1}$$

可以验证 $\boldsymbol{\beta}_1,\boldsymbol{\beta}_2,\cdots,\boldsymbol{\beta}_r$ 两两正交，且与 $\boldsymbol{\alpha}_1,\boldsymbol{\alpha}_2,\cdots,\boldsymbol{\alpha}_r$ 可以相互线性表示，则 $\boldsymbol{\beta}_1,\boldsymbol{\beta}_2,\cdots,\boldsymbol{\beta}_r$ 是与 $\boldsymbol{\alpha}_1,\boldsymbol{\alpha}_2,\cdots,\boldsymbol{\alpha}_r$ 等价的正交向量组.

再令 $\boldsymbol{e}_1=\dfrac{\boldsymbol{\beta}_1}{\|\boldsymbol{\beta}_1\|},\boldsymbol{e}_2=\dfrac{\boldsymbol{\beta}_2}{\|\boldsymbol{\beta}_2\|},\cdots,\boldsymbol{e}_r=\dfrac{\boldsymbol{\beta}_r}{\|\boldsymbol{\beta}_r\|}$，则 $\boldsymbol{e}_1,\boldsymbol{e}_2,\cdots,\boldsymbol{e}_r$ 是与 $\boldsymbol{\alpha}_1,\boldsymbol{\alpha}_2,\cdots,\boldsymbol{\alpha}_r$ 等价的单位正交向量组.

上述过程称为向量组 $\boldsymbol{\alpha}_1,\boldsymbol{\alpha}_2,\cdots,\boldsymbol{\alpha}_r$ 的单位正交化过程，是由施密特提出的，故称为施密特正交化方法.

例 4-3 设 $\boldsymbol{\alpha}_1=\begin{pmatrix}1\\1\\1\end{pmatrix}$，$\boldsymbol{\alpha}_2=\begin{pmatrix}1\\2\\3\end{pmatrix}$，$\boldsymbol{\alpha}_3=\begin{pmatrix}1\\4\\9\end{pmatrix}$，试用施密特正交化方法把这组向量单位正交化.

解： 取

$$\boldsymbol{\beta}_1=\boldsymbol{\alpha}_1=\begin{pmatrix}1\\1\\1\end{pmatrix}$$

$$\boldsymbol{\beta}_2=\boldsymbol{\alpha}_2-\frac{(\boldsymbol{\beta}_1,\boldsymbol{\alpha}_2)}{(\boldsymbol{\beta}_1,\boldsymbol{\beta}_1)}\boldsymbol{\beta}_1=\begin{pmatrix}1\\2\\3\end{pmatrix}-2\begin{pmatrix}1\\1\\1\end{pmatrix}=\begin{pmatrix}-1\\0\\1\end{pmatrix}$$

$$\boldsymbol{\beta}_3=\boldsymbol{\alpha}_3-\frac{(\boldsymbol{\beta}_1,\boldsymbol{\alpha}_3)}{(\boldsymbol{\beta}_1,\boldsymbol{\beta}_1)}\boldsymbol{\beta}_1-\frac{(\boldsymbol{\beta}_2,\boldsymbol{\alpha}_3)}{(\boldsymbol{\beta}_2,\boldsymbol{\beta}_2)}\boldsymbol{\beta}_2=\begin{pmatrix}1\\4\\9\end{pmatrix}-\frac{14}{3}\begin{pmatrix}1\\1\\1\end{pmatrix}-\frac{8}{2}\begin{pmatrix}-1\\0\\1\end{pmatrix}=\frac{1}{3}\begin{pmatrix}1\\-2\\1\end{pmatrix}$$

再把它们单位化，取

$$e_1=\frac{\beta_1}{\|\beta_1\|}=\frac{1}{\sqrt{3}}\begin{pmatrix}1\\1\\1\end{pmatrix},\ e_2=\frac{\beta_2}{\|\beta_2\|}=\frac{1}{\sqrt{2}}\begin{pmatrix}-1\\0\\1\end{pmatrix},\ e_3=\frac{\beta_3}{\|\beta_3\|}=\frac{\sqrt{6}}{6}\begin{pmatrix}1\\-2\\1\end{pmatrix}$$

所以 e_1、e_2、e_3 即为所求.

三、正交矩阵

定义 4-6（正交矩阵） 若 n 阶矩阵 A 满足 $A^{T}A=E$（即 $A^{-1}=A^{T}$），则称 A 为正交矩阵，简称正交阵.

由正交矩阵的定义可得以下性质：

（1）若 A 是正交矩阵，则 $|A|=1$ 或 $|A|=-1$.

（2）若 A 是正交矩阵，则 A^{T}，A^{-1}，A^{*} 也是正交矩阵.

（3）若 A，B 均是正交矩阵，则 AB 也是正交矩阵.

将 $A^{T}A=E$ 用 A 的列向量表示，得

$$\begin{pmatrix}\alpha_1^{T}\\\alpha_2^{T}\\\vdots\\\alpha_n^{T}\end{pmatrix}(\alpha_1,\alpha_2,\cdots,\alpha_n)=E$$

这也就是 n^2 个关系式：

$$\alpha_i^{T}\alpha_j=\begin{cases}1, & i=j\\0, & i\neq j\end{cases}\quad(i,j=1,2,\cdots,n)$$

故而可得

（1）方阵 A 为正交矩阵的充要条件是 A 的列向量都是单位向量，且两两正交.

（2）上式的结论对 A 的行向量也成立.

（3）n 阶正交矩阵 A 的 n 个列（行）向量构成向量空间 $\mathbf{R}^n$ 的一组标准正交基.

例如，下列矩阵均为正交矩阵：

$$A=\begin{pmatrix}0&-1\\-1&0\end{pmatrix},\ B=\begin{pmatrix}\cos\theta&-\sin\theta\\\sin\theta&\cos\theta\end{pmatrix},\ C=\begin{pmatrix}\frac{1}{2}&-\frac{1}{2}&\frac{1}{2}&-\frac{1}{2}\\\frac{1}{2}&-\frac{1}{2}&-\frac{1}{2}&\frac{1}{2}\\\frac{1}{\sqrt{2}}&\frac{1}{\sqrt{2}}&0&0\\0&0&\frac{1}{\sqrt{2}}&\frac{1}{\sqrt{2}}\end{pmatrix}$$

例 4-4　验证矩阵 $\boldsymbol{A}=\begin{pmatrix} \frac{1}{2} & -\frac{1}{2} & \frac{1}{2} & \frac{1}{2} \\ -\frac{1}{2} & \frac{1}{2} & \frac{1}{2} & \frac{1}{2} \\ \frac{1}{2} & \frac{1}{2} & -\frac{1}{2} & \frac{1}{2} \\ \frac{1}{2} & \frac{1}{2} & \frac{1}{2} & -\frac{1}{2} \end{pmatrix}$ 是正交矩阵.

证明： $\boldsymbol{A}$ 的每个列向量都是单位向量，且两两正交，所以 $\boldsymbol{A}$ 是正交矩阵.

习　题　4-1

1. 已知 $\boldsymbol{a}=\begin{pmatrix} 3 \\ -1 \\ -5 \end{pmatrix}$，$\boldsymbol{b}=\begin{pmatrix} 6 \\ -2 \\ 3 \end{pmatrix}$，求（1）$\frac{(\boldsymbol{a},\boldsymbol{b})}{(\boldsymbol{b},\boldsymbol{b})}\boldsymbol{b}$；（2）$\|\boldsymbol{b}\|$.

2. 令 $\boldsymbol{a}=\begin{pmatrix} \frac{4}{3} \\ -1 \\ \frac{2}{3} \end{pmatrix}$，$\boldsymbol{b}=\begin{pmatrix} 5 \\ 6 \\ -1 \end{pmatrix}$，（1）计算向量 $\boldsymbol{a}$ 的单位向量 $\boldsymbol{c}$；（2）证明向量 $\boldsymbol{a}$ 与向量 $\boldsymbol{b}$ 正交；（3）$\boldsymbol{b}$ 与 $\boldsymbol{c}$ 是否正交？

3. 判别下列向量组是否正交：

（1）$\boldsymbol{a}=\begin{pmatrix} 8 \\ -5 \end{pmatrix}$，$\boldsymbol{b}=\begin{pmatrix} -2 \\ -3 \end{pmatrix}$；（2）$\boldsymbol{u}=\begin{pmatrix} 12 \\ 3 \\ -5 \end{pmatrix}$，$\boldsymbol{v}=\begin{pmatrix} 2 \\ -3 \\ 3 \end{pmatrix}$.

4. 试用施密特正交化方法把下列向量组正交化：

$$\boldsymbol{\alpha}_1=\begin{pmatrix} 1 \\ 0 \\ -1 \\ 1 \end{pmatrix},\ \boldsymbol{\alpha}_2=\begin{pmatrix} 1 \\ -1 \\ 0 \\ 1 \end{pmatrix},\ \boldsymbol{\alpha}_3=\begin{pmatrix} -1 \\ 1 \\ 1 \\ 0 \end{pmatrix}$$

5. 已知向量 $\boldsymbol{\alpha}_1=(1,2,3)^{\mathrm{T}}$，求非零向量 $\boldsymbol{\alpha}_2$，$\boldsymbol{\alpha}_3$，使 $\boldsymbol{\alpha}_1$，$\boldsymbol{\alpha}_2$，$\boldsymbol{\alpha}_3$ 为三维向量空间的一组正交基.

6. 下列矩阵是不是正交矩阵？说明理由.

(1) $\begin{pmatrix} \frac{1}{9} & -\frac{8}{9} & -\frac{4}{9} \\ -\frac{8}{9} & \frac{1}{9} & -\frac{4}{9} \\ -\frac{4}{9} & -\frac{4}{9} & \frac{7}{9} \end{pmatrix}$；(2) $\begin{pmatrix} 0 & 0 & 1 \\ -\frac{\sqrt{2}}{2} & \frac{\sqrt{2}}{2} & 0 \\ \frac{\sqrt{2}}{2} & -\frac{\sqrt{2}}{2} & 0 \end{pmatrix}$.

习题 4－1
参考答案

第二节　特征值与特征向量

特征值在生活中是非常普遍的. 例如，只要有振动，就有特征值，即扰动的自然频率；工程师在设计建筑物的时候，关心的是建筑物振动的频率，这在地震多发的地方是至关重要的.

一、特征值和特征向量的概念

特征值与
特征向量
的概念

设 $\boldsymbol{A}$ 为 n 阶方阵，$\boldsymbol{\alpha}$ 为 n 维非零列向量，则 $\boldsymbol{A\alpha}$ 也是列向量，那么 $\boldsymbol{A\alpha}$ 和 $\boldsymbol{\alpha}$ 有什么关系呢？从表面上看不出什么关系. 其实 $\boldsymbol{A\alpha}$ 只是矩阵 $\boldsymbol{A}$ 对向量 $\boldsymbol{\alpha}$ 进行了一个线性变换，观察如下例子.

设 $\boldsymbol{A}=\begin{pmatrix} 3 & 1 \\ 5 & -1 \end{pmatrix}$，(1) $\boldsymbol{\alpha}_1=\begin{pmatrix} 1 \\ 2 \end{pmatrix}$，$\boldsymbol{A\alpha}_1=\begin{pmatrix} 5 \\ 3 \end{pmatrix}$，$\boldsymbol{\alpha}_2=\begin{pmatrix} 1 \\ 0 \end{pmatrix}$，$\boldsymbol{A\alpha}_2=\begin{pmatrix} 3 \\ 5 \end{pmatrix}$；

(2) $\boldsymbol{\alpha}_3=\begin{pmatrix} 1 \\ 1 \end{pmatrix}$，$\boldsymbol{A\alpha}_3=\begin{pmatrix} 4 \\ 4 \end{pmatrix}$，$\boldsymbol{\alpha}_4=\begin{pmatrix} -1 \\ 5 \end{pmatrix}$，$\boldsymbol{A\alpha}_4=\begin{pmatrix} 2 \\ -10 \end{pmatrix}$.

由上面的例子可以看出，对于方阵 $\boldsymbol{A}$，线性变换 $\boldsymbol{A\alpha}$ 可能会把向量 $\boldsymbol{\alpha}$ 往各种方向移动，如 (1)；但其中存在一些特殊的向量，保持了某种不变性（变成了与自身共线的向量），如 (2) 中，$\boldsymbol{A\alpha}_3=4\boldsymbol{\alpha}_3$，$\boldsymbol{A\alpha}_4=-2\boldsymbol{\alpha}_4$.

定义 4－7（特征值与特征向量） 设 $\boldsymbol{A}$ 是 n 阶方阵，如果存在数 λ 和非零列向量 $\boldsymbol{p}$，使 $\boldsymbol{Ap}=\lambda\boldsymbol{p}$，则称 λ 为 $\boldsymbol{A}$ 的一个特征值，称非零列向量 $\boldsymbol{p}$ 为 $\boldsymbol{A}$ 的对应于特征值 λ 的特征向量.

注： ①特征向量是非零向量；②特征值和特征向量是相伴出现的.

例 4－5 设 $\boldsymbol{A}=\begin{pmatrix} 3 & 2 \\ 3 & -2 \end{pmatrix}$，$\boldsymbol{p}_1=\begin{pmatrix} 2 \\ 1 \end{pmatrix}$ 和 $\boldsymbol{p}_2=\begin{pmatrix} 3 \\ -1 \end{pmatrix}$，问 $\boldsymbol{p}_1$ 和 $\boldsymbol{p}_2$ 是否为 $\boldsymbol{A}$ 的特征向量？

解： $\boldsymbol{Ap}_1=\begin{pmatrix} 3 & 2 \\ 3 & -2 \end{pmatrix}\begin{pmatrix} 2 \\ 1 \end{pmatrix}=\begin{pmatrix} 8 \\ 4 \end{pmatrix}=4\begin{pmatrix} 2 \\ 1 \end{pmatrix}=4\boldsymbol{p}_1$

$$\boldsymbol{Ap}_2=\begin{pmatrix} 3 & 2 \\ 3 & -2 \end{pmatrix}\begin{pmatrix} 3 \\ -1 \end{pmatrix}=\begin{pmatrix} 7 \\ 11 \end{pmatrix}\neq\lambda\begin{pmatrix} 3 \\ -1 \end{pmatrix}$$

因此，$\boldsymbol{p}_1$ 是 $\boldsymbol{A}$ 的对应于特征值 4 的特征向量，但 $\boldsymbol{A}\boldsymbol{p}_2$ 不是 $\boldsymbol{p}_2$ 的倍数，所以 $\boldsymbol{p}_2$ 不是 $\boldsymbol{A}$ 的特征向量.

二、特征值与特征向量的求法

方程 $\boldsymbol{A}\boldsymbol{p}=\lambda\boldsymbol{p}$ 可写为 $(\boldsymbol{A}-\lambda\boldsymbol{E})\boldsymbol{p}=\boldsymbol{0}$，这是包含 n 个未知量、n 个方程的齐次线性方程组，它有非零解的充要条件是 $|\boldsymbol{A}-\lambda\boldsymbol{E}|=0$，即

$$\begin{vmatrix} a_{11}-\lambda & a_{12} & \cdots & a_{1n} \\ a_{21} & a_{22}-\lambda & \cdots & a_{2n} \\ \vdots & \vdots & & \vdots \\ a_{n1} & a_{n2} & \cdots & a_{nn}-\lambda \end{vmatrix}=0$$

$|\boldsymbol{A}-\lambda\boldsymbol{E}|$ 是一个关于 λ 的 n 次多项式，称为 $\boldsymbol{A}$ 的**特征多项式**. $|\boldsymbol{A}-\lambda\boldsymbol{E}|=0$ 是以 λ 为未知数的一元 n 次方程，称为 $\boldsymbol{A}$ 的**特征方程**.

如果对重根也计数，则特征方程有 n 个根，因此 n 阶方阵 $\boldsymbol{A}$ 在复数域内有 n 个特征值.

由此可见，求方阵 $\boldsymbol{A}$ 的特征值与特征向量的步骤如下：

(1) 求特征方程 $|\boldsymbol{A}-\lambda\boldsymbol{E}|=0$ 的全部根，即 $\boldsymbol{A}$ 的全部特征值.

(2) 求出特征值后，将这些特征值逐一代入齐次线性方程组 $(\boldsymbol{A}-\lambda\boldsymbol{E})\boldsymbol{x}=\boldsymbol{0}$，解出所有非零解，就是对应于各特征值的全部特征向量.

例 4-6　求矩阵 $\boldsymbol{A}=\begin{pmatrix} 3 & 2 \\ 3 & -2 \end{pmatrix}$ 的特征值和特征向量.

解： 特征方程为

$$|\boldsymbol{A}-\lambda\boldsymbol{E}|=\begin{vmatrix} 3-\lambda & 2 \\ 3 & -2-\lambda \end{vmatrix}=(3-\lambda)(-2-\lambda)-6=\lambda^2-\lambda-12=(\lambda+3)(\lambda-4)=0$$

得 $\boldsymbol{A}$ 的特征值为 $\lambda_1=-3$，$\lambda_2=4$.

当 $\lambda_1=-3$ 时，解方程组 $(\boldsymbol{A}+3\boldsymbol{E})\boldsymbol{x}=\boldsymbol{0}$，由

$$\boldsymbol{A}+3\boldsymbol{E}=\begin{pmatrix} 6 & 2 \\ 3 & 1 \end{pmatrix}\rightarrow\begin{pmatrix} 1 & \frac{1}{3} \\ 0 & 0 \end{pmatrix}$$

得基础解系 $\boldsymbol{\xi}_1=\begin{pmatrix} 1 \\ -3 \end{pmatrix}$，因此 $k_1\boldsymbol{\xi}_1=k_1\begin{pmatrix} 1 \\ -3 \end{pmatrix}$ $(k_1\neq0)$ 是对应于 $\lambda_1=-3$ 的全部特征向量.

当 $\lambda_2=4$ 时，解方程组 $(\boldsymbol{A}-4\boldsymbol{E})\boldsymbol{x}=\boldsymbol{0}$，由

$$\boldsymbol{A}-4\boldsymbol{E}=\begin{pmatrix} -1 & 2 \\ 3 & -6 \end{pmatrix}\rightarrow\begin{pmatrix} 1 & -2 \\ 0 & 0 \end{pmatrix}$$

得基础解系 $\boldsymbol{\xi}_2=\begin{pmatrix}2\\1\end{pmatrix}$，因此 $k_2\boldsymbol{\xi}_2=k_2\begin{pmatrix}2\\1\end{pmatrix}(k_2\neq 0)$ 是对应于 $\lambda_2=4$ 的全部特征向量.

例 4－7　求矩阵 $\boldsymbol{A}=\begin{pmatrix}2&-3&1\\1&-2&1\\1&-3&2\end{pmatrix}$ 的特征值和特征向量.

解： 特征方程为

$$|\boldsymbol{A}-\lambda\boldsymbol{E}|=\begin{vmatrix}2-\lambda&-3&1\\1&-2-\lambda&1\\1&-3&2-\lambda\end{vmatrix}=-\lambda(\lambda-1)^2=0$$

得 $\boldsymbol{A}$ 的特征值为 $\lambda_1=0$，$\lambda_2=\lambda_3=1$.

当 $\lambda_1=0$ 时，解方程组 $\boldsymbol{Ax}=\mathbf{0}$，由

$$\boldsymbol{A}=\begin{pmatrix}2&-3&1\\1&-2&1\\1&-3&2\end{pmatrix}\to\begin{pmatrix}1&0&-1\\0&1&-1\\0&0&0\end{pmatrix}$$

得基础解系 $\boldsymbol{\xi}_1=\begin{pmatrix}1\\1\\1\end{pmatrix}$，因此 $k_1\boldsymbol{\xi}_1(k_1\neq 0)$ 是对应于 $\lambda_1=0$ 的全部特征向量.

当 $\lambda_2=\lambda_3=1$ 时，解方程组 $(\boldsymbol{A}-\boldsymbol{E})\boldsymbol{x}=\mathbf{0}$，由 $\boldsymbol{A}-\boldsymbol{E}=\begin{pmatrix}1&-3&1\\1&-3&1\\1&-3&1\end{pmatrix}\to\begin{pmatrix}1&-3&1\\0&0&0\\0&0&0\end{pmatrix}$

得基础解系 $\boldsymbol{\xi}_2=\begin{pmatrix}3\\1\\0\end{pmatrix}$，$\boldsymbol{\xi}_3=\begin{pmatrix}-1\\0\\1\end{pmatrix}$，因此 $k_2\boldsymbol{\xi}_2+k_3\boldsymbol{\xi}_3$（$k_2$、$k_3$ 不同时为零）是对应于 $\lambda_2=\lambda_3=1$ 的全部特征向量.

例 4－8　求矩阵 $\boldsymbol{A}=\begin{pmatrix}-1&1&0\\-4&3&0\\1&0&2\end{pmatrix}$ 的特征值和特征向量.

解： 特征方程为

$$|\boldsymbol{A}-\lambda\boldsymbol{E}|=\begin{vmatrix}-1-\lambda&1&0\\-4&3-\lambda&0\\1&0&2-\lambda\end{vmatrix}=(2-\lambda)(1-\lambda)^2=0$$

得矩阵 $\boldsymbol{A}$ 的特征值为 $\lambda_1=2$，$\lambda_2=\lambda_3=1$.

当 $\lambda_1=2$ 时，解方程组 $(\boldsymbol{A}-2\boldsymbol{E})\boldsymbol{x}=\boldsymbol{0}$，由 $\boldsymbol{A}-2\boldsymbol{E}=\begin{pmatrix}-3&1&0\\-4&1&0\\1&0&0\end{pmatrix}\rightarrow\begin{pmatrix}1&0&0\\0&1&0\\0&0&0\end{pmatrix}$，

得基础解系 $\boldsymbol{\xi}_1=\begin{pmatrix}0\\0\\1\end{pmatrix}$，因此 $k_1\boldsymbol{\xi}_1(k_1\neq0)$ 是对应于 $\lambda_1=2$ 的全部特征向量.

当 $\lambda_2=\lambda_3=1$ 时，解方程组 $(\boldsymbol{A}-\boldsymbol{E})\boldsymbol{x}=\boldsymbol{0}$，由 $\boldsymbol{A}-\boldsymbol{E}=\begin{pmatrix}-2&1&0\\-4&2&0\\1&0&1\end{pmatrix}\rightarrow\begin{pmatrix}1&0&1\\0&1&2\\0&0&0\end{pmatrix}$，

得基础解系 $\boldsymbol{\xi}_2=\begin{pmatrix}-1\\-2\\1\end{pmatrix}$，因此 $k_2\boldsymbol{\xi}_2(k_2\neq0)$ 是对应于 $\lambda_2=\lambda_3=1$ 的全部特征向量.

由以上例 4-7、例 4-8 可见，例 4-7 中的特征值 1 与例 4-8 中的特征值 1 都是相应特征方程的二重根，但例 4-7 中的特征值 1 有两个线性无关的特征向量，而例 4-8 中的特征值 1 只有一个线性无关的特征向量. 一般地，n 阶矩阵 $\boldsymbol{A}$ 必有 n 个特征值（重根按重数计算），单根的特征值必有一个线性无关的特征向量，但对于 r 重根的特征值，其对应的线性无关的特征向量的个数，有可能为 r 个，也有可能少于 r 个，这由矩阵 $\boldsymbol{A}$ 的结构确定.

三、特征值与特征向量的性质

性质 4-1 若 n 阶矩阵 $\boldsymbol{A}=(a_{ij})$ 有特征值 $\lambda_1,\lambda_2,\cdots,\lambda_n$，则有

(1) $\lambda_1\lambda_2\cdots\lambda_n=|A|$.

(2) $\lambda_1+\lambda_2+\cdots+\lambda_n=a_{11}+a_{22}+\cdots+a_{nn}$.

$\boldsymbol{A}$ 的主对角元素的和称为 $\boldsymbol{A}$ 的迹，记为 $\mathrm{tr}(\boldsymbol{A})$，即 $\mathrm{tr}(\boldsymbol{A})=\sum_{i=1}^{n}\lambda_i=\sum_{i=1}^{n}a_{ii}$.

性质 4-2 设 λ 是 n 阶矩阵 $\boldsymbol{A}$ 的特征值，则

(1) $k\lambda$ 是 $k\boldsymbol{A}$ 的特征值，k 为非零实数.

(2) λ^m 是 $\boldsymbol{A}^m$ 的特征值.

(3) λ 是 $\boldsymbol{A}^{\mathrm{T}}$ 的特征值.

(4) 若 $\boldsymbol{A}$ 可逆，则 λ^{-1} 是 $\boldsymbol{A}^{-1}$ 的特征值.

证明： 证明 (2)、(4)，而将 (1)、(3) 留给读者作为练习.

设 $\boldsymbol{x}$ 是 $\boldsymbol{A}$ 的对应于 λ 的特征向量.

(2) $\boldsymbol{A}^m\boldsymbol{x}=\boldsymbol{A}^{m-1}(\boldsymbol{A}\boldsymbol{x})=\boldsymbol{A}^{m-1}(\lambda\boldsymbol{x})=\lambda\boldsymbol{A}^{m-1}\boldsymbol{x}=\lambda\boldsymbol{A}^{m-2}(\boldsymbol{A}\boldsymbol{x})=\lambda^2\boldsymbol{A}^{m-2}\boldsymbol{x}=\cdots=\lambda^m\boldsymbol{x}$. 即 λ^m 是 $\boldsymbol{A}^m$ 的特征值.

类似地，可得以下结论：

若 λ 是 $\boldsymbol{A}$ 的特征值，则 $f(\lambda)$ 是 $f(\boldsymbol{A})$ 的特征值，其中 $f(\lambda)=a_m\lambda^m+\cdots+a_1\lambda+a_0$ 是关于 λ 的多项式，$f(\boldsymbol{A})=a_m\boldsymbol{A}^m+\cdots+a_1\boldsymbol{A}+a_0\boldsymbol{E}$ 是关于矩阵 $\boldsymbol{A}$ 的多项式.

(4) 若 $\boldsymbol{A}$ 可逆，由性质 4-1 中 (1) 的 $\prod_{i=1}^{n}\lambda_i=|\boldsymbol{A}|\neq 0$，知 $\lambda_i\neq 0(i=1,2,\cdots,n)$，用 $\boldsymbol{A}^{-1}$ 左乘 $\boldsymbol{A}\boldsymbol{x}=\lambda\boldsymbol{x}$ 两端，得 $\boldsymbol{A}^{-1}(\boldsymbol{A}\boldsymbol{x})=\boldsymbol{A}^{-1}(\lambda\boldsymbol{x})$，则 $\boldsymbol{x}=\boldsymbol{A}^{-1}(\lambda\boldsymbol{x})=\lambda(\boldsymbol{A}^{-1}\boldsymbol{x})$，所以 $\boldsymbol{A}^{-1}\boldsymbol{x}=\lambda^{-1}\boldsymbol{x}$，即 λ^{-1} 是 $\boldsymbol{A}^{-1}$ 的特征值.

例 4-9 设 3 阶矩阵 $\boldsymbol{A}$ 的特征值为 1、2、-3，求 $|\boldsymbol{A}^*+3\boldsymbol{A}+2\boldsymbol{E}|$.

解： 因为 $\boldsymbol{A}$ 的特征值为 1、2、-3，全不为零，所以 $\boldsymbol{A}$ 可逆.

而 $\boldsymbol{A}^*=|\boldsymbol{A}|\boldsymbol{A}^{-1}$，$|\boldsymbol{A}|=\lambda_1\lambda_2\lambda_3=1\times 2\times(-3)=-6$，故 $\boldsymbol{A}^*+3\boldsymbol{A}+2\boldsymbol{E}=-6\boldsymbol{A}^{-1}+3\boldsymbol{A}+2\boldsymbol{E}$，其特征值为 $f(\lambda)=-\dfrac{6}{\lambda}+3\lambda+2$，则 $f(\lambda_1)=-6+3+2=-1$，$f(\lambda_2)=-3+6+2=5$，$f(\lambda_3)=2-9+2=-5$，所以

$$|\boldsymbol{A}^*+3\boldsymbol{A}+2\boldsymbol{E}|=(-1)\times 5\times(-5)=25$$

定理 4-2 设 $\lambda_1,\lambda_2,\cdots,\lambda_m$ 是 n 阶矩阵 $\boldsymbol{A}$ 的 m 个互不相同的特征值，$\boldsymbol{p}_1,\boldsymbol{p}_2,\cdots,\boldsymbol{p}_m$ 是 $\boldsymbol{A}$ 的依次与之对应的特征向量，则 $\boldsymbol{p}_1,\boldsymbol{p}_2,\cdots,\boldsymbol{p}_m$ 线性无关.

证明： 用数学归纳法证明.

当 $m=1$ 时，因特征向量 $\boldsymbol{p}_1\neq\boldsymbol{0}$，故只含有一个非零向量的向量组必线性无关. 假设当 $k=m-1$ 时结论成立，要证当 $k=m$ 时结论成立. 即假设向量组 $\boldsymbol{p}_1,\boldsymbol{p}_2,\cdots,\boldsymbol{p}_{m-1}$ 线性无关.

下面证明向量组 $\boldsymbol{p}_1,\boldsymbol{p}_2,\cdots,\boldsymbol{p}_m$ 线性无关.

设存在一组数 $k_1,k_2,\cdots,k_m$，使

$$k_1\boldsymbol{p}_1+k_2\boldsymbol{p}_2+\cdots+k_m\boldsymbol{p}_m=\boldsymbol{0} \quad ①$$

用 $\boldsymbol{A}$ 左乘上式两端，得

$$k_1\boldsymbol{A}\boldsymbol{p}_1+k_2\boldsymbol{A}\boldsymbol{p}_2+\cdots+k_m\boldsymbol{A}\boldsymbol{p}_m=\boldsymbol{0} \quad ②$$

即

$$k_1\lambda_1\boldsymbol{p}_1+k_2\lambda_2\boldsymbol{p}_2+\cdots+k_m\lambda_m\boldsymbol{p}_m=\boldsymbol{0} \quad ③$$

式③减去式①的 λ_m 倍，得

$$k_1(\lambda_1-\lambda_m)\boldsymbol{p}_1+k_2(\lambda_2-\lambda_m)\boldsymbol{p}_2+\cdots+k_{m-1}(\lambda_{m-1}-\lambda_m)\boldsymbol{p}_{m-1}=\boldsymbol{0}$$

由归纳假设知 $\boldsymbol{p}_1,\boldsymbol{p}_2,\cdots,\boldsymbol{p}_{m-1}$ 线性无关，因此 $k_i(\lambda_i-\lambda_m)=0(i=1,2,\cdots,m-1)$. 又 $\lambda_i-\lambda_m\neq 0(i=1,2,\cdots,m-1)$，从而得 $k_i=0$，$(i=1,2,\cdots,m-1)$，代入式①得 $k_m=0$，因此 $\boldsymbol{p}_1,\boldsymbol{p}_2,\cdots,\boldsymbol{p}_m$ 线性无关.

习　题　4-2

1. $\lambda=2$ 是 $\begin{pmatrix}3 & 2\\3 & 8\end{pmatrix}$ 的特征值吗？为什么？

2. $\begin{pmatrix}4\\-3\\1\end{pmatrix}$ 是 $\begin{pmatrix}3 & 7 & 9\\-4 & -5 & 1\\2 & 4 & 4\end{pmatrix}$ 的特征向量吗？如果是，求对应的特征值.

3. 求下列矩阵的特征值和特征向量：

(1) $\begin{pmatrix}3 & 1\\5 & -1\end{pmatrix}$；(2) $\begin{pmatrix}2 & 1\\-1 & 4\end{pmatrix}$；(3) $\begin{pmatrix}-2 & 1 & 1\\0 & 2 & 0\\-4 & 1 & 3\end{pmatrix}$；(4) $\begin{pmatrix}-2 & 0 & 1\\1 & 0 & -1\\0 & 1 & -1\end{pmatrix}$.

4. 设矩阵 $\boldsymbol{A}=\begin{pmatrix}6 & 2 & 4\\a & b & 2\\4 & 2 & 6\end{pmatrix}$ 的特征值为 2、11、2，求 a、b 的值.

5. 已知 $\boldsymbol{\xi}=\begin{pmatrix}1\\1\\-1\end{pmatrix}$ 是矩阵 $\boldsymbol{A}=\begin{pmatrix}2 & -1 & 2\\5 & a & 3\\-1 & b & -2\end{pmatrix}$ 的一个特征向量，求 a、b 的值及特征向量 $\boldsymbol{\xi}$ 所对应的特征值.

6. 设三阶矩阵 $\boldsymbol{A}$ 的特征值为 1、-1、2，求行列式：

(1) $|\boldsymbol{A}^3+2\boldsymbol{A}^2-5\boldsymbol{E}|$；(2) $|\boldsymbol{A}^*+3\boldsymbol{A}-2\boldsymbol{E}|$.

7. 设 $\boldsymbol{A}$ 为一个 2×2 矩阵，若 $\mathrm{tr}(\boldsymbol{A})=8$，$\det(\boldsymbol{A})=12$，求 $\boldsymbol{A}$ 的特征值.

8. 设矩阵 $\boldsymbol{A}$ 满足方程 $\boldsymbol{A}^2-3\boldsymbol{A}+2\boldsymbol{E}=\boldsymbol{O}$，其中 $\boldsymbol{E}$ 为单位矩阵，证明：$\boldsymbol{A}$ 的特征值只能取 1 或 2.

9. 已知矩阵 $\boldsymbol{A}=\begin{pmatrix}0 & 0 & 1\\x & 1 & 0\\1 & 0 & 0\end{pmatrix}$ 有 3 个线性无关的特征向量，求 x 的值.

习题 4-2
参考答案

10. 设 $\boldsymbol{A}$ 为正交矩阵，且 $|\boldsymbol{A}|=-1$，证明：$\lambda=-1$ 是 $\boldsymbol{A}$ 的特征值.

第三节　相似矩阵与矩阵对角化

对角矩阵是最简单的一类矩阵，其在理论和应用方面都具有重要意义.

一、相似矩阵的定义及性质

定义 4-8（相似矩阵）　设 $\boldsymbol{A}$，$\boldsymbol{B}$ 是 n 阶方阵，若存在可逆矩阵 $\boldsymbol{P}$，使 $\boldsymbol{P}^{-1}\boldsymbol{A}\boldsymbol{P}=\boldsymbol{B}$，则称 $\boldsymbol{B}$ 是 $\boldsymbol{A}$ 的相似矩阵，或称 $\boldsymbol{A}$ 与 $\boldsymbol{B}$ 相似.

对 $\boldsymbol{A}$ 进行 $\boldsymbol{P}^{-1}\boldsymbol{AP}$ 运算，称为对 $\boldsymbol{A}$ 进行相似变换，称可逆矩阵 $\boldsymbol{P}$ 为把 $\boldsymbol{A}$ 变成 $\boldsymbol{B}$ 的相似变换矩阵.

例如，上节例 4-6 中的矩阵 $\boldsymbol{A}=\begin{pmatrix}3 & 2\\3 & -2\end{pmatrix}$ 的特征值为 4、-3，对应的特征向量为 $\boldsymbol{p}_1=\begin{pmatrix}2\\1\end{pmatrix}$，$\boldsymbol{p}_2=\begin{pmatrix}1\\-3\end{pmatrix}$，$\boldsymbol{Ap}_1=4\boldsymbol{p}_1$，$\boldsymbol{Ap}_2=-3\boldsymbol{p}_2$.

令 $\boldsymbol{P}=(\boldsymbol{p}_1,\boldsymbol{p}_2)=\begin{pmatrix}2 & 1\\1 & -3\end{pmatrix}$，则

$$\boldsymbol{P}^{-1}=\frac{1}{7}\begin{pmatrix}3 & 1\\1 & -2\end{pmatrix}$$

$$\boldsymbol{P}^{-1}\boldsymbol{AP}=\frac{1}{7}\begin{pmatrix}3 & 1\\1 & -2\end{pmatrix}\begin{pmatrix}3 & 2\\3 & -2\end{pmatrix}\begin{pmatrix}2 & 1\\1 & -3\end{pmatrix}=\begin{pmatrix}4 & 0\\0 & -3\end{pmatrix}=\boldsymbol{B}$$

$\boldsymbol{A}$ 与 $\boldsymbol{B}$ 相似.

定理 4-3　若 n 阶方阵 $\boldsymbol{A}$ 与 $\boldsymbol{B}$ 相似，则

（1）$r(\boldsymbol{A})=r(\boldsymbol{B})$.

（2）$\boldsymbol{A}$ 与 $\boldsymbol{B}$ 的特征多项式相同，从而 $\boldsymbol{A}$ 与 $\boldsymbol{B}$ 的特征值也相同，$\boldsymbol{A}$ 与 $\boldsymbol{B}$ 的行列式也相等.

证明：只证（2）. 因为 $\boldsymbol{A}$ 与 $\boldsymbol{B}$ 相似，则存在可逆矩阵 $\boldsymbol{P}$，使 $\boldsymbol{P}^{-1}\boldsymbol{AP}=\boldsymbol{B}$，故
$|\boldsymbol{B}-\lambda\boldsymbol{E}|=|\boldsymbol{P}^{-1}\boldsymbol{AP}-\boldsymbol{P}^{-1}(\lambda\boldsymbol{E})\boldsymbol{P}|=|\boldsymbol{P}^{-1}(\boldsymbol{A}-\lambda\boldsymbol{E})\boldsymbol{P}|=|\boldsymbol{P}^{-1}||\boldsymbol{A}-\lambda\boldsymbol{E}||\boldsymbol{P}|=|\boldsymbol{A}-\lambda\boldsymbol{E}|$

即 $\boldsymbol{A}$ 与 $\boldsymbol{B}$ 的特征多项式相同，从而特征值也相同，行列式也相等.

推论 4-1　若 n 阶方阵 $\boldsymbol{A}$ 与对角矩阵 $\boldsymbol{\Lambda}=\begin{pmatrix}\lambda_1 & & \\ & \ddots & \\ & & \lambda_n\end{pmatrix}$ 相似，则 $\lambda_1,\lambda_2,\cdots,\lambda_n$ 是 $\boldsymbol{A}$ 的 n 个特征值.

例 4-10　设矩阵 $\boldsymbol{A}=\begin{pmatrix}2 & 0 & 0\\0 & a & 2\\0 & 2 & 3\end{pmatrix}$，$\boldsymbol{B}=\begin{pmatrix}2 & 0 & 0\\0 & 1 & 0\\0 & 0 & b\end{pmatrix}$，已知 $\boldsymbol{A}$ 与 $\boldsymbol{B}$ 相似，求 a、b 的值.

解：由相似矩阵有相同的特征值及特征值的性质知，$\mathrm{tr}(\boldsymbol{A})=\mathrm{tr}(\boldsymbol{B})$，$|\boldsymbol{A}|=|\boldsymbol{B}|$，得

$$\begin{cases}2+a+3=2+1+b\\2(3a-4)=2b\end{cases}$$

即

$$\begin{cases} b-a=2 \\ 3a-b=4 \end{cases}$$

解得 $a=3$，$b=5$.

二、矩阵相似对角化的条件

由于相似变换矩阵 $\boldsymbol{P}$ 的任意性，所以与 $\boldsymbol{A}$ 相似的矩阵 $\boldsymbol{B}$ 有无穷多个，在这无穷多个矩阵中存在一种简单的矩阵——对角矩阵 $\boldsymbol{\Lambda}$. 因为相似矩阵有许多共同性质，所以如果 $\boldsymbol{A}$ 与对角矩阵 $\boldsymbol{\Lambda}$ 相似，就可以从对 $\boldsymbol{\Lambda}$ 的研究中推导出 $\boldsymbol{A}$ 的相关性质，简化某些运算.

下面要讨论的问题是：什么样的矩阵才能与对角矩阵 $\boldsymbol{\Lambda}$ 相似？如果相似，如何寻找相似变换矩阵 $\boldsymbol{P}$，使 $\boldsymbol{P}^{-1}\boldsymbol{AP}=\boldsymbol{\Lambda}$？这个过程称为把矩阵 $\boldsymbol{A}$ 相似对角化（简称对角化）.

定理 4-4 n 阶矩阵 $\boldsymbol{A}$ 与对角矩阵 $\boldsymbol{\Lambda}$ 相似的充要条件是 $\boldsymbol{A}$ 有 n 个线性无关的特征向量.

证明： 充分性：设矩阵 $\boldsymbol{A}$ 有 n 个线性无关的特征向量 $\boldsymbol{p}_1,\boldsymbol{p}_2,\cdots,\boldsymbol{p}_n$，$\lambda_i$ 为 $\boldsymbol{A}$ 的对应于 $\boldsymbol{p}_i$ 的特征值，则 $\boldsymbol{Ap}_i=\lambda_i\boldsymbol{p}_i$（$i=1, 2, \cdots, n$）.

令 $\boldsymbol{P}=(\boldsymbol{p}_1,\boldsymbol{p}_2,\cdots,\boldsymbol{p}_n)$，于是

$$\begin{aligned} \boldsymbol{AP} &=\boldsymbol{A}(\boldsymbol{p}_1,\boldsymbol{p}_2,\cdots,\boldsymbol{p}_n)=(\boldsymbol{Ap}_1,\boldsymbol{Ap}_2,\cdots,\boldsymbol{Ap}_n)=(\lambda_1\boldsymbol{p}_1,\lambda_2\boldsymbol{p}_2,\cdots,\lambda_n\boldsymbol{p}_n) \\ &=(\boldsymbol{p}_1,\boldsymbol{p}_2,\cdots,\boldsymbol{p}_n)\begin{pmatrix} \lambda_1 & & \\ & \ddots & \\ & & \lambda_n \end{pmatrix}=\boldsymbol{P\Lambda} \end{aligned}$$

由 $\boldsymbol{P}$ 有 n 个线性无关的列向量，可得 $\boldsymbol{P}$ 可逆，因此

$$\boldsymbol{P}^{-1}\boldsymbol{AP}=\boldsymbol{\Lambda}=\begin{pmatrix} \lambda_1 & & \\ & \ddots & \\ & & \lambda_n \end{pmatrix}$$

即 $\boldsymbol{A}$ 相似于对角矩阵 $\boldsymbol{\Lambda}$.

必要性：若矩阵 $\boldsymbol{A}$ 与对角矩阵 $\boldsymbol{\Lambda}$ 相似，则存在 n 阶可逆矩阵 $\boldsymbol{P}$，使得 $\boldsymbol{P}^{-1}\boldsymbol{AP}=\boldsymbol{\Lambda}$，设 $\boldsymbol{P}=(\boldsymbol{p}_1,\boldsymbol{p}_2,\cdots,\boldsymbol{p}_n)$，则由 $\boldsymbol{P}^{-1}\boldsymbol{AP}=\boldsymbol{\Lambda}$，得 $\boldsymbol{AP}=\boldsymbol{P\Lambda}$，即

$$\boldsymbol{A}(\boldsymbol{p}_1,\boldsymbol{p}_2,\cdots,\boldsymbol{p}_n)=(\boldsymbol{p}_1,\boldsymbol{p}_2,\cdots,\boldsymbol{p}_n)\begin{pmatrix} \lambda_1 & & \\ & \ddots & \\ & & \lambda_n \end{pmatrix}$$

$$\boldsymbol{Ap}_i=\lambda_i\boldsymbol{p}_i \quad (i=1,2,\cdots,n)$$

因为 $\boldsymbol{P}$ 可逆，则 $|\boldsymbol{P}|\neq 0$，得 $\boldsymbol{p}_i(i=1,2,\cdots,n)$ 均是非零向量，故 $\boldsymbol{p}_1,\boldsymbol{p}_2,\cdots,\boldsymbol{p}_n$ 都是 $\boldsymbol{A}$ 的特征向量，且它们线性无关.

由以上证明过程，可得将矩阵对角化的步骤：

(1) 求出矩阵 $\boldsymbol{A}$ 的全部特征值 $\lambda_1,\lambda_2,\cdots,\lambda_n$（重根按重数计算）.

(2) 对不同的 λ_i，求出 λ_i 对应的特征向量.

(3) 若能求出 n 个线性无关的特征向量 $\boldsymbol{p}_1,\boldsymbol{p}_2,\cdots,\boldsymbol{p}_n$，则以这些特征向量为列向量，构成可逆矩阵 $\boldsymbol{P}=(\boldsymbol{p}_1,\boldsymbol{p}_2,\cdots,\boldsymbol{p}_n)$.

(4) 用对应的特征值构造矩阵 $\boldsymbol{\Lambda}$，即有 $\boldsymbol{P}^{-1}\boldsymbol{A}\boldsymbol{P}=\boldsymbol{\Lambda}=\begin{pmatrix}\lambda_1 & & \\ & \ddots & \\ & & \lambda_n\end{pmatrix}$（其中 $\lambda_1,\lambda_2,\cdots,\lambda_n$ 要和 $\boldsymbol{p}_1,\boldsymbol{p}_2,\cdots,\boldsymbol{p}_n$ 对应）.

例 4－11　已知矩阵 $\boldsymbol{A}$ 的特征值为 $\lambda_1=1$ 和 $\lambda_2=-4$，对应于 λ_1、λ_2，有特征向量 $\boldsymbol{p}_1=\begin{pmatrix}3\\1\end{pmatrix}$ 和 $\boldsymbol{p}_2=\begin{pmatrix}1\\2\end{pmatrix}$，求 $\boldsymbol{A}$.

解：令 $\boldsymbol{P}=(\boldsymbol{p}_1,\boldsymbol{p}_2)=\begin{pmatrix}3 & 1\\1 & 2\end{pmatrix}$，可得 $\boldsymbol{P}^{-1}=\begin{pmatrix}\frac{2}{5} & -\frac{1}{5}\\ -\frac{1}{5} & \frac{3}{5}\end{pmatrix}$，又 $\boldsymbol{\Lambda}=\begin{pmatrix}\lambda_1 & 0\\0 & \lambda_2\end{pmatrix}=\begin{pmatrix}1 & 0\\0 & -4\end{pmatrix}$，所以 $\boldsymbol{A}=\boldsymbol{P}\boldsymbol{\Lambda}\boldsymbol{P}^{-1}=\begin{pmatrix}3 & 1\\1 & 2\end{pmatrix}\begin{pmatrix}1 & 0\\0 & -4\end{pmatrix}\begin{pmatrix}\frac{2}{5} & -\frac{1}{5}\\ --\frac{1}{5} & \frac{3}{5}\end{pmatrix}=\begin{pmatrix}2 & -3\\2 & -5\end{pmatrix}$.

例 4－12　问矩阵 $\boldsymbol{A}=\begin{pmatrix}2 & -3 & 1\\1 & -2 & 1\\1 & -3 & 2\end{pmatrix}$ 是否可对角化？若可对角化，求出可逆矩阵 $\boldsymbol{P}$，使 $\boldsymbol{P}^{-1}\boldsymbol{A}\boldsymbol{P}=\boldsymbol{\Lambda}$.

解：由例 4－7 知，$\boldsymbol{A}$ 有 3 个特征值：$\lambda_1=0$，$\lambda_2=\lambda_3=1$，对应于 $\lambda_1=0$ 的特征向量为 $\boldsymbol{p}_1=\begin{pmatrix}1\\1\\1\end{pmatrix}$，对应于 $\lambda_2=\lambda_3=1$ 的线性无关的特征向量为

$$\boldsymbol{p}_2=\begin{pmatrix}3\\1\\0\end{pmatrix},\ \boldsymbol{p}_3=\begin{pmatrix}-1\\0\\1\end{pmatrix}$$

由于 $\boldsymbol{A}$ 有三个线性无关的特征向量，故 $\boldsymbol{A}$ 可对角化．令 $\boldsymbol{P}=(\boldsymbol{p}_1,\boldsymbol{p}_2,\boldsymbol{p}_3)=\begin{pmatrix}1&3&-1\\1&1&0\\1&0&1\end{pmatrix}$，$\boldsymbol{\Lambda}=\begin{pmatrix}0&0&0\\0&1&0\\0&0&1\end{pmatrix}$，则必有 $\boldsymbol{P}^{-1}\boldsymbol{A}\boldsymbol{P}=\boldsymbol{\Lambda}$.

要注意的是，对角矩阵 $\boldsymbol{\Lambda}$ 并不唯一，事实上，随着 $\boldsymbol{P}$ 的列向量先后顺序的变化，对角矩阵 $\boldsymbol{\Lambda}$ 的对角元的先后顺序也应作相应的调整.

推论 4-2　如果 n 阶矩阵 $\boldsymbol{A}$ 的 n 个特征值互不相同，则 $\boldsymbol{A}$ 与对角矩阵 $\boldsymbol{\Lambda}$ 相似.

当方阵 $\boldsymbol{A}$ 的特征方程有重根时，就不一定有 n 个线性无关的特征向量，从而其不一定可对角化.

当方阵 $\boldsymbol{A}$ 的每个特征值的重数与该特征值对应的线性无关的特征向量的个数相等时，方阵 $\boldsymbol{A}$ 可对角化.

习　题　4-3

1. 已知 $\boldsymbol{A}=\begin{pmatrix}4&-3\\2&-1\end{pmatrix}$，求 $\boldsymbol{A}^8$.

2. 设 $\boldsymbol{A}=\boldsymbol{P}\boldsymbol{\Lambda}\boldsymbol{P}^{-1}$，$\boldsymbol{P}=\begin{pmatrix}5&7\\2&3\end{pmatrix}$，$\boldsymbol{\Lambda}=\begin{pmatrix}2&0\\0&1\end{pmatrix}$，求 $\boldsymbol{A}^4$.

3. 设 $\boldsymbol{A}=\begin{pmatrix}-3&12\\-2&7\end{pmatrix}$，$\boldsymbol{p}_1=\begin{pmatrix}3\\1\end{pmatrix}$，$\boldsymbol{p}_2=\begin{pmatrix}2\\1\end{pmatrix}$，若已知 $\boldsymbol{p}_1$ 和 $\boldsymbol{p}_2$ 是 $\boldsymbol{A}$ 的特征向量，将 $\boldsymbol{A}$ 对角化.

4. 下列矩阵是否可对角化？如果可对角化，求出可逆矩阵 $\boldsymbol{P}$ 和对角矩阵 $\boldsymbol{\Lambda}$，使 $\boldsymbol{P}^{-1}\boldsymbol{A}\boldsymbol{P}=\boldsymbol{\Lambda}$.

(1) $\begin{pmatrix}1&0\\6&-1\end{pmatrix}$；(2) $\begin{pmatrix}3&-1\\1&5\end{pmatrix}$；(3) $\begin{pmatrix}4&0&0\\1&4&0\\0&0&5\end{pmatrix}$；(4) $\begin{pmatrix}-1&4&-2\\-3&4&0\\-3&1&3\end{pmatrix}$.

5. 构造一个非零的二阶可逆但不可对角化的矩阵.

6. 设矩阵 $\boldsymbol{A}=\begin{pmatrix}2&0&1\\3&1&x\\4&0&5\end{pmatrix}$ 可对角化，求 x.

7. 已知 $\boldsymbol{p}=\begin{pmatrix}1\\1\\-1\end{pmatrix}$ 是矩阵 $\boldsymbol{A}=\begin{pmatrix}2&-1&2\\5&a&3\\-1&b&-2\end{pmatrix}$ 的一个特征向量，判别 $\boldsymbol{A}$ 能否

相似对角化？并说明理由.

8. 设 $\boldsymbol{A}=\begin{pmatrix}1 & 4 & 2\\0 & -3 & 4\\0 & 4 & 3\end{pmatrix}$，求 $\boldsymbol{A}^{100}$.

9. 某城市有 15 万人具有本科以上学历，其中 1.5 万人是教师，据调查，平均每年有 10%的人从教师职业转为其他职业，只有 1%的人从其他职业转为教师职业，试预测 n 年后这 15 万人中还有多少教师.

10. 已知 $\boldsymbol{A}=\begin{pmatrix}-2 & 0 & 0\\2 & x & 2\\3 & 1 & 1\end{pmatrix}$ 与 $\boldsymbol{B}=\begin{pmatrix}-1 & 0 & 0\\0 & 2 & 0\\0 & 0 & y\end{pmatrix}$ 相似，(1) 求 x、y 的值；(2) 求可逆矩阵 $\boldsymbol{P}$，使 $\boldsymbol{P}^{-1}\boldsymbol{AP}=\boldsymbol{B}$.

11. 设 $\boldsymbol{A}$ 与 $\boldsymbol{B}$ 都是 n 阶方阵，且 $\boldsymbol{A}$ 可逆，证明：$\boldsymbol{AB}$ 与 $\boldsymbol{BA}$ 相似.

习题 4-3
参考答案

第四节　实对称矩阵的对角化

由上节讨论知，一般的方阵不一定可对角化，那么，一个 n 阶矩阵具备什么条件才有 n 个线性无关的特征向量，才可对角化？这是一个较复杂的问题，对此不进行一般性讨论，只讨论 $\boldsymbol{A}$ 为实对称矩阵的情形，实对称矩阵具有许多一般矩阵所没有的特殊性质.

一、实对称矩阵的特征值和特征向量的性质

定理 4-5　实对称矩阵的特征值皆为实数.

定理 4-6　实对称矩阵的不同特征值所对应的特征向量是相互正交的.

证明： 设 λ_1、λ_2 是实对称矩阵 $\boldsymbol{A}$ 的两个特征值且 $\lambda_1\neq\lambda_2$，$\boldsymbol{p}_1$、$\boldsymbol{p}_2$ 是对应的特征向量，则 $\boldsymbol{Ap}_1=\lambda_1\boldsymbol{p}_1$，$\boldsymbol{Ap}_2=\lambda_2\boldsymbol{p}_2$，由 $\boldsymbol{Ap}_1=\lambda_1\boldsymbol{p}_1$ 转置得 $\boldsymbol{p}_1^{\mathrm{T}}\boldsymbol{A}^{\mathrm{T}}=\lambda_1\boldsymbol{p}_1^{\mathrm{T}}$，所以 $\lambda_1\boldsymbol{p}_1^{\mathrm{T}}\boldsymbol{p}_2=\boldsymbol{p}_1^{\mathrm{T}}\boldsymbol{A}^{\mathrm{T}}\boldsymbol{p}_2=\boldsymbol{p}_1^{\mathrm{T}}(\boldsymbol{Ap}_2)=\boldsymbol{p}_1^{\mathrm{T}}(\lambda_2\boldsymbol{p}_2)=\lambda_2\boldsymbol{p}_1^{\mathrm{T}}\boldsymbol{p}_2$，故 $(\lambda_1-\lambda_2)\boldsymbol{p}_1^{\mathrm{T}}\boldsymbol{p}_2=0$，因为 $\lambda_1\neq\lambda_2$，所以 $\boldsymbol{p}_1^{\mathrm{T}}\boldsymbol{p}_2=0$，即 $\boldsymbol{p}_1$ 与 $\boldsymbol{p}_2$ 正交.

定理 4-7　若 λ 是实对称矩阵 $\boldsymbol{A}$ 的 r 重特征值，则对应特征值 λ 恰有 r 个线性无关的特征向量.（证明略）

对于实对称矩阵，可以得到以下定理.

定理 4-8　实对称矩阵 $\boldsymbol{A}$ 一定可对角化，即存在正交矩阵 $\boldsymbol{P}$，使 $\boldsymbol{P}^{-1}\boldsymbol{AP}=\boldsymbol{\Lambda}$，其中 $\boldsymbol{\Lambda}$ 是以 $\boldsymbol{A}$ 的 n 个特征值为主对角元素的对角矩阵.

二、实对称矩阵的对角化的计算方法

依据定理 4-7 和定理 4-8，可得下述把实对称矩阵 $\boldsymbol{A}$ 对角化的步骤：

（1）求出 $\boldsymbol{A}$ 的全部互不相等的特征值 $\lambda_1,\lambda_2,\cdots,\lambda_s$.

（2）对于每一个特征值 λ_i，求 $(\boldsymbol{A}-\lambda_i\boldsymbol{E})\boldsymbol{x}=\boldsymbol{0}$ 的基础解系.

（3）将基础解系中的向量正交化、单位化.

（4）将这些单位向量构成正交矩阵 $\boldsymbol{P}$，使 $\boldsymbol{P}^{-1}\boldsymbol{AP}=\boldsymbol{\Lambda}$，注意 $\boldsymbol{\Lambda}$ 中主对角元素的排列次序应与 $\boldsymbol{P}$ 中列向量的排列次序对应.

例 4-13　设 $\boldsymbol{A}=\begin{pmatrix}0&-1&1\\-1&0&1\\1&1&0\end{pmatrix}$，求一个正交矩阵 $\boldsymbol{P}$，使 $\boldsymbol{P}^{-1}\boldsymbol{AP}=\boldsymbol{\Lambda}$ 为对角矩阵.

解：由

$$|\boldsymbol{A}-\lambda\boldsymbol{E}|=\begin{vmatrix}-\lambda&-1&1\\-1&-\lambda&1\\1&1&-\lambda\end{vmatrix}\xlongequal{r_1-r_2}\begin{vmatrix}1-\lambda&\lambda-1&0\\-1&-\lambda&1\\1&1&-\lambda\end{vmatrix}\xlongequal{c_2+c_1}\begin{vmatrix}1-\lambda&0&0\\-1&-\lambda-1&1\\1&2&-\lambda\end{vmatrix}$$

$$=(1-\lambda)(\lambda^2+\lambda-2)=-(\lambda-1)^2(\lambda+2)=0$$

得 $\boldsymbol{A}$ 的特征值为 $\lambda_1=-2$，$\lambda_2=\lambda_3=1$.

当 $\lambda_1=-2$ 时，解方程组 $(\boldsymbol{A}+2\boldsymbol{E})\boldsymbol{x}=\boldsymbol{0}$. 由

$$\boldsymbol{A}+2\boldsymbol{E}=\begin{pmatrix}2&-1&1\\-1&2&1\\1&1&2\end{pmatrix}\to\begin{pmatrix}1&-\frac{1}{2}&\frac{1}{2}\\0&\frac{3}{2}&\frac{3}{2}\\0&\frac{3}{2}&\frac{3}{2}\end{pmatrix}\to\begin{pmatrix}1&-\frac{1}{2}&\frac{1}{2}\\0&1&1\\0&0&0\end{pmatrix}\to\begin{pmatrix}1&0&1\\0&1&1\\0&0&0\end{pmatrix}$$

得基础解系 $\boldsymbol{\xi}_1=\begin{pmatrix}-1\\-1\\1\end{pmatrix}$. 将 $\boldsymbol{\xi}_1$ 单位化得 $\boldsymbol{p}_1=\frac{1}{\sqrt{3}}\begin{pmatrix}-1\\-1\\1\end{pmatrix}$.

当 $\lambda_2=\lambda_3=1$ 时，解方程组 $(\boldsymbol{A}-\boldsymbol{E})\boldsymbol{x}=\boldsymbol{0}$. 由

$$\boldsymbol{A}-\boldsymbol{E}=\begin{pmatrix}-1&-1&1\\-1&-1&1\\1&1&-1\end{pmatrix}\to\begin{pmatrix}1&1&-1\\0&0&0\\0&0&0\end{pmatrix}$$

得基础解系 $\boldsymbol{\xi}_2=\begin{pmatrix}-1\\1\\0\end{pmatrix}$，$\boldsymbol{\xi}_3=\begin{pmatrix}1\\0\\1\end{pmatrix}$.

将 $\boldsymbol{\xi}_2$、$\boldsymbol{\xi}_3$ 正交化：取

$$\boldsymbol{\eta}_2=\boldsymbol{\xi}_2$$

$$\boldsymbol{\eta}_3=\boldsymbol{\xi}_3-\frac{(\boldsymbol{\eta}_2,\boldsymbol{\xi}_3)}{(\boldsymbol{\eta}_2,\boldsymbol{\eta}_2)}\boldsymbol{\eta}_2=\begin{pmatrix}1\\0\\1\end{pmatrix}+\frac{1}{2}\begin{pmatrix}-1\\1\\0\end{pmatrix}=\frac{1}{2}\begin{pmatrix}1\\1\\2\end{pmatrix}$$

再将 $\boldsymbol{\eta}_2$、$\boldsymbol{\eta}_3$ 单位化，得 $\boldsymbol{p}_2=\frac{1}{\sqrt{2}}\begin{pmatrix}-1\\1\\0\end{pmatrix}$，$\boldsymbol{p}_3=\frac{1}{\sqrt{6}}\begin{pmatrix}1\\1\\2\end{pmatrix}$，将 $\boldsymbol{p}_1$、$\boldsymbol{p}_2$、$\boldsymbol{p}_3$ 构成正交矩阵，即 $\boldsymbol{P}=\begin{pmatrix}-\frac{1}{\sqrt{3}} & -\frac{1}{\sqrt{2}} & \frac{1}{\sqrt{6}}\\ -\frac{1}{\sqrt{3}} & \frac{1}{\sqrt{2}} & \frac{1}{\sqrt{6}}\\ \frac{1}{\sqrt{3}} & 0 & \frac{2}{\sqrt{6}}\end{pmatrix}$，有 $\boldsymbol{P}^{-1}\boldsymbol{AP}=\begin{pmatrix}-2&0&0\\0&1&0\\0&0&1\end{pmatrix}$.

例 4－14　设 $\boldsymbol{A}=\begin{pmatrix}3&-2\\-2&3\end{pmatrix}$，求 $\boldsymbol{A}^n$.

解：因为 $\boldsymbol{A}$ 是实对称矩阵，所以存在可逆矩阵 $\boldsymbol{P}$ 及对角矩阵 $\boldsymbol{\Lambda}$，使 $\boldsymbol{P}^{-1}\boldsymbol{AP}=\boldsymbol{\Lambda}$，于是 $\boldsymbol{A}=\boldsymbol{P\Lambda P}^{-1}$，从而 $\boldsymbol{A}^n=\boldsymbol{P\Lambda}^n\boldsymbol{P}^{-1}$. 由

$$|\boldsymbol{A}-\lambda\boldsymbol{E}|=\begin{vmatrix}3-\lambda&-2\\-2&3-\lambda\end{vmatrix}=(3-\lambda)^2-4=\lambda^2-6\lambda+5=(\lambda-1)(\lambda-5)=0$$

得 $\boldsymbol{A}$ 的特征值为 $\lambda_1=1$，$\lambda_2=5$，所以 $\boldsymbol{\Lambda}=\begin{pmatrix}1&0\\0&5\end{pmatrix}$，$\boldsymbol{\Lambda}^n=\begin{pmatrix}1&0\\0&5^n\end{pmatrix}$.

当 $\lambda_1=1$ 时，由 $\boldsymbol{A}-\boldsymbol{E}=\begin{pmatrix}2&-2\\-2&2\end{pmatrix}\to\begin{pmatrix}1&-1\\0&0\end{pmatrix}$，得 $\boldsymbol{\xi}_1=\begin{pmatrix}1\\1\end{pmatrix}$.

当 $\lambda_2=5$ 时，由 $\boldsymbol{A}-5\boldsymbol{E}=\begin{pmatrix}-2&-2\\-2&-2\end{pmatrix}\to\begin{pmatrix}1&1\\0&0\end{pmatrix}$，得 $\boldsymbol{\xi}_2=\begin{pmatrix}-1\\1\end{pmatrix}$.

并有 $\boldsymbol{P}=(\boldsymbol{\xi}_1,\boldsymbol{\xi}_2)=\begin{pmatrix}1&-1\\1&1\end{pmatrix}$，所以 $\boldsymbol{P}^{-1}=\frac{1}{2}\begin{pmatrix}1&1\\-1&1\end{pmatrix}$，于是

$$\boldsymbol{A}^n=\boldsymbol{P\Lambda}^n\boldsymbol{P}^{-1}=\frac{1}{2}\begin{pmatrix}1&-1\\1&1\end{pmatrix}\begin{pmatrix}1&0\\0&5^n\end{pmatrix}\begin{pmatrix}1&1\\-1&1\end{pmatrix}=\frac{1}{2}\begin{pmatrix}1+5^n&1-5^n\\1-5^n&1+5^n\end{pmatrix}$$

习　题　4－4

1. 将下列矩阵对角化，并给出一个正交矩阵 $\boldsymbol{P}$ 和一个对角矩阵 $\boldsymbol{\Lambda}$.

(1) $\begin{pmatrix}3&1\\1&3\end{pmatrix}$；(2) $\begin{pmatrix}3&4\\4&9\end{pmatrix}$；(3) $\begin{pmatrix}2&0&4\\0&1&0\\4&0&2\end{pmatrix}$.

2. 证明：如果 $\boldsymbol{A}$ 是一个 n 阶对称矩阵，那么对任意 $\boldsymbol{x}$，$\boldsymbol{y}\in\mathbf{R}^2$，有 $(\boldsymbol{Ax},\boldsymbol{y})=(\boldsymbol{x},\boldsymbol{Ay})$.

3. 设三阶实对称矩阵 $\boldsymbol{A}$ 的各行元素之和均为 3，向量 $\boldsymbol{\alpha}_1=\begin{pmatrix}-1\\2\\-1\end{pmatrix}$，$\boldsymbol{\alpha}_2=\begin{pmatrix}0\\-1\\1\end{pmatrix}$是线性方程组 $\boldsymbol{Ax}=\boldsymbol{0}$ 的两个解，(1) 求 $\boldsymbol{A}$ 的特征值和特征向量；(2) 求正交矩阵 $\boldsymbol{P}$ 和对角矩阵 $\boldsymbol{\Lambda}$，使 $\boldsymbol{P}^{-1}\boldsymbol{AP}=\boldsymbol{\Lambda}$.

习题 4-4
参考答案

4. 证明：若 $\boldsymbol{A}$ 是实对称矩阵，$\boldsymbol{P}$ 是正交矩阵，则 $\boldsymbol{P}^{-1}\boldsymbol{AP}$ 是实对称矩阵.

第五节　二次型及其标准形

二次型的系统研究是从 18 世纪开始的，它起源于对二次曲线和二次曲面的分类问题的讨论，将二次曲线和二次曲面的方程变形，选有主轴方向的轴作为坐标轴以简化方程的形状，这个问题是在 18 世纪引进的. 二次型在其他数学分支及科学技术中有着十分广泛的应用，它常常出现在工程设计标准和优化、信号处理（如输出的噪声功率）、物理学（如势能和动能）、微分几何（如曲面的曲率）、经济学（如效用函数）和统计学（如置信椭圆体）中，这类应用实例以数学为背景很容易转化为对二次型的研究.

一、二次型的概念及其矩阵表示

对于在解析几何中所讨论的有心二次曲线，若其中心与坐标原点重合，则它的一般方程是

$$ax^2+bxy+cy^2=1$$

它是一条怎样的二次曲线？又有怎样的几何性质？为研究上述问题，可以选择适当的坐标变换 $\begin{cases}x=x_1\cos\theta-x_2\sin\theta\\y=x_1\sin\theta+x_2\cos\theta\end{cases}$，把方程化为标准式 $mx_1^2+nx_2^2=1$.

这类问题具有普遍性，它不仅在几何中出现，在数学的其他分支以及物理学和网络计算中也会出现，把这类问题一般化，即讨论变量的二次齐次多项式的化

简问题.

定义 4-9（二次型） 含有 n 个变量 $x_1,x_2,\cdots,x_n$ 的二次多项式

$$f(x_1,x_2,\cdots,x_n)=a_{11}x_1^2+a_{22}x_2^2+\cdots+a_{nn}x_n^2+2a_{12}x_1x_2+2a_{13}x_1x_3+\cdots+2a_{(n-1)n}x_{n-1}x_n \tag{4-1}$$

称为 n 元二次型，简称二次型.

例如，$f(x_1,x_2,x_3)=x_1^2+x_2^2+x_3^2+x_1x_2-x_2x_3$ 是二次型，$g(x_1,x_2,x_3)=x_1^2+x_3^2-2x_2$ 不是二次型.

二次型可以表示为矩阵重积的形式，由于 $x_ix_j=x_jx_i$ 具有对称性，记 $a_{ij}=a_{ji}$，则 $2a_{ij}x_ix_j=a_{ij}x_ix_j+a_{ji}x_jx_i$，所以式（4-1）可改写成

$$f(x_1,x_2,\cdots,x_n)=a_{11}x_1^2+a_{12}x_1x_2+\cdots+a_{1n}x_1x_n+a_{21}x_2x_1+a_{22}x_2^2+a_{23}x_2x_3+\cdots+a_{2n}x_2x_n+\cdots+a_{n1}x_nx_1+\cdots+a_{nn}x_n^2=\sum_{i,j=1}^{n}a_{ij}x_ix_j$$

于是二次型可表示为

$$\begin{aligned}f(x_1,x_2,\cdots,x_n)&=x_1(a_{11}x_1+a_{12}x_2+\cdots+a_{1n}x_n)+\\&\quad x_2(a_{21}x_1+a_{22}x_2+\cdots+a_{2n}x_n)+\cdots+\\&\quad x_n(a_{n1}x_1+a_{n2}x_2+\cdots+a_{nn}x_n)\\&=(x_1,x_2,\cdots,x_n)\begin{pmatrix}a_{11}x_1+a_{12}x_2+\cdots+a_{1n}x_n\\a_{21}x_1+a_{22}x_2+\cdots+a_{2n}x_n\\\vdots\\a_{n1}x_1+a_{n2}x_2+\cdots+a_{nn}x_n\end{pmatrix}\\&=(x_1,x_2,\cdots,x_n)\begin{pmatrix}a_{11}&a_{12}&\cdots&a_{1n}\\a_{21}&a_{22}&\cdots&a_{2n}\\\vdots&\vdots&&\vdots\\a_{n1}&a_{n2}&\cdots&a_{nn}\end{pmatrix}\begin{pmatrix}x_1\\x_2\\\vdots\\x_n\end{pmatrix}\end{aligned} \tag{4-2}$$

记 $\boldsymbol{A}=\begin{pmatrix}a_{11}&a_{12}&\cdots&a_{1n}\\a_{21}&a_{22}&\cdots&a_{2n}\\\vdots&\vdots&&\vdots\\a_{n1}&a_{n2}&\cdots&a_{nn}\end{pmatrix}$，$\boldsymbol{x}=\begin{pmatrix}x_1\\x_2\\\vdots\\x_n\end{pmatrix}$，则二次型可写成 $f=\boldsymbol{x}^{\mathrm{T}}\boldsymbol{A}\boldsymbol{x}$. 其中 $\boldsymbol{A}$ 为实对称矩阵.

注意，二次型的矩阵 $\boldsymbol{A}$ 中主对角元素 a_{ii} 为 x_i^2 的系数，$\boldsymbol{A}$ 的非主对角元素 $a_{ij}(i\neq j)$ 为 x_ix_j 的系数的一半.

任何一个二次型都唯一地确定了一个对称矩阵；反之，任给一个对称矩阵，

也可唯一地确定一个二次型．这样，二次型与对称矩阵之间就存在一一对应的关系，因此，可以用对称矩阵讨论二次型，称对称矩阵 $\boldsymbol{A}$ 为二次型 f 的矩阵，也称二次型 f 为对称矩阵 $\boldsymbol{A}$ 的二次型．矩阵 $\boldsymbol{A}$ 的秩就叫作二次型 f 的秩．

例如，二次型 $f(x_1,x_2,x_3)=x_1^2+x_3^2+2x_1x_2-2x_2x_3$ 用矩阵表示，就是

$$f(x_1,x_2,x_3)=(x_1,x_2,x_3)\begin{pmatrix}1&1&0\\1&0&-1\\0&-1&1\end{pmatrix}\begin{pmatrix}x_1\\x_2\\x_3\end{pmatrix}$$

而对称矩阵 $\boldsymbol{A}=\begin{pmatrix}3&-2\\-2&7\end{pmatrix}$ 对应的二次型为 $f=3x_1^2+7x_2^2-4x_1x_2$．

例 4－15　将二次型 $f(x_1,x_2,x_3)=2x_1^2-2x_1x_2+6x_2x_3+10x_1x_3-4x_3^2$ 表示成矩阵形式，并求出二次型的秩．

解： 设 $f(x_1,x_2,x_3)=\boldsymbol{x}^{\mathrm{T}}\boldsymbol{A}\boldsymbol{x}$，则该二次型的矩阵为 $\boldsymbol{A}=\begin{pmatrix}2&-1&5\\-1&0&3\\5&3&-4\end{pmatrix}$，

因为 $|\boldsymbol{A}|=-44\neq 0$，所以二次型 f 的秩为 3.

二、化二次型为标准形

定义 4－10（标准二次型）　只含有平方项的二次型 $f(x_1,x_2,\cdots,x_n)=a_{11}x_1^2+a_{22}x_2^2+\cdots+a_{nn}x_n^2=\sum_{i=1}^{n}a_{ii}x_i^2$ 称为二次型的标准形或标准二次型，简称标准形．

显然，标准形对应的矩阵是对角矩阵，为了将一个二次型化为标准形，作如下的可逆线性变换：

$$\begin{cases}x_1=c_{11}y_1+c_{12}y_2+\cdots+c_{1n}y_n\\x_2=c_{21}y_1+c_{22}y_2+\cdots+c_{2n}y_n\\\quad\vdots\\x_n=c_{n1}y_1+c_{n2}y_2+\cdots+c_{nn}y_n\end{cases},$$

即

$$\boldsymbol{x}=\boldsymbol{C}\boldsymbol{y}$$

其中

$$\boldsymbol{x}=\begin{pmatrix}x_1\\x_2\\\vdots\\x_n\end{pmatrix},\ \boldsymbol{C}=\begin{pmatrix}c_{11}&c_{12}&\cdots&c_{1n}\\c_{21}&c_{22}&\cdots&c_{2n}\\\vdots&\vdots&&\vdots\\c_{n1}&c_{n2}&\cdots&c_{nn}\end{pmatrix},\ \boldsymbol{y}=\begin{pmatrix}y_1\\y_2\\\vdots\\y_n\end{pmatrix}$$

将式（4-2）化简成关于变量 $y_1, y_2, \cdots, y_n$ 的标准形：

$$f = d_1 y_1^2 + d_2 y_2^2 + \cdots + d_n y_n^2 = \boldsymbol{y}^{\mathrm{T}} \boldsymbol{D} \boldsymbol{y} \tag{4-3}$$

其中

$$\boldsymbol{D} = \begin{pmatrix} d_1 & & \\ & \ddots & \\ & & d_n \end{pmatrix}$$

把 $\boldsymbol{x} = \boldsymbol{C}\boldsymbol{y}$ 代入式（4-2），得

$$f = \boldsymbol{x}^{\mathrm{T}} \boldsymbol{A} \boldsymbol{x} = (\boldsymbol{C}\boldsymbol{y})^{\mathrm{T}} \boldsymbol{A} (\boldsymbol{C}\boldsymbol{y}) = \boldsymbol{y}^{\mathrm{T}} (\boldsymbol{C}^{\mathrm{T}} \boldsymbol{A} \boldsymbol{C}) \boldsymbol{y}$$

故若能找到可逆矩阵 $\boldsymbol{C}$，使

$$\boldsymbol{C}^{\mathrm{T}} \boldsymbol{A} \boldsymbol{C} = \boldsymbol{D} \tag{4-4}$$

其中 $\boldsymbol{D}$ 为对角矩阵，则标准形随之而得，也就是说，化实二次型为标准形的问题可归纳成求 $\boldsymbol{C}^{\mathrm{T}} \boldsymbol{A} \boldsymbol{C} = \boldsymbol{D}$ 的矩阵问题.

定义 4-11（矩阵合同） 对于 n 阶矩阵 $\boldsymbol{A}$、$\boldsymbol{B}$，若存在 n 阶可逆矩阵 $\boldsymbol{C}$，使 $\boldsymbol{C}^{\mathrm{T}} \boldsymbol{A} \boldsymbol{C} = \boldsymbol{B}$，则称 $\boldsymbol{A}$ 合同于 $\boldsymbol{B}$.

由上节定理 4-8 可知，任给对称矩阵 $\boldsymbol{A}$，总存在正交矩阵 $\boldsymbol{P}$，使 $\boldsymbol{P}^{-1} \boldsymbol{A} \boldsymbol{P} = \boldsymbol{\Lambda}$，即 $\boldsymbol{P}^{\mathrm{T}} \boldsymbol{A} \boldsymbol{P} = \boldsymbol{\Lambda}$，把此结论应用于二次型，即有以下定理.

定理 4-9 任给二次型 $f(x_1, x_2, \cdots, x_n) = \sum\limits_{i,j=1}^{n} a_{ij} x_i x_j$，总存在正交变换 $\boldsymbol{x} = \boldsymbol{C}\boldsymbol{y}$，使 f 化为标准形 $f = \sum\limits_{i=1}^{n} \lambda_i y_i^2$，其中 $\lambda_1, \lambda_2, \cdots, \lambda_n$ 是 f 的矩阵 $\boldsymbol{A} = (a_{ij})$ 的特征值.

下面介绍两种化二次型为标准形的方法.

1. 正交变换法

正交变换法的步骤如下：

（1）将二次型表示成矩阵形式 $f = \boldsymbol{x}^{\mathrm{T}} \boldsymbol{A} \boldsymbol{x}$，写出矩阵 $\boldsymbol{A}$.

（2）求出矩阵 $\boldsymbol{A}$ 的所有特征值 $\lambda_1, \lambda_2, \cdots, \lambda_n$.

（3）求出矩阵 $\boldsymbol{A}$ 的每个特征值 λ_i 对应的一组线性无关的特征向量，即求出 $(\boldsymbol{A} - \lambda \boldsymbol{E}) \boldsymbol{x} = \boldsymbol{0}$ 的一个基础解系.

（4）将所有的特征值对应的特征向量进行施密特正交化，得 $\boldsymbol{\eta}_1, \boldsymbol{\eta}_2, \cdots, \boldsymbol{\eta}_n$，记 $\boldsymbol{C} = (\boldsymbol{\eta}_1, \boldsymbol{\eta}_2, \cdots, \boldsymbol{\eta}_n)$.

（5）作正交变换 $\boldsymbol{x} = \boldsymbol{C}\boldsymbol{y}$，则得标准形 $f = \lambda_1 y_1^2 + \lambda_2 y_2^2 + \cdots + \lambda_n y_n^2$.

例 4-16 用正交变换法化二次型 $f(x_1, x_2, x_3) = 2x_1 x_2 + 2x_1 x_3 + 2x_2 x_3$ 为标准形.

解：二次型所对应的矩阵为 $A=\begin{pmatrix}0&1&1\\1&0&1\\1&1&0\end{pmatrix}$. 由

$$|A-\lambda E|=\begin{vmatrix}-\lambda&1&1\\1&-\lambda&1\\1&1&-\lambda\end{vmatrix}=(2-\lambda)\begin{vmatrix}1&1&1\\0&-1-\lambda&0\\0&0&-1-\lambda\end{vmatrix}=(2-\lambda)(\lambda+1)^2=0$$

得 A 的特征值为 $\lambda_1=\lambda_2=-1$，$\lambda_3=2$.

当 $\lambda_1=\lambda_2=-1$ 时，解方程组 $(A+E)x=0$，得 $\xi_1=\begin{pmatrix}1\\0\\-1\end{pmatrix}$，$\xi_2=\begin{pmatrix}0\\1\\-1\end{pmatrix}$. 将它们正交化，得 $\beta_1=\begin{pmatrix}1\\0\\-1\end{pmatrix}$，$\beta_2=\begin{pmatrix}-\frac{1}{2}\\1\\-\frac{1}{2}\end{pmatrix}$，将 β_1、β_2 单位化，得 $\eta_1=\begin{pmatrix}\frac{1}{\sqrt{2}}\\0\\-\frac{1}{\sqrt{2}}\end{pmatrix}$，

$\eta_2=\begin{pmatrix}-\frac{\sqrt{6}}{6}\\\frac{\sqrt{6}}{3}\\-\frac{\sqrt{6}}{6}\end{pmatrix}$.

当 $\lambda_3=2$ 时，解方程组 $(A-2E)x=0$，得 $\xi_3=\begin{pmatrix}1\\1\\1\end{pmatrix}$，单位化得 $\eta_3=\begin{pmatrix}\frac{1}{\sqrt{3}}\\\frac{1}{\sqrt{3}}\\\frac{1}{\sqrt{3}}\end{pmatrix}$.

因此令正交矩阵 $C=\begin{pmatrix}\frac{1}{\sqrt{2}}&-\frac{\sqrt{6}}{6}&\frac{1}{\sqrt{3}}\\0&\frac{\sqrt{6}}{3}&\frac{1}{\sqrt{3}}\\-\frac{1}{\sqrt{2}}&-\frac{\sqrt{6}}{6}&\frac{1}{\sqrt{3}}\end{pmatrix}$，则经过正交变换 $x=Cy$ 后，原二次型化为标准形 $f=-y_1^2-y_2^2+2y_3^2$.

2. 配方法

如果只要求变换是一个可逆的线性变换，而不限于正交变换，那么把二次型化为标准形还有另外一种重要方法，就是中学代数中的配方法，其步骤如下：

(1) 若二次型含有 x_i^2，则先把含有 x_i 的乘积项集中，然后配方，再对其余变量进行同样过程，直到所有变量都配成平方项为止，经过可逆线性变换，就得到标准形.

(2) 若二次型中不含有平方项，但是 $a_{ij}\neq 0(i\neq j)$，则先作可逆变换 $\begin{cases}x_i=y_i-y_j\\x_j=y_i+y_j\\x_k=y_k\end{cases}$ ($k=1,2,\cdots,n$，但 $k\neq i$，j)，化二次型为含有平方项的二次型，再按 (1) 的方法配方.

例 4-17　用配方法化二次型 $f=x_1^2+2x_2^2+4x_3^2+2x_1x_2+2x_1x_3+6x_2x_3$ 为标准形，并求所用的变换矩阵.

解：$f(x_1+x_2+x_3)^2+x_2^2+4x_2x_3+3x_3^2=(x_1+x_2+x_3)^2+(x_2+2x_3)^2-x_3^2$

于是，线性变换为

$$\begin{cases}y_1=x_1+x_2+x_3\\y_2=x_2+2x_3\\y_3=x_3\end{cases}\quad 或\quad \begin{cases}x_1=y_1-y_2+y_3\\x_2=y_2-2y_3\\x_3=y_3\end{cases}$$

把二次型 f 化为标准形 $f=y_1^2+y_2^2-y_3^2$，即 $\begin{pmatrix}x_1\\x_2\\x_3\end{pmatrix}=\begin{pmatrix}1&-1&1\\0&1&-2\\0&0&1\end{pmatrix}\begin{pmatrix}y_1\\y_2\\y_3\end{pmatrix}$.

所用变换矩阵为 $\boldsymbol{C}=\begin{pmatrix}1&-1&1\\0&1&-2\\0&0&1\end{pmatrix}$.

例 4-18　化二次型 $f=2x_1x_2+2x_1x_3-2x_2x_3$ 为标准形，并求所用的变换矩阵.

解：由于所给的二次型中无平方项，所以令

$$\begin{cases}x_1=y_1+y_2\\x_2=y_1-y_2\\x_3=y_3\end{cases}$$

即 $\begin{pmatrix}x_1\\x_2\\x_3\end{pmatrix}=\begin{pmatrix}1&1&0\\1&-1&0\\0&0&1\end{pmatrix}\begin{pmatrix}y_1\\y_2\\y_3\end{pmatrix}$，记作 $\boldsymbol{x}=\boldsymbol{C}_1\boldsymbol{y}$，代入原二次型，得

$$f=2y_1^2-2y_2^2+4y_2y_3$$

再配方，得

$$f=2y_1^2-2(y_2-y_3)^2+2y_3^2$$

令 $\begin{cases}z_1=y_1\\z_2=y_2-y_3\\z_3=y_3\end{cases}$ 或 $\begin{cases}y_1=z_1\\y_2=z_2+z_3\\y_3=z_3\end{cases}$，即 $\begin{pmatrix}y_1\\y_2\\y_2\end{pmatrix}=\begin{pmatrix}1&0&0\\0&1&1\\0&0&1\end{pmatrix}\begin{pmatrix}z_1\\z_2\\z_3\end{pmatrix}$，记作 $\boldsymbol{y}=\boldsymbol{C}_2\boldsymbol{z}$，代入原二次型得标准形 $f=2z_1^2-2z_2^2+2z_3^2$，故所用变换矩阵为

$$\boldsymbol{C}=\boldsymbol{C}_1\boldsymbol{C}_2=\begin{pmatrix}1&1&0\\1&-1&0\\0&0&1\end{pmatrix}\begin{pmatrix}1&0&0\\0&1&1\\0&0&1\end{pmatrix}=\begin{pmatrix}1&1&1\\1&-1&-1\\0&0&1\end{pmatrix}$$

习 题 4-5

1. 用矩阵记号表示二次型：

(1) $f=3x_1^2-4x_1x_2+5x_2^2$；

(2) $f=3x_1^2+2x_1x_2$；

(3) $f=3x_1^2+2x_2^2-5x_3^2-6x_1x_2+8x_1x_3-4x_2x_3$.

2. 计算二次型 $f=\boldsymbol{x}^{\mathrm{T}}\boldsymbol{A}\boldsymbol{x}$，其中 $\boldsymbol{A}=\begin{pmatrix}5&\frac{1}{3}\\\frac{1}{3}&1\end{pmatrix}$，$\boldsymbol{x}=\begin{pmatrix}x_1\\x_2\end{pmatrix}$.

3. 化下列二次型为标准形：

(1) $f=2x_1^2+4x_1x_2+3x_2^2+3x_3^2$；

(2) $f=2x_1^2+3x_2^2+3x_3^2+4x_2x_3$；

(3) $f=x_1^2+5x_2^2+6x_3^2-4x_1x_2-6x_1x_3-10x_2x_3$.

习题 4-5
参考答案

第六节 正定二次型

本节讨论一种特殊的二次型，即正定二次型.

一、正定二次型的定义

二次型既可通过正交变换法化为标准形，也可通过配方法化为标准形，显然，二次型的标准形不是唯一的，但标准形中所含项数是确定的，因为标准形的项数等于二次型的秩.

定理 4-10 设二次型 $f=\boldsymbol{x}^{\mathrm{T}}\boldsymbol{A}\boldsymbol{x}$ 的秩为 r，且存在两个可逆变换 $\boldsymbol{x}=\boldsymbol{P}\boldsymbol{y}$，$\boldsymbol{x}=\boldsymbol{Q}\boldsymbol{z}$，

使二次型化为

$$f=\lambda_1 y_1^2+\lambda_2 y_2^2+\cdots+\lambda_r y_r^2 \quad (\lambda_i\neq 0, i=1,2,\cdots,r)$$

$$f=p_1 z_1^2+p_2 z_2^2+\cdots+p_r z_r^2 \quad (p_i\neq 0, i=1,2,\cdots,r)$$

则 $\lambda_1,\lambda_2,\cdots,\lambda_r$ 与 $p_1,p_2,\cdots,p_r$ 中的正数的个数相等，记为 p，称 p 为二次型的正惯性指数；负数的个数也相等，记为 q，即 $q=r-p$，称 q 为二次型的负惯性指数；称正惯性指数与负惯性指数之差 $2p-r$ 为二次型的符号差. 这个定理称为惯性定理，科学技术上用的较多的二次型是正惯性指数为 n 的 n 元二次型，有下述定义.

定义 4-12（正定二次型） 设实二次型 $f(x_1,x_2,\cdots,x_n)=\boldsymbol{x}^{\mathrm{T}}\boldsymbol{A}\boldsymbol{x}$，对于任何 $\boldsymbol{x}\neq\boldsymbol{0}$，都有 $f(\boldsymbol{x})>0$，则称 f 为正定二次型，并称对称矩阵 $\boldsymbol{A}$ 是正定的.

如果对于任何 $\boldsymbol{x}\neq\boldsymbol{0}$，都有 $f(\boldsymbol{x})<0$，则称 f 为负定二次型，并称对称矩阵 $\boldsymbol{A}$ 是负定的.

下面介绍一些有关正定二次型的判别定理.

定理 4-11 实二次型 $f(x_1,x_2,\cdots,x_n)=\boldsymbol{x}^{\mathrm{T}}\boldsymbol{A}\boldsymbol{x}$ 为正定的充要条件是它的标准形的 n 个系数都为正数，即它的正惯性指数等于 n.

证明：设存在可逆变换 $\boldsymbol{x}=\boldsymbol{C}\boldsymbol{y}$，使 $f(x_1,x_2,\cdots,x_n)=f(\boldsymbol{x})=f(\boldsymbol{C}\boldsymbol{y})=\sum_{i=1}^{n} c_i y_i^2$.

充分性：设 $c_i>0(i=1,2,\cdots,n)$，任给 $\boldsymbol{x}\neq\boldsymbol{0}$，则 $\boldsymbol{y}=\boldsymbol{C}^{-1}\boldsymbol{x}\neq\boldsymbol{0}$，故

$$f(x_1,x_2,\cdots,x_n)=\sum_{i=1}^{n} c_i y_i^2>0$$

必要性：用反证法. 假设 $c_i\leqslant 0$，则当 $\boldsymbol{y}=\boldsymbol{e}_i=(0,\cdots,0,1,0,\cdots,0)^{\mathrm{T}}$（单位坐标向量）时，$f(\boldsymbol{e}_i)=\sum_{i=1}^{n} c_i e_i^2=c_i\leqslant 0$，显然 $\boldsymbol{C}\boldsymbol{e}_i\neq\boldsymbol{0}$，这与 $f(x_1,x_2,\cdots,x_n)$ 为正定相矛盾，故 $c_i>0(i=1,2,\cdots,n)$.

由定理 4-11 可得如下推论.

推论 4-3 实二次型 $f(x_1,x_2,\cdots,x_n)=\boldsymbol{x}^{\mathrm{T}}\boldsymbol{A}\boldsymbol{x}$ 为正定的充要条件是 $\boldsymbol{A}$ 的特征值全为正数.

例 4-19 判断二次型 $f(x_1,x_2,x_3)=3x_1^2+3x_2^2+x_3^2+4x_1x_2$ 是不是正定二次型.

解：二次型 f 对应的矩阵为 $\boldsymbol{A}=\begin{pmatrix}3&2&0\\2&3&0\\0&0&1\end{pmatrix}$. 由

$$|\boldsymbol{A}-\lambda\boldsymbol{E}|=\begin{vmatrix}3-\lambda & 2 & 0\\ 2 & 3-\lambda & 0\\ 0 & 0 & 1-\lambda\end{vmatrix}=-(\lambda-1)^2(\lambda-5)$$

得矩阵 $\boldsymbol{A}$ 的特征值为 1、1、5，均大于零，所以二次型 f 是正定二次型.

二、赫尔维茨定理

下面讨论如何利用二次型的矩阵 $\boldsymbol{A}$ 的子式来判断二次型的正定性.

定理 4-12 二次型 $f(x_1,x_2,\cdots,x_n)=\boldsymbol{x}^{\mathrm{T}}\boldsymbol{A}\boldsymbol{x}$ 是正定的充要条件是 $\boldsymbol{A}$ 的各阶顺序主子式都为正数，即 $A_{11}=a_{11}>0$，$A_{22}=\begin{vmatrix}a_{11} & a_{12}\\ a_{21} & a_{22}\end{vmatrix}>0,\cdots,A_{nn}=|\boldsymbol{A}|>0$.（证明略）

推论 4-4（赫尔维茨定理） 二次型 $f(x_1,x_2,\cdots,x_n)=\boldsymbol{x}^{\mathrm{T}}\boldsymbol{A}\boldsymbol{x}$ 为负定的充要条件是 $\boldsymbol{A}$ 的奇数阶顺序主子式为负数，偶数阶顺序主子式为正数.

例 4-20 判断二次型 $f(x_1,x_2,x_3)=x_1^2+6x_2^2+5x_3^2+4x_1x_2+2x_1x_3+2x_2x_3$ 的正定性.

解：二次型的矩阵为 $\boldsymbol{A}=\begin{pmatrix}1 & 2 & 1\\ 2 & 6 & 1\\ 1 & 1 & 5\end{pmatrix}$，各阶顺序主子式为：$1>0$，$\begin{vmatrix}1 & 2\\ 2 & 6\end{vmatrix}=2>0$，$\begin{vmatrix}1 & 2 & 1\\ 2 & 6 & 1\\ 1 & 1 & 5\end{vmatrix}=7>0$，故 $\boldsymbol{A}$ 为正定矩阵，二次型 f 为正定二次型.

小结：$\boldsymbol{A}$ 为正定矩阵的充要条件有：① $\forall\, \boldsymbol{x}\in\mathbf{R}$，$\boldsymbol{x}\neq\boldsymbol{0}$，$\boldsymbol{x}^{\mathrm{T}}\boldsymbol{A}\boldsymbol{x}>0$；②存在可逆矩阵 $\boldsymbol{P}$，使 $\boldsymbol{P}^{\mathrm{T}}\boldsymbol{A}\boldsymbol{P}=\boldsymbol{E}$；③存在可逆矩阵 $\boldsymbol{P}$，使 $\boldsymbol{A}=\boldsymbol{P}^{\mathrm{T}}\boldsymbol{P}$；④$\boldsymbol{A}$ 的正惯性指数等于 n；⑤$\boldsymbol{A}$ 的各阶顺序主子式大于 0；⑥$\boldsymbol{A}$ 的所有特征值大于 0.

习 题 4-6

1. 判定下列二次型的正定性：

(1) $f=-x_1^2-6x_2^2-x_3^2+2x_1x_2+2x_1x_3$；

(2) $f=-x_1^2-2x_2^2-3x_3^2+19x_4^2+2x_1x_2+2x_2x_3$；

(3) $f=x_1^2+3x_2^2+9x_3^2+19x_4^2-2x_1x_2+4x_1x_3+2x_1x_4-6x_2x_4-12x_3x_4$.

2. 若 $\boldsymbol{A}$ 是正定矩阵，证明 $\boldsymbol{A}^*$ 也是正定矩阵.

3. 证明：若 $\boldsymbol{A}$，$\boldsymbol{B}$ 都是 n 阶正定矩阵，则 $\boldsymbol{A}+\boldsymbol{B}$ 也是正定矩阵.

4. 若 $\boldsymbol{A}$，$\boldsymbol{B}$ 都是 n 阶正定矩阵，证明：$\boldsymbol{A}\boldsymbol{B}$ 是正定矩阵的充要条件是

习题 4-6
参考答案

$AB=BA$.

5. 设 A 可逆，证明：A^TA 是正定矩阵.

第七节　特征值与特征向量的应用

除了应用于几何，特征值与特征向量也广泛应用于物理学、化学、生物学等自然科学，此外也被用于经济学、金融学、社会学等人文科学中的各种问题. 在本节中将给出其在经济学中的一种应用.

随机现象在自然科学和社会科学中非常常见. 数学中使用随机变量处理随机现象，其中有一些随机变量随着时间变化，称为随机过程. 在随机过程中，**马尔科夫过程**是其中经典的一种，它研究的随机现象在变化过程中，处于某种状态的概率只与它在此之前的状态有关，而与很远的过去处于何种状态无关.

例 4－21　某汽车租赁公司根据历史数据统计出在甲、乙、丙三处租车（还车）的概率，见表 4－1.

表 4－1

还车处	租车处		
	甲	乙	丙
甲	0.8	0.2	0.2
乙	0.2	0.0	0.2
丙	0.0	0.8	0.6

设甲、乙、丙三处的汽车数量分别为 x_1、x_2、x_3，记 $v=(x_1,x_2,x_3)^T$，显然它们都是随机变量. 而且与时间（以天为单位）有关，v 称为**状态向量**. 记 $A=\begin{pmatrix}0.8 & 0.2 & 0.2\\0.2 & 0 & 0.2\\0 & 0.8 & 0.6\end{pmatrix}$，称之为**状态转移矩阵**，其中 a_{ij} 满足条件 $a_{ij}\geqslant 0$，$\sum_{j=1}^{n}a_{ji}=1(i=1,\cdots,n)$，$a_{ij}$ 是从第 i 个状态转换为第 j 个状态的概率. 例如 $a_{32}=0.8$ 指的是从乙处租车还到丙处的概率. 显然状态转移的概率与之前的状态无关.

假如汽车租赁公司把 300 辆车均匀分布在三处，即初始向量 $v_0=(100,100,100)^T$，那么经过一天之后的状态为

$$v_1=Av_0=\begin{pmatrix}0.8 & 0.2 & 0.2\\0.2 & 0 & 0.2\\0 & 0.8 & 0.6\end{pmatrix}\begin{pmatrix}100\\100\\100\end{pmatrix}=\begin{pmatrix}120\\40\\140\end{pmatrix}$$

同理，经过 n 天后的状态向量 $v_n=A\cdots Av_0=A^nv_0$. **终极状态**为

$$\boldsymbol{v}^{\infty}=\lim_{n\to\infty}\boldsymbol{v}_n=\lim_{n\to\infty}\boldsymbol{A}^n\boldsymbol{v}_0$$

这里涉及方阵幂的极限计算问题，必须使用特征值与特征向量处理.

计算方阵 $\boldsymbol{A}=\begin{pmatrix}0.8&0.2&0.2\\0.2&0&0.2\\0&0.8&0.6\end{pmatrix}$ 的特征值. 根据特征方程 $|\lambda\boldsymbol{E}-\boldsymbol{A}|=0$，得到三个相异的特征值 $\lambda_1=-\frac{1}{5}$，$\lambda_2=\frac{3}{5}$，$\lambda_3=1$. 分别计算出对应于这三个特征值的特征向量 $\xi_1=k(0,-1,1)^{\mathrm{T}}$，$\xi_2=k(-1,0,1)^{\mathrm{T}}$，$\xi_3=k\left(\frac{3}{2},\frac{1}{2},1\right)^{\mathrm{T}}$，$k\neq0$.

构造矩阵 $\boldsymbol{P}=\begin{pmatrix}0&-1&\frac{3}{2}\\-1&0&\frac{1}{2}\\1&1&1\end{pmatrix}$，$\boldsymbol{\Lambda}=\begin{pmatrix}-\frac{1}{5}&0&0\\0&\frac{3}{5}&0\\0&0&1\end{pmatrix}$，则

$$\boldsymbol{A}=\boldsymbol{P\Lambda P}^{-1},\ \boldsymbol{A}^n=\boldsymbol{P\Lambda}^n\boldsymbol{P}^{-1}$$

因此

$$\lim_{n\to\infty}\boldsymbol{A}^n=\boldsymbol{P}\begin{pmatrix}0&0&0\\0&0&0\\0&0&1\end{pmatrix}\boldsymbol{P}^{-1}=\begin{pmatrix}\frac{1}{2}&\frac{1}{2}&\frac{1}{2}\\\frac{1}{6}&\frac{1}{6}&\frac{1}{6}\\\frac{1}{3}&\frac{1}{3}&\frac{1}{3}\end{pmatrix}$$

于是终极状态向量 $\boldsymbol{v}^{\infty}=\lim_{n\to\infty}\boldsymbol{v}_n=\lim_{n\to\infty}\boldsymbol{A}^n\boldsymbol{v}_0=(150,50,100)^{\mathrm{T}}$. 作为厂家的决策者，将三个租车点的车辆平均显然不是好的决策，最优的决策应该是甲处放置 150 辆，乙处 50 辆，丙处 100 辆，可以做到使移动车辆的次数最少.

例 4-22 （预测商品在未来的市场占有率）某零售商为了解顾客对于甲、乙、丙三种不同品牌的洗衣液的购买意愿，分别对购买三种品牌洗衣液的顾客发放调查问卷，回收的问卷调查结果统计见表 4-2.

表 4-2

品 牌	愿意回购客户数		
	甲	乙	丙
甲	40	30	30
乙	60	30	10
丙	60	10	30

解释如下：本月购买甲品牌的 100 人中有 40 人继续购买甲品牌，有 30 人则改用乙品牌，有 30 人换成了丙品牌. 其他数据类似. 为了得到状态转移矩阵，将

每一行的和分别除以频数得到状态转移矩阵：

$$A=\begin{pmatrix}0.4 & 0.6 & 0.6\\ 0.3 & 0.3 & 0.1\\ 0.3 & 0.1 & 0.3\end{pmatrix}$$

注：经济学中经常采用行向量表示状态向量，本书中则主要采用列向量，因此这里为了和本书的习惯保持一致，对状态转移矩阵进行了一次转置.

类似于上述状态转移矩阵 A，可以证明存在一个状态向量 U，使 $\lim\limits_{n\to\infty}A^n$ 存在，而且它的极限矩阵中每一列正好都是 U，这个状态向量 $U=v^{\infty}=\lim\limits_{n\to\infty}v_n=\lim\limits_{n\to\infty}A^n v_0$，换句话说，无论初始状态如何，终极状态总是一样的.

计算方阵 $A=\begin{pmatrix}0.4 & 0.6 & 0.6\\ 0.3 & 0.3 & 0.1\\ 0.3 & 0.1 & 0.3\end{pmatrix}$ 的特征值．根据特征方程 $|\lambda E-A|=0$，得到三个的特征值（其中有两个相等）$\lambda_1=-\frac{1}{5}=\lambda_2$，$\lambda_3=1$．分别计算出对应于这三个特征值的特征向量 $\xi_1=k(-2,1,1)^{\mathrm{T}}$，$\xi_2=k(0,-1,1)^{\mathrm{T}}$，$\xi_3=k(2,1,1)^{\mathrm{T}}$，$k\neq 0$.

构造矩阵 $P=\begin{pmatrix}-2 & 0 & 2\\ 1 & -1 & 1\\ 1 & 1 & 1\end{pmatrix}$，$\Lambda=\begin{pmatrix}-\frac{1}{5} & 0 & 0\\ 0 & -\frac{1}{5} & 0\\ 0 & 0 & 1\end{pmatrix}$，则

$$A=P\Lambda P^{-1},\quad A^n=P\Lambda^n P^{-1}$$

因此

$$\lim_{n\to\infty}A^n=P\begin{pmatrix}0 & 0 & 0\\ 0 & 0 & 0\\ 0 & 0 & 1\end{pmatrix}P^{-1}=\begin{pmatrix}\frac{1}{2} & \frac{1}{2} & \frac{1}{2}\\ \frac{1}{4} & \frac{1}{4} & \frac{1}{4}\\ \frac{1}{4} & \frac{1}{4} & \frac{1}{4}\end{pmatrix}$$

于是终极状态向量 $v^{\infty}=U=(0.5,0.25,0.25)^{\mathrm{T}}$．作为零售商可以预知甲、乙、丙三种商品的市场占有率分别是 50%、25%和 25%，这对于生产者和零售商组织生产和销售都具有参考价值.

*第五章　线性空间与线性变换

在空间解析几何中，研究了二维向量空间 $\mathbf{R}^2$ 和三维向量空间 $\mathbf{R}^3$，它们对于向量的加法和数乘是封闭的. 所谓封闭即向量的加法和数乘运算结果仍在此空间. 齐次线性方程组 $\boldsymbol{Ax}=\mathbf{0}$ 的解集对于向量的加法和数乘也封闭，称之为 $\boldsymbol{Ax}=\mathbf{0}$ 的解空间，它事实上是 $\mathbf{R}^n$ 的一个子空间.

一般地，对于一个集合，若在其上定义了某种加法和数乘，且它对于加法和数乘是封闭的，则称其是一个线性空间（或向量空间）. 例如，微积分中定义的连续函数 $C[a, b]$ 对于函数的加法和数乘是封闭的，则其是一个线性空间. 本章研究的线性空间非常抽象，学习过程中可以对照 $\mathbf{R}^2$ 和 $\mathbf{R}^3$ 中的模型来理解.

第一节　线　性　空　间

一、线性空间的定义

定义 5-1（线性空间）　如果在非空集合 V 上定义了加法“+”和数乘“·”，且满足如下条件：

（1）若 $\boldsymbol{v}$，$\boldsymbol{w}\in V$，则它们的和 $\boldsymbol{v}+\boldsymbol{w}\in V$（对于向量的加法封闭），且

1）$\boldsymbol{v}+\boldsymbol{w}=\boldsymbol{w}+\boldsymbol{v}$.

2）$(\boldsymbol{v}+\boldsymbol{w})+\boldsymbol{u}=\boldsymbol{v}+(\boldsymbol{w}+\boldsymbol{u})$（加法的结合律）.

3）存在零向量 $\mathbf{0}\in V$，使 $\forall\, \boldsymbol{v}\in V$，$\boldsymbol{v}+\mathbf{0}=\boldsymbol{v}$（零元）.

4）每一个 $\boldsymbol{v}\in V$，存在一个加法的逆元（负元）$\boldsymbol{w}\in V$，使 $\boldsymbol{w}+\boldsymbol{v}=\mathbf{0}$，记 $\boldsymbol{w}=-\boldsymbol{v}$.

（2）若 $r, s\in \mathbf{R}$，$\boldsymbol{v}, \boldsymbol{w}\in V$，则 $r\cdot \boldsymbol{v}\in V$（对于向量的数乘封闭），且

1）$(r+s)\cdot \boldsymbol{v}=r\cdot \boldsymbol{v}+s\cdot \boldsymbol{v}$.

2）$r\cdot(\boldsymbol{v}+\boldsymbol{w})=r\cdot \boldsymbol{v}+r\cdot \boldsymbol{w}$.

3）$(rs)\cdot \boldsymbol{v}=r\cdot(s\cdot \boldsymbol{v})$.

4）$1\cdot \boldsymbol{v}=\boldsymbol{v}$.

则称 $(V,+,\cdot)$ 为一个线性空间.

注：①显然 $\mathbf{R}^n$ 对于向量的加法和数乘封闭，它是一个线性空间；②对于同

一个集合 V，定义不同的加法和数乘，则构成不同的线性空间，为方便记忆，一般简称 V 为一个线性空间；③线性空间又称为向量空间，其中的任何一个元素都称为一个向量；④判断 V 对于定义的加法和数乘是否构成线性空间，最主要是验证其是否对于加法和数乘封闭.

例 5-1 对于在 $\mathbf{R}^3$ 中过原点的平面 $\Gamma=\{(x,y,z)^{\mathrm{T}}\mid x+y+z=0\}$，其对于通常的向量的加法和数乘构成一个线性空间，它的向量的加法和数乘是从 $\mathbf{R}^3$ 中继承而来的.

例 5-2 由单一零向量构成的集合 $V=\{(0,0,0)^{\mathrm{T}}\}$ 对于向量的加法和数乘也构成一个线性空间，称之为平凡（线性）空间.

例 5-3 实值函数集合 $F=\{a\cos\theta+b\sin\theta\mid a,b\in\mathbf{R}\}$（其中 $\theta\in\mathbf{R}$）对于如下的加法和数乘，构成线性空间：

$$(a_1\cos\theta+b_1\sin\theta)+(a_2\cos\theta+b_2\sin\theta)=(a_1+a_2)\cos\theta+(b_1+b_2)\sin\theta$$

$$r\cdot(a\cos\theta+b\sin\theta)=(ra)\cos\theta+(rb)\sin\theta$$

例 5-4 对于 $\mathbf{R}$ 上二阶导函数连续的集合 $C^2(\mathbf{R})$ 上的一个子集 $\left\{f:\mathbf{R}\mapsto\mathbf{R}\left|\frac{\mathrm{d}^2f}{\mathrm{d}x^2}+f=0\right.\right\}$，其对于普通的函数的加法和数乘构成一个线性空间：

$$(f+g)(x)=f(x)+g(x)$$

$$(r\cdot f)(x)=rf(x)$$

事实上，由微积分，只需验证对加法和数乘封闭即可：

$$\frac{\mathrm{d}^2(f+g)}{\mathrm{d}x^2}+(f+g)=\left(\frac{\mathrm{d}^2f}{\mathrm{d}x^2}+f\right)+\left(\frac{\mathrm{d}^2g}{\mathrm{d}x^2}+g\right)=0$$

$$\frac{\mathrm{d}^2(rf)}{\mathrm{d}x^2}+rf=r\left(\frac{\mathrm{d}^2f}{\mathrm{d}x^2}+f\right)=0$$

例 5-5 记 n 次多项式的全体 $Q_n(x)=\left\{\sum_{k=0}^{n}a_kx^{n-k}\mid a_k\in\mathbf{R},\text{且 }a_0\neq0\right\}$，则 $Q_n(x)$ 对于通常的多项式的加法和数乘不构成线性空间.

因为 $0\cdot\sum_{k=0}^{n}a_kx^{n-k}=0\notin Q_n(x)$，即多项式 0 不属于 $Q_n(x)$，所以 $Q_n(x)$ 不是线性空间.

二、线性空间的性质

从线性空间 V 中的加法和数乘满足的条件易证如下性质：

(1) $\forall\,\boldsymbol{v}\in V$，$0\cdot\boldsymbol{v}=\mathbf{0}$.

(2) $(-1\cdot\boldsymbol{v})+\boldsymbol{v}=\mathbf{0}$ 或 $\boldsymbol{v}-\boldsymbol{v}=\mathbf{0}$.

(3) $r\cdot\mathbf{0}=\mathbf{0}$.

(4) 零向量是唯一的.

证明：设 $\mathbf{0}_1$，$\mathbf{0}_2$ 都是 V 中的零向量，由定义得 $\mathbf{0}_1+\mathbf{0}_2=\mathbf{0}_1$，又 $\mathbf{0}_1+\mathbf{0}_2=\mathbf{0}_2$，所以 $\mathbf{0}_1=\mathbf{0}_2$.

(5) 向量的负向量是唯一的.

证明：任取 $\boldsymbol{v}\in V$，假设 $\boldsymbol{u}$ 和 $\boldsymbol{w}$ 都是 $\boldsymbol{v}$ 的负向量，即 $\boldsymbol{u}+\boldsymbol{v}=\mathbf{0}$，$\boldsymbol{w}+\boldsymbol{v}=\mathbf{0}$，则

$$\boldsymbol{u}=\boldsymbol{u}+\mathbf{0}=\boldsymbol{u}+(\boldsymbol{v}+\boldsymbol{w})=(\boldsymbol{u}+\boldsymbol{v})+\boldsymbol{w}=\boldsymbol{w}$$

(6) 若 $r\cdot\boldsymbol{v}=\mathbf{0}$，则 $r=0$ 或 $\boldsymbol{v}=\mathbf{0}$.

证明：如果 $r\neq0$，则 $\mathbf{0}=\frac{1}{r}\mathbf{0}=\frac{1}{r}(r\cdot\boldsymbol{v})=\left(\frac{1}{r}r\right)\boldsymbol{v}=1\cdot\boldsymbol{v}=\boldsymbol{v}$.

三、线性子空间

引入线性空间的原型之一是齐次线性方程组的解集. 在例 5-1 中，$\Gamma=\{(x,y,z)^{\mathrm{T}}\mid x+y+z=0\}$ 是 $\mathbf{R}^3$ 的一个真子集，换句话说，$\mathbf{R}^3$ 包含了一个线性空间 Γ.

定义 5-2(线性子空间)　设 W 是给定线性空间 V 的一个非空子集，如果 W 对于 V 中定义的加法和数乘都封闭，则称 W 是 V 的一个(线性)子空间.

例 5-6　$W=\{(0,0)^{\mathrm{T}}\}$ 是 $\mathbf{R}^2$ 的子空间，一般地，单个零向量构成了线性空间 V 的一个平凡子空间（或零空间).

例 5-4（续）　对于 $C^2(\mathbf{R})$ 定义的普通的函数的加法和数乘，$W=\left\{f:\mathbf{R}\mapsto\mathbf{R}\,\middle|\,\frac{\mathrm{d}^2f}{\mathrm{d}x^2}+f=0\right\}$ 是 $C^2(\mathbf{R})$ 的子空间.

例 5-7　$\mathbf{R}^+=\{x\mid x\geqslant0\}$ 是 $\mathbf{R}$ 的真子集，但不是子空间，因为子空间作为线性空间，必须对于加法和数乘封闭，本例中，$\mathbf{R}^+$ 对于数乘并不封闭：如果 $\boldsymbol{v}=1$，那么 $-1\cdot\boldsymbol{v}\notin\mathbf{R}^+$.

定理 5-1　对于线性空间 V 的非空子集 W，在 V 中定义的加法和数乘意义下，以下命题等价：

(1) W 是 V 的子空间.

(2) W 对于任意两个向量的线性组合封闭：

$$\forall\boldsymbol{v}_1,\boldsymbol{v}_2\in W,\ \forall r_1,r_2\in\mathbf{R},\ r_1\cdot\boldsymbol{v}_1+r_2\cdot\boldsymbol{v}_2\in W$$

(3) W 对于任意多个向量的线性组合封闭：

$$\forall\boldsymbol{v}_1,\boldsymbol{v}_2,\cdots,\boldsymbol{v}_s\in W,\ \forall r_1,r_2,\cdots,r_s\in\mathbf{R},\ \sum_{i=1}^{s}r_i\cdot\boldsymbol{v}_i\in W$$

定理 5-1 中给出一种好的方法，将线性空间视作向量组的任意线性组合，以下的例子中使用上述方法.

例 5-8　设 $\mathbf{R}^3$ 的子空间 $S=\{(x,y,z)^{\mathrm{T}}\mid x-2y+z=0\}$，取 $x=2y-z$ 中 y、

z 为自由未知量，可以重新表示为

$$S=\{(2y-z,y,z)^{\mathrm T}\mid y,z\in\mathbf{R}\}=\{y(2,1,0)^{\mathrm T}+z(-1,0,1)^{\mathrm T}\mid y,z\in\mathbf{R}\}$$

例 5-9 设矩阵空间 $M_{2\times2}$ 的子空间 $L=\left\{\begin{pmatrix}a&0\\b&c\end{pmatrix}\middle|a+b+c=0\right\}$，将其参数化，有 $a=-b-c$，取 b，c 为自由未知量，则 $L=\left\{\begin{pmatrix}-b-c&0\\b&c\end{pmatrix}\middle|b,c\in\mathbf{R}\right\}=\left\{b\begin{pmatrix}-1&0\\1&0\end{pmatrix}+c\begin{pmatrix}-1&0\\0&1\end{pmatrix}\middle|b,c\in\mathbf{R}\right\}$.

对于线性空间 V 中的向量组 $\{\boldsymbol{v}_1,\boldsymbol{v}_2,\cdots,\boldsymbol{v}_s\}$，集合 $L=\left\{\sum_{i=1}^{s}r_i\cdot\boldsymbol{v}_i\middle|r_i\in\mathbf{R}\right\}$ 对于 V 中的加法和数乘封闭，从而 L 是 V 的一个子空间，称为由 $\{\boldsymbol{v}_1,\boldsymbol{v}_2,\cdots,\boldsymbol{v}_s\}$ 生成（或张成）的子空间，记为 $\mathrm{Span}\{\boldsymbol{v}_1,\boldsymbol{v}_2,\cdots,\boldsymbol{v}_s\}$.

例 5-10 设 $\boldsymbol{\alpha}_1,\boldsymbol{\alpha}_2,\cdots,\boldsymbol{\alpha}_{n-r}$ 是齐次线性方程组 $\boldsymbol{A}\boldsymbol{x}=\boldsymbol{0}$ 的一个基础解系，那么 $\mathrm{Span}\{\boldsymbol{\alpha}_1,\boldsymbol{\alpha}_2,\cdots,\boldsymbol{\alpha}_{n-r}\}$ 是 $\boldsymbol{A}\boldsymbol{x}=\boldsymbol{0}$ 的解空间.

例 5-8（续） 设 $\mathbf{R}^3$ 的子空间 $S=\{(x,y,z)^{\mathrm T}\mid x-2y+z=0\}$，则 S 可以表示为 $S=\mathrm{Span}\{\boldsymbol{\alpha}_1,\boldsymbol{\alpha}_2\}$，其中 $\boldsymbol{\alpha}_1=\begin{pmatrix}2\\1\\0\end{pmatrix}$，$\boldsymbol{\alpha}_2=\begin{pmatrix}-1\\0\\1\end{pmatrix}$.

习　题　5-1

1. 以下哪些子集对于矩阵的加法和数乘构成 $M_{2\times2}$ 的子空间？如果是，将其参数化，如果不是，阐明理由.

（1）$\left\{\begin{pmatrix}a&0\\0&b\end{pmatrix}\middle|a,b\in\mathbf{R}\right\}$；　（2）$\left\{\begin{pmatrix}a&0\\0&b\end{pmatrix}\middle|a+b=0\right\}$；

（3）$\left\{\begin{pmatrix}a&0\\0&b\end{pmatrix}\middle|a+b=5\right\}$；　（4）$\left\{\begin{pmatrix}a&c\\0&b\end{pmatrix}\middle|a+b=0,c\in\mathbf{R}\right\}$.

2. 判断以下实函数是否在空间 $\mathrm{Span}\{\cos^2x,\sin2x\}$ 中？

（1）$f(x)=1$；（2）$f(x)=3+x^2$；（3）$f(x)=\sin x$；（4）$f(x)=\cos2x$.

3. 在下述子空间中找到一组向量生成该空间.

（1）$\mathbf{R}^3$ 中的 xOz 平面；

（2）$\{(x,y,z)^{\mathrm T}\mid 3x+2y+z=0\}$；

（3）$\{(x,y,z,w)^{\mathrm T}\mid 2x+y+w=0$ 且 $y+2z=0\}$；

(4) $\{a_0+a_1x+a_2x^2+a_3x^3 \mid a_0+a_1=0, a_2-a_3=0\} \subset P_3(x) = \left\{\sum_{i=0}^{3} b_i x^i \,\middle|\, b_i \in \mathbf{R}\right\}$.

习题5-1
参考答案

4. 如果 W_1 和 W_2 是 V 的两个子空间：

(1) $W_1 \cap W_2$ 也是 V 的子空间吗？

(2) $W_1 \cup W_2$ 也是 V 的子空间吗？

(3) W_1 的补集 $W_1^C=\{\boldsymbol{v} \mid \boldsymbol{v} \in V \text{ 但 } \boldsymbol{v} \notin W_1\}$ 也是 V 的子空间吗？

第二节　基、维数与坐标变换

在线性空间 $\mathbf{R}^2$ 和 $\mathbf{R}^3$ 中研究向量的线性相关（无关）、线性组合（表示）等概念时，首先选定了标准正交基（或者标准直角坐标系），再将向量在基下表示为坐标形式，类似地，对于一般的线性空间，也需要找到一组基，并将向量在基下表示成坐标，进而研究向量间的关系.

一、基与维数

定义 5-3（基） 在线性空间中，如果一组向量线性无关而且可以生成该空间，则称其为线性空间的一组基.

例 5-11 向量 $\boldsymbol{\alpha}_1=(1,1)^{\mathrm{T}}$，$\boldsymbol{\alpha}_2=(2,4)^{\mathrm{T}}$ 构成 $\mathbf{R}^2$ 的一组基. 一般地，在 $\mathbf{R}^n$ 中，$\boldsymbol{\varepsilon}_1=(1,0,\cdots,0)^{\mathrm{T}}$，$\boldsymbol{\varepsilon}_2=(0,1,\cdots,0)^{\mathrm{T}}$，$\boldsymbol{\varepsilon}_n=(0,0,\cdots,1)^{\mathrm{T}}$ 构成了 $\mathbf{R}^n$ 的标准正交基（事实上，就是标准直角坐标系下，各坐标轴上的单位向量）.

平凡空间（或零空间）$\{\mathbf{0}\}$ 的基是唯一的，即空集.

例 5-12 参数化不仅在齐次线性方程组求解中，也可以在其他地方用于寻找线性空间的一组基.

如在 $M_{2\times 2}$ 中求子空间 $\left\{\begin{pmatrix} a & b \\ c & 0 \end{pmatrix} \middle| a+b-2c=0\right\}$ 的一组基，将条件 $a+b-2c=0$ 重写为 $a=-b+2c$，得

$$\left\{\begin{pmatrix} -b+2c & b \\ c & 0 \end{pmatrix} \middle| b,c \in \mathbf{R}\right\} = \left\{b\begin{pmatrix} -1 & 1 \\ 0 & 0 \end{pmatrix} + c\begin{pmatrix} 2 & 0 \\ 1 & 0 \end{pmatrix} \middle| b,c \in \mathbf{R}\right\}$$

因此，该子空间的一组基可以自然地选为 $\boldsymbol{v}_1=\begin{pmatrix} -1 & 1 \\ 0 & 0 \end{pmatrix}$，$\boldsymbol{v}_2=\begin{pmatrix} 2 & 0 \\ 1 & 0 \end{pmatrix}$.

定理 5-2 线性空间 V 的一个子集 $\boldsymbol{\alpha}_1, \boldsymbol{\alpha}_2, \cdots, \boldsymbol{\alpha}_s$ 构成一组基的充要条件是 V 中的任一向量 $\boldsymbol{\beta}$ 可由 $\boldsymbol{\alpha}_1, \boldsymbol{\alpha}_2, \cdots, \boldsymbol{\alpha}_s$ 线性表示且表示方法唯一，即存在唯一的一组

数 $x_1,x_2,\cdots,x_s$，使 $\boldsymbol{\beta}=\sum\limits_{i=1}^{s}x_i\boldsymbol{\alpha}_i$.

从基与向量组的极大无关组的定义比较可知，一组基 $\boldsymbol{\alpha}_1,\boldsymbol{\alpha}_2,\cdots,\boldsymbol{\alpha}_s$ 事实上就是 V 的一个极大无关组.

定义 5-4（坐标与维数） 给定线性空间 V 的一组基 $\boldsymbol{\alpha}_1,\boldsymbol{\alpha}_2,\cdots,\boldsymbol{\alpha}_s$，对于任一向量 $\boldsymbol{\alpha}\in V$，存在唯一的一组数 $x_1,x_2,\cdots,x_s\in\mathbf{R}$，使 $\boldsymbol{\alpha}=\sum\limits_{i=1}^{s}x_i\boldsymbol{\alpha}_i$ ，称有序数组 $x_1,x_2,\cdots,x_s$ 为向量 $\boldsymbol{\alpha}$ 在基 $\boldsymbol{\alpha}_1,\boldsymbol{\alpha}_2,\cdots,\boldsymbol{\alpha}_s$ 下的坐标，记为 $\boldsymbol{\alpha}=(x_1,x_2,\cdots,x_s)^{\mathrm{T}}$.

因为 V 中的极大无关组彼此等价，所含向量个数相等，即 V 中的任意一组基中所含向量个数相同，称之为 V 的维数，记为 $\dim V=s$.

例 5-13 在次数不超过 3 的多项式线性空间 $P_3(x)$ 中取定一组基 B：$\{1,2x,2x^2,2x^3\}$，对于 $\boldsymbol{v}=x+x^2\in P_3(x)$，因为 $v=x+x^2=0\cdot 1+\frac{1}{2}\cdot(2x)+\frac{1}{2}\cdot(2x^2)+0\cdot(2x^3)$，所以 $\boldsymbol{v}$ 在基 B 下的坐标为 $\left(0,\ \frac{1}{2},\ \frac{1}{2},\ 0\right)_B^{\mathrm{T}}$.

取另一组基 D：$\{1+x,1-x,x+x^2,x+x^3\}$，那么 $\boldsymbol{v}$ 在基 D 下的坐标则是 $(0,0,1,0)_D^{\mathrm{T}}$（此处的下标 B 和 D 用于区分向量在不同基下的坐标）.

注： 在线性空间 V 中选取不同的基，那么同一个向量在不同基下的坐标一般是不同的，这类似于在 $\mathbf{R}^2$ 中选取不同坐标系后，同一个向量的坐标一般是不同的.

在一个线性空间中如果选取了多组基，为了区分向量在不同基下的坐标，在右下角注明基的标记，如果固定地选取一组基，则此标记可以省略.

例 5-14 在 $\mathbf{R}^2$ 中，取一组基 B：$\{\boldsymbol{\alpha}_1,\boldsymbol{\alpha}_2\}$，其中 $\boldsymbol{\alpha}_1=(1,1)^{\mathrm{T}}$，$\boldsymbol{\alpha}_2=(0,2)^{\mathrm{T}}$，求 $\boldsymbol{v}=(3,2)^{\mathrm{T}}$ 在 B 下的坐标.

解： 设 $\boldsymbol{v}$ 在 B 下的坐标为 $(x,y)^{\mathrm{T}}$，则 $\boldsymbol{v}=x\boldsymbol{\alpha}_1+y\boldsymbol{\alpha}_2$，即 $x\begin{pmatrix}1\\1\end{pmatrix}+y\begin{pmatrix}0\\2\end{pmatrix}=\begin{pmatrix}3\\2\end{pmatrix}$，

解得：$\begin{cases}x=3\\ y=-\frac{1}{2}\end{cases}$，于是 $\boldsymbol{v}$ 在 B 下的坐标为 $\boldsymbol{v}=\begin{pmatrix}3\\-\frac{1}{2}\end{pmatrix}_B$.

例 5-15 二阶实方阵空间 $M_{2\times 2}$ 对于矩阵的加法和数乘构成一个线性空间，求它的一组基并求 $\boldsymbol{A}=\begin{pmatrix}a_{11}&a_{12}\\a_{21}&a_{22}\end{pmatrix}$ 在此基下的坐标，以及 $M_{2\times 2}$ 的维数.

解： 取 $\boldsymbol{E}_{11}=\begin{pmatrix}1&0\\0&0\end{pmatrix}$，$\boldsymbol{E}_{12}=\begin{pmatrix}0&1\\0&0\end{pmatrix}$，$\boldsymbol{E}_{21}=\begin{pmatrix}0&0\\1&0\end{pmatrix}$，$\boldsymbol{E}_{22}=\begin{pmatrix}0&0\\0&1\end{pmatrix}$，易证 $\{\boldsymbol{E}_{11}$，

$\boldsymbol{E}_{12},\boldsymbol{E}_{21},\boldsymbol{E}_{22}\}$ 是 $\boldsymbol{M}_{2\times 2}$ 的一组基，$\boldsymbol{A}=\begin{pmatrix} a_{11} & a_{12} \\ a_{21} & a_{22} \end{pmatrix}=a_{11}\boldsymbol{E}_{11}+a_{12}\boldsymbol{E}_{12}+a_{21}\boldsymbol{E}_{21}+a_{22}\boldsymbol{E}_{22}$，所以 $\boldsymbol{A}$ 在 $\{\boldsymbol{E}_{11},\boldsymbol{E}_{12},\boldsymbol{E}_{21},\boldsymbol{E}_{22}\}$ 下的坐标为 $(a_{11},a_{12},a_{21},a_{22})^{\mathrm{T}}$，因为 $\{\boldsymbol{E}_{11},\boldsymbol{E}_{12},\boldsymbol{E}_{21},\boldsymbol{E}_{22}\}$ 是 $M_{2\times 2}$ 的一组基，所以 $\dim M_{2\times 2}=4$.

二、基变换与坐标变换

在线性空间中给定一组基以后，所有向量在这组基下的坐标是唯一的，但是如同 $\mathbf{R}^2$ 中将坐标轴旋转后向量的坐标会相应改变一样，若在线性空间中换一组基，则同一个向量在不同基下具有不同的坐标，本节研究当基改变后向量坐标改变的规律.

例 5-16　在 $\mathbf{R}^2$ 中选定两组基 $B=\left\{\begin{pmatrix} 2 \\ 1 \end{pmatrix},\begin{pmatrix} 1 \\ 0 \end{pmatrix}\right\}=\{\boldsymbol{\alpha}_1,\boldsymbol{\alpha}_2\}$，$D=\left\{\begin{pmatrix} -1 \\ 1 \end{pmatrix},\begin{pmatrix} 1 \\ 1 \end{pmatrix}\right\}=\{\boldsymbol{\beta}_1,\boldsymbol{\beta}_2\}$，对于 $\boldsymbol{\gamma}=\begin{pmatrix} 2 \\ 3 \end{pmatrix}$，因为 $\boldsymbol{\gamma}=3\boldsymbol{\alpha}_1-4\boldsymbol{\alpha}_2$，$\boldsymbol{\gamma}=\frac{1}{2}\boldsymbol{\beta}_1+\frac{5}{2}\boldsymbol{\beta}_2$，所以 $\boldsymbol{\gamma}=\begin{pmatrix} 3 \\ -4 \end{pmatrix}_B$，而 $\boldsymbol{\gamma}=\begin{pmatrix} \frac{1}{2} \\ \frac{5}{2} \end{pmatrix}_D$.

考察基 B 在基 D 下的坐标，$\boldsymbol{\alpha}_1=\begin{pmatrix} -\frac{1}{2} \\ \frac{3}{2} \end{pmatrix}_D$，$\boldsymbol{\alpha}_2=\begin{pmatrix} -\frac{1}{2} \\ \frac{1}{2} \end{pmatrix}_D$，记 $\boldsymbol{P}=\begin{pmatrix} -\frac{1}{2} & -\frac{1}{2} \\ \frac{3}{2} & \frac{1}{2} \end{pmatrix}$，称之为从基 D：$\boldsymbol{\beta}_1$，$\boldsymbol{\beta}_2$ 到基 B：$\boldsymbol{\alpha}_1$，$\boldsymbol{\alpha}_2$ 的过渡矩阵，而且

$$\boldsymbol{P}\begin{pmatrix} 3 \\ -4 \end{pmatrix}_B=\begin{pmatrix} \frac{1}{2} \\ \frac{5}{2} \end{pmatrix}_D.$$

定义 5-5（过渡矩阵）　设 n 维线性空间 V 中，有两组基 $\boldsymbol{\alpha}_1,\boldsymbol{\alpha}_2,\cdots,\boldsymbol{\alpha}_n$ 及 $\boldsymbol{\beta}_1,\boldsymbol{\beta}_2,\cdots,\boldsymbol{\beta}_n$，且

$$\begin{cases} \boldsymbol{\beta}_1=p_{11}\boldsymbol{\alpha}_1+p_{12}\boldsymbol{\alpha}_2+\cdots+p_{1n}\boldsymbol{\alpha}_n \\ \boldsymbol{\beta}_2=p_{21}\boldsymbol{\alpha}_1+p_{22}\boldsymbol{\alpha}_2+\cdots+p_{2n}\boldsymbol{\alpha}_n \\ \quad\vdots \\ \boldsymbol{\beta}_n=p_{n1}\boldsymbol{\alpha}_1+p_{n2}\boldsymbol{\alpha}_2+\cdots+p_{nn}\boldsymbol{\alpha}_n \end{cases} \tag{5-1}$$

记矩阵 $\boldsymbol{P}=(p_{ij})_{n\times n}$，称之为线性空间 V 中从基 $\boldsymbol{\alpha}_1,\boldsymbol{\alpha}_2,\cdots,\boldsymbol{\alpha}_n$ 到基 $\boldsymbol{\beta}_1,\boldsymbol{\beta}_2,\cdots,\boldsymbol{\beta}_n$ 的过渡矩阵，上式也可以简记为

$$(\boldsymbol{\beta}_1,\boldsymbol{\beta}_2,\cdots,\boldsymbol{\beta}_n)=(\boldsymbol{\alpha}_1,\boldsymbol{\alpha}_2,\cdots,\boldsymbol{\alpha}_n)\boldsymbol{P} \tag{5-2}$$

由于 $\boldsymbol{\alpha}_1,\boldsymbol{\alpha}_2,\cdots,\boldsymbol{\alpha}_n$ 与 $\boldsymbol{\beta}_1,\boldsymbol{\beta}_2,\cdots,\boldsymbol{\beta}_n$ 都是 V 的基，所以两个向量组等价，而且这两个向量组中的向量都是线性无关的，所以 $r(\boldsymbol{\beta}_1,\boldsymbol{\beta}_2,\cdots,\boldsymbol{\beta}_n)=r(\boldsymbol{\alpha}_1,\boldsymbol{\alpha}_2,\cdots,\boldsymbol{\alpha}_n)=n$，于是过渡矩阵 $\boldsymbol{P}$ 可逆.

定理 5-3　设 $\boldsymbol{P}$ 是 n 维线性空间 V 中从基 $\boldsymbol{\alpha}_1,\boldsymbol{\alpha}_2,\cdots,\boldsymbol{\alpha}_n$ 到基 $\boldsymbol{\beta}_1,\boldsymbol{\beta}_2,\cdots,\boldsymbol{\beta}_n$ 的过渡矩阵，向量 $\boldsymbol{\alpha}$ 在基 $\boldsymbol{\alpha}_1,\boldsymbol{\alpha}_2,\cdots,\boldsymbol{\alpha}_n$ 下的坐标为 $(x_1,x_2,\cdots,x_n)^{\mathrm{T}}$，在基 $\boldsymbol{\beta}_1,\boldsymbol{\beta}_2,\cdots,\boldsymbol{\beta}_n$ 下的坐标为 $(x_1',x_2',\cdots,x_n')^{\mathrm{T}}$，则有坐标变换公式：

$$\begin{pmatrix}x_1\\x_2\\\vdots\\x_n\end{pmatrix}=\boldsymbol{P}\begin{pmatrix}x_1'\\x_2'\\\vdots\\x_n'\end{pmatrix}\quad\text{或}\quad\begin{pmatrix}x_1'\\x_2'\\\vdots\\x_n'\end{pmatrix}=\boldsymbol{P}^{-1}\begin{pmatrix}x_1\\x_2\\\vdots\\x_n\end{pmatrix} \tag{5-3}$$

证明：因为

$$\begin{aligned}x_1\boldsymbol{\alpha}_1+x_2\boldsymbol{\alpha}_2+\cdots+x_n\boldsymbol{\alpha}_n&=(\boldsymbol{\alpha}_1,\boldsymbol{\alpha}_2,\cdots,\boldsymbol{\alpha}_n)\begin{pmatrix}x_1\\x_2\\\vdots\\x_n\end{pmatrix}\\&=x_1'\boldsymbol{\beta}_1+x_2'\boldsymbol{\beta}_2+\cdots+x_n'\boldsymbol{\beta}_n\\&=(\boldsymbol{\beta}_1,\boldsymbol{\beta}_2,\cdots,\boldsymbol{\beta}_n)\begin{pmatrix}x_1'\\x_2'\\\vdots\\x_n'\end{pmatrix}\\&=(\boldsymbol{\alpha}_1,\boldsymbol{\alpha}_2,\cdots,\boldsymbol{\alpha}_n)\boldsymbol{P}\begin{pmatrix}x_1'\\x_2'\\\vdots\\x_n'\end{pmatrix}\end{aligned}$$

由于 $\boldsymbol{\alpha}_1,\boldsymbol{\alpha}_2,\cdots,\boldsymbol{\alpha}_n$ 线性无关，所以式（5-3）成立.

注：此定理的逆命题也成立.

推论 5-1　若 $\boldsymbol{P}$ 是线性空间 V 中从基 $\boldsymbol{\alpha}_1,\boldsymbol{\alpha}_2,\cdots,\boldsymbol{\alpha}_n$ 到基 $\boldsymbol{\beta}_1,\boldsymbol{\beta}_2,\cdots,\boldsymbol{\beta}_n$ 的过渡矩阵，则 $\boldsymbol{P}^{-1}$ 是从基 $\boldsymbol{\beta}_1,\boldsymbol{\beta}_2,\cdots,\boldsymbol{\beta}_n$ 到基 $\boldsymbol{\alpha}_1,\boldsymbol{\alpha}_2,\cdots,\boldsymbol{\alpha}_n$ 的过渡矩阵.

例 5-17　设 $\boldsymbol{\alpha}_1$，$\boldsymbol{\alpha}_2$，$\boldsymbol{\alpha}_3$ 与 $\boldsymbol{\beta}_1$，$\boldsymbol{\beta}_2$，$\boldsymbol{\beta}_3$ 是 $\mathbf{R}^3$ 中的两组基，且从基 $\boldsymbol{\beta}_1$，$\boldsymbol{\beta}_2$，$\boldsymbol{\beta}_3$ 到基 $\boldsymbol{\alpha}_1$，$\boldsymbol{\alpha}_2$，$\boldsymbol{\alpha}_3$ 的过渡矩阵为

$$\boldsymbol{P}=\begin{pmatrix}1&1&1\\1&1&0\\1&0&0\end{pmatrix}$$

(1) 如果 $\boldsymbol{\alpha}$ 在基 $\boldsymbol{\beta}_1$，$\boldsymbol{\beta}_2$，$\boldsymbol{\beta}_3$ 下的坐标为 $(2,-1,3)^{\mathrm{T}}$，求 $\boldsymbol{\alpha}$ 在基 $\boldsymbol{\alpha}_1$，$\boldsymbol{\alpha}_2$，$\boldsymbol{\alpha}_3$ 下的坐标.

(2) 如果 $\boldsymbol{\alpha}_1=(1,1,0)^{\mathrm{T}}$，$\boldsymbol{\alpha}_2=(1,0,-1)^{\mathrm{T}}$，$\boldsymbol{\alpha}_3=(0,-1,1)^{\mathrm{T}}$，求 $\boldsymbol{\beta}_1$，$\boldsymbol{\beta}_2$，$\boldsymbol{\beta}_3$.

(3) 如果 $\boldsymbol{\beta}_1=(1,1,0)^{\mathrm{T}}$，$\boldsymbol{\beta}_2=(1,0,-1)^{\mathrm{T}}$，$\boldsymbol{\beta}_3=(0,-1,1)^{\mathrm{T}}$，求 $\boldsymbol{\alpha}_1$，$\boldsymbol{\alpha}_2$，$\boldsymbol{\alpha}_3$.

解：(1) 由推论 5-1 知，从基 $\boldsymbol{\alpha}_1$，$\boldsymbol{\alpha}_2$，$\boldsymbol{\alpha}_3$ 到基 $\boldsymbol{\beta}_1$，$\boldsymbol{\beta}_2$，$\boldsymbol{\beta}_3$ 的过渡矩阵为 $\boldsymbol{P}^{-1}=\begin{pmatrix}0&0&1\\0&1&-1\\1&-1&0\end{pmatrix}$，设 $\boldsymbol{\alpha}$ 在基 $\boldsymbol{\alpha}_1$，$\boldsymbol{\alpha}_2$，$\boldsymbol{\alpha}_3$ 下的坐标为 $\begin{pmatrix}x_1\\x_2\\x_3\end{pmatrix}$，则由式 (5-3) 得

$$\begin{pmatrix}x_1\\x_2\\x_3\end{pmatrix}=\boldsymbol{P}^{-1}\begin{pmatrix}2\\-1\\3\end{pmatrix}=\begin{pmatrix}0&0&1\\0&1&-1\\1&-1&0\end{pmatrix}\begin{pmatrix}2\\-1\\3\end{pmatrix}=\begin{pmatrix}3\\-4\\3\end{pmatrix}$$

(2) 由于

$$(\boldsymbol{\beta}_1,\boldsymbol{\beta}_2,\boldsymbol{\beta}_3)=(\boldsymbol{\alpha}_1,\boldsymbol{\alpha}_2,\boldsymbol{\alpha}_3)\boldsymbol{P}^{-1}=\begin{pmatrix}1&1&0\\1&0&-1\\0&-1&1\end{pmatrix}\begin{pmatrix}0&0&1\\0&1&-1\\1&-1&0\end{pmatrix}=\begin{pmatrix}0&1&0\\-1&1&1\\1&-2&1\end{pmatrix}$$

所以 $\boldsymbol{\beta}_1=(0,-1,1)^{\mathrm{T}}$，$\boldsymbol{\beta}_2=(1,1,-2)^{\mathrm{T}}$，$\boldsymbol{\beta}_3=(0,1,1)^{\mathrm{T}}$.

(3) 因为

$$(\boldsymbol{\alpha}_1,\boldsymbol{\alpha}_2,\boldsymbol{\alpha}_3)=(\boldsymbol{\beta}_1,\boldsymbol{\beta}_2,\boldsymbol{\beta}_3)\boldsymbol{P}=\begin{pmatrix}1&1&0\\1&0&-1\\0&-1&1\end{pmatrix}\begin{pmatrix}1&1&1\\1&1&0\\1&0&0\end{pmatrix}=\begin{pmatrix}2&2&1\\0&1&1\\0&-1&0\end{pmatrix}$$

所以 $\boldsymbol{\alpha}_1=(2,0,0)^{\mathrm{T}}$，$\boldsymbol{\alpha}_2=(2,1,-1)^{\mathrm{T}}$，$\boldsymbol{\alpha}_3=(1,1,0)^{\mathrm{T}}$.

习　题　5-2

1. 求下列向量在给定基下的坐标.

(1) $\boldsymbol{\alpha}=\begin{pmatrix}1\\2\end{pmatrix}$在 $\mathbf{R}^2$ 中的基 $B=\left\{\begin{pmatrix}1\\1\end{pmatrix},\begin{pmatrix}-1\\1\end{pmatrix}\right\}$下的坐标；

(2) $\boldsymbol{\beta}=x^2+x^3$ 在 $P_3(x)$ 中的基 $D=\{1,1+x,1+x+x^2,1+x+x^2+x^3\}$ 下的坐标；

(3) $\boldsymbol{\gamma}=(0,-1,0,1)^{\mathrm{T}}$ 在 $\mathbf{R}^4$ 中的标准正交基 $\boldsymbol{e}_1$，$\boldsymbol{e}_2$，$\boldsymbol{e}_3$，$\boldsymbol{e}_4$ 下的坐标.

2. 在下列 $P_3(x)$ 的子空间中寻找一组基.

(1) $\{p(x)\mid p(x)\in P_3(x),p(7)=0\}$；

(2) $\{p(x)\mid p(x)\in P_3(x),p(7)=0,p(5)=0\}$；

(3) $\{p(x)\mid p(x)\in P_3(x),p(7)=0,p(5)=0,p(3)=0\}$；

(4) $\{p(x)\mid p(x)\in P_3(x),p(7)=0,p(5)=0,p(3)=0,p(1)=0\}$.

3. 对于矩阵$\begin{pmatrix}a&b\\c&d\end{pmatrix}$，计算满足以下条件的线性空间的维数.

(1) $a,b,c,d\in\mathbf{R}$；

(2) $a-b+2c=0$，$d\in\mathbf{R}$；

(3) $a+b+c=0$，$a+b-c=0$，$d\in\mathbf{R}$.

4. 求证：如果 U 和 W 都是 $\mathbf{R}^5$ 的两个三维子空间，那么 $U\cap W$ 是 $\mathbf{R}^5$ 的非平凡子空间，试着推广它到 $\mathbf{R}^n$.

5. 若 U 和 W 都是 V 的子空间，而且 $U\subseteq W$，求证：

(1) $\dim U\leqslant\dim W$；

(2) $\dim U=\dim W\Leftrightarrow U=W$.

6. 在 $\mathbf{R}^4$ 中取两组基$\begin{cases}\boldsymbol{e}_1=(1,0,0,0)^{\mathrm{T}}\\\boldsymbol{e}_2=(0,1,0,0)^{\mathrm{T}}\\\boldsymbol{e}_3=(0,0,1,0)^{\mathrm{T}}\\\boldsymbol{e}_4=(0,0,0,1)^{\mathrm{T}}\end{cases}$，$\begin{cases}\boldsymbol{\alpha}_1=(2,1,-1,1)^{\mathrm{T}}\\\boldsymbol{\alpha}_2=(0,3,1,0)^{\mathrm{T}}\\\boldsymbol{\alpha}_3=(5,3,2,1)^{\mathrm{T}}\\\boldsymbol{\alpha}_4=(6,6,1,3)^{\mathrm{T}}\end{cases}$，求：

(1) 从基 $\boldsymbol{e}_1$，$\boldsymbol{e}_2$，$\boldsymbol{e}_3$，$\boldsymbol{e}_4$ 到基 $\boldsymbol{\alpha}_1$，$\boldsymbol{\alpha}_2$，$\boldsymbol{\alpha}_3$，$\boldsymbol{\alpha}_4$ 的过渡矩阵；

(2) 向量 $\boldsymbol{\beta}=(x_1,x_2,x_3,x_4)^{\mathrm{T}}$ 在基 $\boldsymbol{\alpha}_1$，$\boldsymbol{\alpha}_2$，$\boldsymbol{\alpha}_3$，$\boldsymbol{\alpha}_4$ 下的坐标；

(3) $\boldsymbol{\gamma}$，使其在两组基下具有相同的坐标.

习题 5-2
参考答案

第三节　线性空间的同构

全体二维行向量集合对于向量的加法和数乘构成线性空间 $\mathbf{R}_1^2$，它与二维列线性空间 $\mathbf{R}_2^2$ 在几何上是一样的，事实上，它们之间可以构造一个一对一的映射

$f:(x,y)\leftrightarrow\begin{pmatrix}x\\y\end{pmatrix}$，它保持线性运算（即加法和数乘）的关系不变.

另一个此类变换的例子是：$P_3(x)=\{a_0+a_1x+a_2x^2\mid a_0,a_1,a_2\in\mathbf{R}\}$ 和 $\mathbf{R}^3$ 之间定义 $g(a_0+a_1x+a_2x^2)=(a_0,a_1,a_2)^{\mathrm{T}}$，则 g 也保持线性运算的关系不变. 一般地，有以下定义.

定义 5-6（线性空间的同构） 设线性空间 V 到 W 的一个映射：$f:V\mapsto W$，如果其满足：①f 是一对一的映射；②f 保持加法和数乘的运算关系不变，即 $\forall\,\boldsymbol{v}_1,\boldsymbol{v}_2\in V$，有 $f(\boldsymbol{v}_1+\boldsymbol{v}_2)=f(\boldsymbol{v}_1)+f(\boldsymbol{v}_2)$，而且 $\forall\,\boldsymbol{v}\in V$，$r\in\mathbf{R}$，有 $f(r\boldsymbol{v})=rf(\boldsymbol{v})$，则称 f 为从 V 到 W 的一个同构（映射），称 V 与 W 是同构的，记为 $V\cong W$. 特别地，如果 V 到自身的映射：$f:V\rightarrow V$ 满足①、②，称为 V 的一个自同构（映射）.

例 5-18 线性空间 $G=\{c_1\cos\theta+c_2\sin\theta\mid c_1,c_2\in\mathbf{R}\}$（$\theta$ 固定）同构于 $\mathbf{R}^2$.

解： 定义映射 $f:G\mapsto\mathbf{R}^2$，$f(c_1\cos\theta+c_2\sin\theta)=\begin{pmatrix}c_1\\c_2\end{pmatrix}$.

首先证明 f 是单射，即证明 $f(\boldsymbol{a})=f(\boldsymbol{b})$ 当且仅当 $\boldsymbol{a}=\boldsymbol{b}$ 时成立（$\boldsymbol{a}$，$\boldsymbol{b}\in G$）.

如果 $f(a_1\cos\theta+a_2\sin\theta)=f(b_1\cos\theta+b_2\sin\theta)$，由 f 的定义可知

$$\begin{pmatrix}a_1\\a_2\end{pmatrix}=\begin{pmatrix}b_1\\b_2\end{pmatrix}$$

于是：$a_1=b_1$，$a_2=b_2$，即 $f(\boldsymbol{a})=f(\boldsymbol{b})\Rightarrow\boldsymbol{a}=\boldsymbol{b}$，这就证明了 f 是单射.

然后证明 f 是满射，这是显然的，因为 $\forall\begin{pmatrix}x\\y\end{pmatrix}\in\mathbf{R}^2$，它就是 $x\cos\theta+y\sin\theta\in G$ 在 f 下的像，故 f 是一对一的映射.

最后证明 f 保持加法和数乘的运算关系不变：

$$\begin{aligned}f((a_1\cos\theta+a_2\sin\theta)+(b_1\cos\theta+b_2\sin\theta))&=f((a_1+b_1)\cos\theta+(a_2+b_2)\sin\theta)\\&=\begin{pmatrix}a_1+b_1\\a_2+b_2\end{pmatrix}=\begin{pmatrix}a_1\\a_2\end{pmatrix}+\begin{pmatrix}b_1\\b_2\end{pmatrix}\\&=f(a_1\cos\theta+a_2\sin\theta)+f(b_1\cos\theta+b_2\sin\theta)\end{aligned}$$

$$\begin{aligned}f(r\cdot(a_1\cos\theta+a_2\sin\theta))&=f(ra_1\cos\theta+ra_2\sin\theta)\\&=\begin{pmatrix}ra_1\\ra_2\end{pmatrix}=r\begin{pmatrix}a_1\\a_2\end{pmatrix}\\&=rf(a_1\cos\theta+a_2\sin\theta)\end{aligned}$$

综上所述，$G \cong \mathbf{R}^2$.

例 5-19　令 L 表示 $\{c_1x+c_2y+c_3z \mid c_1,c_2,c_3 \in \mathbf{R}\}$，这是三个实变量 x、y、z 在自然加法和数乘意义下的线性空间，那么 $L \cong P_2(x)$，其中 $P_2(x)$ 是不超过两次的多项式空间 $\{a_0+a_1x+a_2x^2 \mid a_0,a_1,a_2 \in \mathbf{R}\}$.

为了证明 $L \cong P_2(x)$，需要找到从 L 到 $\mathbf{R}^2$ 的同构映射，这里的选择有多种，如

$$f_1(c_1x+c_2y+c_3z)=c_1+c_2x+c_3x^2$$
$$f_2(c_1x+c_2y+c_3z)=c_2+c_3x+c_1x^2$$
$$f_3(c_1x+c_2y+c_3z)=-c_1-c_2x-c_3x^2$$
$$f_4(c_1x+c_2y+c_3z)=c_1+(c_1+c_2)x+(c_1+c_3)x^2$$

易证：f_1、f_2、f_3、f_4 都是从 L 到 $\mathbf{R}^2$ 的一对一映射且保持加法和数乘的运算关系不变，所以它们都是从 L 到 $P_2(x)$ 的同构（映射），由此可见，$V \cong W$，且可以构造的同构映射并不唯一.

性质 5-1　同构映射把零向量映射为零向量.

证明： 设 $f: V \to W$ 是一个同构映射，那么对于 $\mathbf{0}_V \in V$，$\forall \boldsymbol{v} \in V$，有 $f(\mathbf{0}_V)=f(0 \cdot \boldsymbol{v})=0 \cdot f(\boldsymbol{v})=\mathbf{0}_W$，其中 $\mathbf{0}_W \in W$.

性质 5-2　设 $f: V \to W$ 是从线性空间 V 到 W 的一个线性映射，以下命题等价：

(1) f 保持加法和数乘的运算关系不变，即 $f(\boldsymbol{v}_1+\boldsymbol{v}_2)=f(\boldsymbol{v}_1)+f(\boldsymbol{v}_2)$，且 $f(c\boldsymbol{v})=cf(\boldsymbol{v})$.

(2) f 保持两个向量的线性组合不变，即 $\forall c_1,c_2 \in \mathbf{R}$，$\boldsymbol{v}_1,\boldsymbol{v}_2 \in V$，有 $f(c_1\boldsymbol{v}_1+c_2\boldsymbol{v}_2)=c_1f(\boldsymbol{v}_1)+c_2f(\boldsymbol{v}_2)$.

(3) f 保持任意多个向量的线性组合不变，即 $\forall c_1,c_2,\cdots,c_n \in \mathbf{R}$，$\boldsymbol{v}_1,\boldsymbol{v}_2,\cdots,\boldsymbol{v}_n \in V$，有 $f\left(\sum_{i=1}^{n} c_i\boldsymbol{v}_i\right)=\sum_{i=1}^{n} c_i f(\boldsymbol{v}_i)$.

例 5-20　在线性空间同构中，一种特殊但有意义的是自同构映射，显然 V 到 V 的恒等映射是自同构映射，此外还有一些有价值的自同构映射. $P_5(x)$ 表示次数不超过 5 的多项式空间，而对于映射 $f: P_5(x) \to P_5(x)$，$f(p(x))=p(x-1)$，$\forall p(x) \in P_5(x)$，容易验证 f 是 $P_5(x)$ 上的自同构映射. 从几何观点看，该映射将曲线右移一个单位，每一条曲线都是另一条右移而得.

两个同构的线性空间虽然向量的表现形式各异，但是它们之间存在一对一的同构映射，保持了线性结构，因此可以认为它们“几乎”相等或者说是等价的.

定理 5-4　同构是线性空间的一种等价关系，即

(1) $V \cong V$（自反性）.

(2) 若 $V \cong W$，则 $W \cong V$（对称性）.

(3) 若 $V_1 \cong V_2$，$V_2 \cong V_3$，则 $V_1 \cong V_3$（传递性）.

定理 5-5　两个空间是同构的当且仅当它们的维数相等，即 $V \cong W \Leftrightarrow \dim V = \dim W$.

推论 5-2　有限维线性空间必与 $\mathbf{R}^n$ 同构.

证明：设 V 是 n 维线性空间，而 $\boldsymbol{\alpha}_1, \boldsymbol{\alpha}_2, \cdots, \boldsymbol{\alpha}_n$ 是 V 的一组基，$\mathbf{R}^n$ 的标准正交基记为 $\boldsymbol{e}_1, \boldsymbol{e}_2, \cdots, \boldsymbol{e}_n$，构造线性映射：$f: V \to \mathbf{R}^n$，$f(\boldsymbol{\alpha}_i) = \boldsymbol{e}_i\ (i = 1, 2, \cdots, n)$，易证 f 是从 V 到 $\mathbf{R}^n$ 的同构映射，所以 $V \cong \mathbf{R}^n$.

因为同构映射保持线性空间之中的线性关系不变，所以对于抽象的线性空间 V 中的线性关系，可以映射到 $\mathbf{R}^n$ 中的线性结构，则使用第三章向量的相关运算求出.

例 5-21　利用同构判断多项式 $p_1 = 1 + 2x^2$，$p_2 = 4 + x + 5x^2$，$p_3 = 3 + 2x$ 在 $P_2(x)$ 中的相关性.

解：在 $P_2(x)$ 中取一组基 $\{1, x, x^2\}$，$\dim P_2(x) = 3$，所以 $P_2(x) \cong \mathbf{R}^3$.

取 $f: P_2(x) \to \mathbf{R}^3$ 且 $f(1) = \boldsymbol{e}_1 = \begin{pmatrix}1\\0\\0\end{pmatrix}$，$f(x) = \boldsymbol{e}_2 = \begin{pmatrix}0\\1\\0\end{pmatrix}$，$f(x^2) = \boldsymbol{e}_3 = \begin{pmatrix}0\\0\\1\end{pmatrix}$，则 f 是从 $P_2(x)$ 到 $\mathbf{R}^3$ 的一个同构映射.

$$f(p_1) = f(1 + 2x^2) = \begin{pmatrix}1\\0\\2\end{pmatrix} = \boldsymbol{\beta}_1$$

$$f(p_2) = f(4 + x + 5x^2) = \begin{pmatrix}4\\1\\5\end{pmatrix} = \boldsymbol{\beta}_2$$

$$f(p_3) = f(3 + 2x) = \begin{pmatrix}3\\2\\0\end{pmatrix} = \boldsymbol{\beta}_3$$

由于 $\det(\boldsymbol{\beta}_1, \boldsymbol{\beta}_2, \boldsymbol{\beta}_3) = \begin{vmatrix}1 & 4 & 3\\0 & 1 & 2\\2 & 5 & 0\end{vmatrix} = 0$，所以 $\boldsymbol{\beta}_1$，$\boldsymbol{\beta}_2$，$\boldsymbol{\beta}_3$ 线性相关，而且 $\boldsymbol{\beta}_3 =$

$2\boldsymbol{\beta}_2-5\boldsymbol{\beta}_1$，故多项式 p_1、p_2、p_3 在 $P_2(x)$ 中线性相关.

因为同构保持了线性关系，而且 $\boldsymbol{\beta}_3=2\boldsymbol{\beta}_2-5\boldsymbol{\beta}_1$，所以 $p_3=2p_2-5p_1$，即 $2x+3=2(5x^2+x+4)-5(2x^2+1)$.

习　题　5-3

1. 判断以下映射哪些是同构的，如果是，请证明；如果不是，请说明理由.

(1) $f: M_{2\times2}\to\mathbf{R}, \begin{pmatrix} a & b \\ c & d \end{pmatrix}\overset{f}{\mapsto} ad-bc$；

(2) $f: M_{2\times2}\to\mathbf{R}^4, \begin{pmatrix} a & b \\ c & d \end{pmatrix}\overset{f}{\mapsto}\begin{pmatrix} a+b+c+d \\ a+b+c \\ a+b \\ a \end{pmatrix}$；

(3) $f: M_{2\times2}\to P_3(x), \begin{pmatrix} a & b \\ c & d \end{pmatrix}\overset{f}{\mapsto} c+(d+c)x+(b+a)x^2+ax^3$；

(4) $f: M_{2\times2}\to P_3(x), \begin{pmatrix} a & b \\ c & d \end{pmatrix}\overset{f}{\mapsto} c+(d+c)x+(b+a+1)x^2+ax^3$；

(5) $f: \mathbf{R}^1\to\mathbf{R}^1$，$f(x)=x^3$.

2. (1) 证明 $f: \mathbf{R}^1\to\mathbf{R}^1$ 是自同构映射，当且仅当它具有形式 $x\overset{f}{\mapsto}kx$，其中 $k\neq0$，即 $f(x)=kx\ (k\neq0)$；

(2) 令 f 是 $\mathbf{R}^1$ 的自同构映射，满足 $f(3)=7$，求 f 及 $f(-2)$；

(3) 证明 $f: \mathbf{R}^2\to\mathbf{R}^2$ 是自同构映射，当且仅当它具有形式：$\begin{pmatrix} x \\ y \end{pmatrix}\overset{f}{\mapsto}\begin{pmatrix} ax+by \\ cx+dy \end{pmatrix}$，其中 $a,b,c,d\in\mathbf{R}$，且 $ad-bc\neq0$.

提示：当且仅当 $ad-bc\neq0$ 时，$\begin{pmatrix} b \\ d \end{pmatrix}$ 不是 $\begin{pmatrix} a \\ c \end{pmatrix}$ 的倍数.

(4) 令 f 是 $\mathbf{R}^2$ 的一个自同构映射，满足 $f\left(\begin{pmatrix} 1 \\ 3 \end{pmatrix}\right)=\begin{pmatrix} 2 \\ -1 \end{pmatrix}$，且 $f\left(\begin{pmatrix} 1 \\ 4 \end{pmatrix}\right)=\begin{pmatrix} 0 \\ 1 \end{pmatrix}$，求 $f\left(\begin{pmatrix} 0 \\ -1 \end{pmatrix}\right)$.

3. 判断下列对应线性空间是否同构.

(1) $\mathbf{R}^2$ 与 $\mathbf{R}^4$；(2) $P_5(x)$ 与 $\mathbf{R}^5$；(3) $M_{2\times3}$ 与 $\mathbf{R}^6$；(4) $P_5(x)$ 与 $M_{2\times3}$.

4. 考虑从 $P_1(x)$ 到 $\mathbf{R}^2$ 的同构映射 f，从 $P_1(x)$ 中取一组基 $B=\{1,1+x\}$，

且 $f(1)=\boldsymbol{e}_1=\begin{pmatrix}1\\0\end{pmatrix}$，$f(1+x)=\boldsymbol{e}_2=\begin{pmatrix}0\\1\end{pmatrix}$，求以下 $P_1(x)$ 中的项在 f 下映射到 $\mathbf{R}^2$ 中的像：

(1) $3-2x$；(2) $2+2x$；(3) x.

5. 判断多项式 x^3+1，$-2x^2+x+3$，$-x^3+3x^2-x$ 在 $P_3(x)$ 中是否线性相关？如果是，给出它们之间的线性关系.

习题 5-3
参考答案

第四节 线 性 变 换

上一节讨论了两个线性空间的同构 $V\stackrel{S}{=}W$，它们之间存在同构映射保持了线性关系，而且是一对一的. 但有时候只要求映射保持线性关系而不要求是一对一的. 例如，$\pi:\mathbf{R}^3\mapsto\mathbf{R}^2$，$\pi\begin{pmatrix}x\\y\\z\end{pmatrix}=\begin{pmatrix}x\\y\end{pmatrix}$就是将 $\mathbf{R}^3$ 中的向量投影到 xOy 平面上，映射 π 保持了向量的加法和数乘运算关系不变，但是显然 π 并不是一对一的映射（如 $\mathbf{0}$ 和 $\boldsymbol{e}_3=(0,0,1)^{\mathrm{T}}$ 都被 π 映射到 $\mathbf{0}=(0,0)^{\mathrm{T}}$），因此 π 并不是 $\mathbf{R}^3$ 到 $\mathbf{R}^2$ 的同构映射. 类似这种要求保持线性关系但不要求同构的例子很多.

一、线性变换的定义

定义 5-7（线性映射） 设从线性空间 V 到 W 的一个映射 $h:V\mapsto W$，如果其保持加法和数乘运算关系不变，则称为一个线性映射，即

(1) $\forall\boldsymbol{v}_1$，$\boldsymbol{v}_2\in V$，有 $h(\boldsymbol{v}_1+\boldsymbol{v}_2)=h(\boldsymbol{v}_1)+h(\boldsymbol{v}_2)\in W$.

(2) $\forall\boldsymbol{v}\in V$，$r\in\mathbf{R}$，有 $h(r\cdot\boldsymbol{v})=r\cdot h(\boldsymbol{v})\in W$.

例 5-22 以下的两个映射 t_1，$t_2:\mathbf{R}^3\mapsto\mathbf{R}^2$ 中第一个 t_1 是线性映射，而第二个 t_2 则不是.

$$\begin{pmatrix}x\\y\\z\end{pmatrix}\stackrel{t_1}{\mapsto}\begin{pmatrix}5x-2y\\x+y\end{pmatrix},\quad\begin{pmatrix}x\\y\\z\end{pmatrix}\stackrel{t_2}{\mapsto}\begin{pmatrix}5x-2y\\xy\end{pmatrix}$$

例 5-23 多项式的微商与积分都是线性映射，如 $f_1:P_2(x)\mapsto P_3(x)$，定义为 $f_1(a_0+a_1x+a_2x^2)=\int_0^x(a_0+a_1x+a_2x^2)\mathrm{d}x=a_0x+\frac{1}{2}a_1x^2+\frac{1}{3}a_2x^3$；而 $f_2:P_3(x)\mapsto P_2(x)$，定义为 $f_2(a_0+a_1x+a_2x^2+a_3x^3)=(a_0+a_1x+a_2x^2+a_3x^3)'=a_1+2a_2x+3a_3x^2$.

这里的 f_1 和 f_2 分别是积分和求导运算.

一般地，用 $P_n(x)$ 表示次数不超过 n 的多项式对于通常的加法和数乘构成的线性空间.

定义 5－8（线性变换） 如果线性映射$\mathbb{F}$从 V 映射到 V，则称之为 V 上的线性变换. 通常用大写空心的字母表示线性变换.

例 5－24 二维线性空间 $\mathbf{R}^2$ 中的向量绕原点逆时针旋转 θ 角就是一个线性变换$\mathbb{T}$：$\mathbf{R}^2 \mapsto \mathbf{R}^2$，定义为

$$\mathbb{T}\begin{pmatrix} x \\ y \end{pmatrix}=\begin{pmatrix} x\cos\theta-y\sin\theta \\ x\sin\theta+y\cos\theta \end{pmatrix}$$

例 5－25 几种特殊的线性变换：

（1）恒等变换（或者单位变换）$\mathbb{E}$，即$\mathbb{E}(\boldsymbol{\alpha})=\boldsymbol{\alpha}$，$\forall\boldsymbol{\alpha}\in V$.

（2）零变换$\mathbb{O}$，即$\mathbb{O}(\boldsymbol{\alpha})=\mathbf{0}$，$\forall\boldsymbol{\alpha}\in V$.

（3）数乘变换：令 $k\in\mathbf{R}$，定义$\mathbb{K}(\boldsymbol{\alpha})=k\boldsymbol{\alpha}$，$\forall\boldsymbol{\alpha}\in V$，称为 V 上的数乘变换.

二、线性变换的性质

直接由定义不难推出线性变换有以下简单的性质.

性质 5－3 $\mathbb{T}(\mathbf{0})=\mathbf{0}$，$\mathbb{T}(-\boldsymbol{\alpha})=-\mathbb{T}(\boldsymbol{\alpha})$，$\forall\boldsymbol{\alpha}\in V$.

事实上，$\mathbb{T}(\mathbf{0})=\mathbb{T}(0\cdot\boldsymbol{\alpha})=0\cdot\mathbb{T}(\boldsymbol{v})=\mathbf{0}$，$\mathbb{T}(-\boldsymbol{\alpha})=\mathbb{T}((-1)\cdot\boldsymbol{\alpha})=(-1)\cdot\mathbb{T}(\boldsymbol{\alpha})=-\mathbb{T}(\boldsymbol{\alpha})$.

性质 5－4 线性变换保持线性组合与线性关系不变. 即，如果 $\boldsymbol{\beta}$ 可由 $\boldsymbol{\alpha}_1,\cdots,\boldsymbol{\alpha}_r$ 表示为

$$\boldsymbol{\beta}=k_1\boldsymbol{\alpha}_1+\cdots+k_r\boldsymbol{\alpha}_r$$

那么经过线性变换$\mathbb{T}$之后，$\mathbb{T}(\boldsymbol{\beta})$ 是$\mathbb{T}(\boldsymbol{\alpha}_1),\cdots,\mathbb{T}(\boldsymbol{\alpha}_r)$ 同样的线性组合：

$$\mathbb{T}(\boldsymbol{\beta})=k_1\mathbb{T}(\boldsymbol{\alpha}_1)+\cdots+k_r\mathbb{T}(\boldsymbol{\alpha}_r)$$

又如果 $\boldsymbol{\alpha}_1,\cdots,\boldsymbol{\alpha}_r$ 之间有线性关系，即 $k_1\boldsymbol{\alpha}_1+\cdots+k_r\boldsymbol{\alpha}_r=\mathbf{0}$，那么它们的像之间也有同样的线性关系，即 $k_1\mathbb{T}(\boldsymbol{\alpha}_1)+\cdots+k_r\mathbb{T}(\boldsymbol{\alpha}_r)=\mathbb{T}(\mathbf{0})=\mathbf{0}$. 由以上两点，可以得到以下性质.

性质 5－5 线性变换把线性相关的向量组映射为线性相关的向量组.

注： 性质 5－5 的逆命题不成立，即线性变换可能把线性无关的向量组映射为线性相关的向量组，如零变换$\mathbb{O}$就是如此.

三、线性变换的值域与核

线性变换类似于函数，有必要研究其值域，以及它将哪些向量映射为零向量.

定义 5－9（值域与核） 设$\mathbb{T}$是线性空间 V 的一个线性变换，$\mathbb{T}$的像集合即

$$\mathbb{T}(V)=\{\mathbb{T}(\boldsymbol{\alpha})\mid\boldsymbol{\alpha}\in V\}$$

称为$\mathbb{T}$的值域. 所有被$\mathbb{T}$映射为零向量的向量全体组成的集合称为$\mathbb{T}$的核，用$\mathbb{T}^{-1}(\mathbf{0})$表示，即

$$\mathbb{T}^{-1}(\mathbf{0})=\{\boldsymbol{\alpha}\mid\mathbb{T}(\boldsymbol{\alpha})=\mathbf{0},\boldsymbol{\alpha}\in V\}$$

不难证明以下性质.

性质 5-6　线性变换$\mathbb{T}$的值域与核都是线性空间 V 的子空间.

事实上，由$\mathbb{T}(\boldsymbol{\alpha}+\boldsymbol{\beta})=\mathbb{T}(\boldsymbol{\alpha})+\mathbb{T}(\boldsymbol{\beta})$，$k\mathbb{T}(\boldsymbol{\alpha})=\mathbb{T}(k\boldsymbol{\alpha})$ 可知，$\mathbb{T}(V)$ 对于加法和数乘封闭，而且$\mathbb{T}(V)$ 非空，因此$\mathbb{T}(V)$ 是 V 的子空间.

由$\mathbb{T}(\boldsymbol{\alpha})=\mathbf{0}$，$\mathbb{T}(\boldsymbol{\beta})=\mathbf{0}$ 可知，$\mathbb{T}(\boldsymbol{\alpha}+\boldsymbol{\beta})=\mathbf{0}$，$k\mathbb{T}(\boldsymbol{\alpha})=\mathbf{0}$，即$\mathbb{T}^{-1}(\mathbf{0})$ 对于加法和数乘封闭. 又因为$\mathbb{T}(\mathbf{0})=\mathbf{0}$，所以 $\mathbf{0}\in\mathbb{T}^{-1}(\mathbf{0})$，即$\mathbb{T}^{-1}(\mathbf{0})$ 是非空的，于是$\mathbb{T}^{-1}(\mathbf{0})$ 是 V 的子空间.

将线性变换$\mathbb{T}$的值域的维数称为$\mathbb{T}$的秩，记为 $r(\mathbb{T})$，即 $r(\mathbb{T})=\dim(\mathbb{T}(V))$；将$\mathbb{T}$的核$\mathbb{T}^{-1}(\mathbf{0})$ 的维数称为$\mathbb{T}$的零度. 两者之间的关系是

$$\mathbb{T}\text{ 的秩}+\mathbb{T}\text{ 的零度}=\dim V=n$$

例 5-26　定义在 $\mathbf{R}^3$ 上的线性变换$\mathbb{T}\begin{pmatrix}x\\y\\z\end{pmatrix}=\begin{pmatrix}x\\y\\0\end{pmatrix}$，则它的值域$\mathbb{T}(\mathbf{R}^3)$ 就是 xOy 平面，而$\mathbb{T}^{-1}(\mathbf{0})=\left\{\begin{pmatrix}0\\0\\z\end{pmatrix}\middle| z\in\mathbf{R}\right\}$，即它的核是 z 轴.

例 5-27　在 $P_3(x)$ 上的微商运算$\mathbb{D}$是 $P_3(x)$ 的线性变换，即

$$\forall a_0+a_1x+a_2x^2+a_3x^3\in P_3(x),\mathbb{D}(a_0+a_1x+a_2x^2+a_3x^3)=a_1+2a_2x+3a_3x^2$$

则$\mathbb{D}$的值域$\mathbb{D}(P_3(x))=P_2(x)$ 是次数不超过 2 的多项式空间，而$\mathbb{D}$的核$\mathbb{D}^{-1}(\mathbf{0})=P_0(x)=\{c\mid c\in\mathbf{R}\}$ 是零次多项式空间.

四、线性变换的矩阵

对于 n 维线性空间 V，如果 $\boldsymbol{\varepsilon}_1,\boldsymbol{\varepsilon}_2,\cdots,\boldsymbol{\varepsilon}_n$ 是 V 的一组基，则$\forall\boldsymbol{\xi}\in V$，有

$$\boldsymbol{\xi}=k_1\boldsymbol{\varepsilon}_1+k_2\boldsymbol{\varepsilon}_2+\cdots+k_n\boldsymbol{\varepsilon}_n$$

其中 $x_1,x_2,\cdots,x_n$ 是唯一确定的，即 $(x_1,x_2,\cdots,x_n)^{\mathrm{T}}$ 是 $\boldsymbol{\xi}$ 的坐标. 由于线性变换$\mathbb{T}$保持线性关系不变，因而

$$\mathbb{T}(\boldsymbol{\xi})=k_1\mathbb{T}(\boldsymbol{\varepsilon}_1)+k_2\mathbb{T}(\boldsymbol{\varepsilon}_2)+\cdots+k_n\mathbb{T}(\boldsymbol{\varepsilon}_n)$$

这表明如果知道了基 $\boldsymbol{\varepsilon}_1,\boldsymbol{\varepsilon}_2,\cdots,\boldsymbol{\varepsilon}_n$ 在$\mathbb{T}$下的像，那么也容易得到任意向量 $\boldsymbol{\xi}$ 的像$\mathbb{T}(\boldsymbol{\xi})$.

由于$\mathbb{T}(\boldsymbol{\varepsilon}_i)\in V$，那么有以下定义.

定义 5－10（线性变换的矩阵） 设$\boldsymbol{\varepsilon}_1,\boldsymbol{\varepsilon}_2,\cdots,\boldsymbol{\varepsilon}_n$是$V$的一组基，$\mathbb{T}$是$V$上的一个线性变换，基向量的像$\mathbb{T}(\boldsymbol{\varepsilon}_i)$可以被$\boldsymbol{\varepsilon}_1,\boldsymbol{\varepsilon}_2,\cdots,\boldsymbol{\varepsilon}_n$线性表示：

$$\begin{cases}\mathbb{T}(\boldsymbol{\varepsilon}_1)=a_{11}\boldsymbol{\varepsilon}_1+a_{12}\boldsymbol{\varepsilon}_2+\cdots+a_{1n}\boldsymbol{\varepsilon}_n\\ \mathbb{T}(\boldsymbol{\varepsilon}_2)=a_{21}\boldsymbol{\varepsilon}_1+a_{22}\boldsymbol{\varepsilon}_2+\cdots+a_{2n}\boldsymbol{\varepsilon}_n\\ \qquad\vdots\\ \mathbb{T}(\boldsymbol{\varepsilon}_n)=a_{n1}\boldsymbol{\varepsilon}_1+a_{n2}\boldsymbol{\varepsilon}_2+\cdots+a_{nn}\boldsymbol{\varepsilon}_n\end{cases}$$

用矩阵表示就是

$$\mathbb{T}(\boldsymbol{\varepsilon}_1,\boldsymbol{\varepsilon}_2,\cdots,\boldsymbol{\varepsilon}_n)=(\mathbb{T}(\boldsymbol{\varepsilon}_1),\mathbb{T}(\boldsymbol{\varepsilon}_2),\cdots,\mathbb{T}(\boldsymbol{\varepsilon}_n))=(\boldsymbol{\varepsilon}_1,\boldsymbol{\varepsilon}_2,\cdots,\boldsymbol{\varepsilon}_n)\boldsymbol{A}\quad(5-4)$$

其中$\boldsymbol{A}=\begin{pmatrix}a_{11}&a_{12}&\cdots&a_{1n}\\a_{21}&a_{22}&\cdots&a_{2n}\\\vdots&\vdots&&\vdots\\a_{n1}&a_{n2}&\cdots&a_{nn}\end{pmatrix}$称为$\mathbb{T}$在基$\boldsymbol{\varepsilon}_1,\boldsymbol{\varepsilon}_2,\cdots,\boldsymbol{\varepsilon}_n$下的矩阵.

反之，给定一个矩阵$\boldsymbol{A}$后，可以构造线性变换$\mathbb{T}$满足式（5－4），即$\mathbb{T}(\boldsymbol{\varepsilon}_1,\boldsymbol{\varepsilon}_2,\cdots,\boldsymbol{\varepsilon}_n)=(\boldsymbol{\varepsilon}_1,\boldsymbol{\varepsilon}_2,\cdots,\boldsymbol{\varepsilon}_n)\boldsymbol{A}$，则

$$\forall\boldsymbol{\xi}=(x_1,x_2,\cdots,x_n)^{\mathrm{T}}\in V,\mathbb{T}(\boldsymbol{\xi})=\mathbb{T}\left(\sum_{i=1}^{n}x_i\boldsymbol{\varepsilon}_i\right)=\sum_{i=1}^{n}x_i\,\mathbb{T}(\boldsymbol{\varepsilon}_i)$$
$$=(\boldsymbol{\varepsilon}_1,\boldsymbol{\varepsilon}_2,\cdots,\boldsymbol{\varepsilon}_n)\boldsymbol{A}(x_1,x_2,\cdots,x_n)^{\mathrm{T}}$$

综上所述，在n维线性空间V中取定一组基以后，由线性变换可以唯一地确定一个矩阵；由一个矩阵也可以唯一地定义一个线性变换$\mathbb{T}$，即线性变换与矩阵是一一对应的.

例 5－28 在$M_{2\times 2}$的子空间$V=\left\{\begin{pmatrix}x_1&x_2\\x_2&x_3\end{pmatrix}\middle|x_1,x_2,x_3\in\mathbf{R}\right\}$中取一组基

$$\boldsymbol{A}_1=\begin{pmatrix}1&0\\0&0\end{pmatrix},\boldsymbol{A}_2=\begin{pmatrix}0&1\\1&0\end{pmatrix},\boldsymbol{A}_3=\begin{pmatrix}0&0\\0&1\end{pmatrix}$$

在V上定义线性变换$\mathbb{T}(\boldsymbol{A})=\begin{pmatrix}1&0\\1&1\end{pmatrix}\boldsymbol{A}\begin{pmatrix}1&1\\0&1\end{pmatrix}$，$\boldsymbol{A}\in V$，求$\mathbb{T}$在基$\boldsymbol{A}_1$，$\boldsymbol{A}_2$，$\boldsymbol{A}_3$下的矩阵.

解：
$$\mathbb{T}(\boldsymbol{A}_1)=\begin{pmatrix}1&0\\1&1\end{pmatrix}\begin{pmatrix}1&0\\0&0\end{pmatrix}\begin{pmatrix}1&1\\0&1\end{pmatrix}=\begin{pmatrix}1&1\\1&1\end{pmatrix}=\boldsymbol{A}_1+\boldsymbol{A}_2+\boldsymbol{A}_3$$

$$\mathbb{T}(\boldsymbol{A}_2)=\begin{pmatrix}1&0\\1&1\end{pmatrix}\begin{pmatrix}0&1\\1&0\end{pmatrix}\begin{pmatrix}1&1\\0&1\end{pmatrix}=\begin{pmatrix}0&1\\1&2\end{pmatrix}=0\cdot\boldsymbol{A}_1+\boldsymbol{A}_2+2\boldsymbol{A}_3$$

$$\mathbb{T}(\boldsymbol{A}_3)=\begin{pmatrix}1&0\\1&1\end{pmatrix}\begin{pmatrix}0&0\\0&1\end{pmatrix}\begin{pmatrix}1&1\\0&1\end{pmatrix}=\begin{pmatrix}0&0\\0&1\end{pmatrix}=0\cdot\boldsymbol{A}_1+0\cdot\boldsymbol{A}_2+\boldsymbol{A}_3$$

所以$\mathbb{T}(\boldsymbol{A}_1,\boldsymbol{A}_2,\boldsymbol{A}_3)=(\boldsymbol{A}_1,\boldsymbol{A}_2,\boldsymbol{A}_3)\begin{pmatrix}1&0&0\\1&1&0\\1&2&1\end{pmatrix}$，即$\mathbb{T}$在基$\boldsymbol{A}_1$，$\boldsymbol{A}_2$，$\boldsymbol{A}_3$下的矩阵为$\begin{pmatrix}1&0&0\\1&1&0\\1&2&1\end{pmatrix}$.

例 5-29　设$\mathbb{T}$为$\mathbf{R}^3$上的线性变换，且

$$\mathbb{T}(\boldsymbol{\varepsilon}_1)=(-1,1,0)^{\mathrm{T}},\ \mathbb{T}(\boldsymbol{\varepsilon}_2)=(2,1,1)^{\mathrm{T}},\mathbb{T}(\boldsymbol{\varepsilon}_3)=(0,-1,-1)^{\mathrm{T}}$$

其中$\boldsymbol{\varepsilon}_1$，$\boldsymbol{\varepsilon}_2$，$\boldsymbol{\varepsilon}_3$是$\mathbf{R}^3$的标准正交基，求：

(1) $\mathbb{T}$在基$\boldsymbol{\varepsilon}_1$，$\boldsymbol{\varepsilon}_2$，$\boldsymbol{\varepsilon}_3$下的矩阵$\boldsymbol{A}$；

(2) $\mathbb{T}$在另一组基$\boldsymbol{\alpha}_1=\boldsymbol{\varepsilon}_1+\boldsymbol{\varepsilon}_2+\boldsymbol{\varepsilon}_3$，$\boldsymbol{\alpha}_2=\boldsymbol{\varepsilon}_1+\boldsymbol{\varepsilon}_2$，$\boldsymbol{\alpha}_3=\boldsymbol{\varepsilon}_1$下的矩阵.

解：(1) 由$\begin{cases}\mathbb{T}(\boldsymbol{\varepsilon}_1)=-\boldsymbol{\varepsilon}_1+\boldsymbol{\varepsilon}_2+0\cdot\boldsymbol{\varepsilon}_3\\\mathbb{T}(\boldsymbol{\varepsilon}_2)=2\boldsymbol{\varepsilon}_1+\boldsymbol{\varepsilon}_2+\boldsymbol{\varepsilon}_3\\\mathbb{T}(\boldsymbol{\varepsilon}_3)=0\cdot\boldsymbol{\varepsilon}_1+(-1)\boldsymbol{\varepsilon}_2+(-1)\boldsymbol{\varepsilon}_3\end{cases}$

得

$$\mathbb{T}(\boldsymbol{\varepsilon}_1,\boldsymbol{\varepsilon}_2,\boldsymbol{\varepsilon}_3)=(\boldsymbol{\varepsilon}_1,\boldsymbol{\varepsilon}_2,\boldsymbol{\varepsilon}_3)\begin{pmatrix}-1&2&0\\1&1&-1\\0&1&-1\end{pmatrix}$$

令$\boldsymbol{A}=\begin{pmatrix}-1&2&0\\1&1&-1\\0&1&-1\end{pmatrix}$，则$\boldsymbol{A}$是$\mathbb{T}$在基$\boldsymbol{\varepsilon}_1$，$\boldsymbol{\varepsilon}_2$，$\boldsymbol{\varepsilon}_3$下的矩阵.

(2) $\begin{cases}\mathbb{T}(\boldsymbol{\alpha}_1)=\mathbb{T}(\boldsymbol{\varepsilon}_1+\boldsymbol{\varepsilon}_2+\boldsymbol{\varepsilon}_3)=\mathbb{T}(\boldsymbol{\varepsilon}_1)+\mathbb{T}(\boldsymbol{\varepsilon}_2)+\mathbb{T}(\boldsymbol{\varepsilon}_3)=(1,1,0)^{\mathrm{T}}=\boldsymbol{\alpha}_2\\\mathbb{T}(\boldsymbol{\alpha}_2)=\mathbb{T}(\boldsymbol{\varepsilon}_1+\boldsymbol{\varepsilon}_2)=\mathbb{T}(\boldsymbol{\varepsilon}_1)+\mathbb{T}(\boldsymbol{\varepsilon}_2)=(1,2,1)^{\mathrm{T}}=\boldsymbol{\alpha}_1+\boldsymbol{\alpha}_2-\boldsymbol{\alpha}_3\\\mathbb{T}(\boldsymbol{\alpha}_3)=\mathbb{T}(\boldsymbol{\varepsilon}_1)=(-1,1,0)^{\mathrm{T}}=\boldsymbol{\alpha}_2-2\boldsymbol{\alpha}_3\end{cases}$，即

$$\mathbb{T}(\boldsymbol{\alpha}_1,\boldsymbol{\alpha}_2,\boldsymbol{\alpha}_3)=(\boldsymbol{\alpha}_1,\boldsymbol{\alpha}_2,\boldsymbol{\alpha}_3)\begin{pmatrix}0&1&0\\1&1&1\\0&-1&-2\end{pmatrix}$$

令$\boldsymbol{B}=\begin{pmatrix}0&1&0\\1&1&1\\0&-1&-2\end{pmatrix}$，于是$\boldsymbol{B}$是$\mathbb{T}$在基$\boldsymbol{\alpha}_1$，$\boldsymbol{\alpha}_2$，$\boldsymbol{\alpha}_3$下的矩阵.

由例 5-29 可见，一个线性空间中同一个线性变换在不同基下有不同的矩阵，现在解决这些矩阵之间的关系问题.

定理 5-6 设 n 维线性空间 V 的两组基为 $\boldsymbol{\alpha}_1,\boldsymbol{\alpha}_2,\cdots,\boldsymbol{\alpha}_n$ 与 $\boldsymbol{\beta}_1,\boldsymbol{\beta}_2,\cdots,\boldsymbol{\beta}_n$，从基 $\boldsymbol{\alpha}_1,\boldsymbol{\alpha}_2,\cdots,\boldsymbol{\alpha}_n$ 到 $\boldsymbol{\beta}_1,\boldsymbol{\beta}_2,\cdots,\boldsymbol{\beta}_n$ 的过渡矩阵为 $\boldsymbol{P}$，V 上的线性变换在两组基下的矩阵分别为 $\boldsymbol{A}$ 和 $\boldsymbol{B}$，则 $\boldsymbol{A}$ 与 $\boldsymbol{B}$ 相似，且 $\boldsymbol{B}=\boldsymbol{P}^{-1}\boldsymbol{AP}$.

证明： 由过渡矩阵的定义可知 $(\boldsymbol{\beta}_1,\boldsymbol{\beta}_2,\cdots,\boldsymbol{\beta}_n)=(\boldsymbol{\alpha}_1,\boldsymbol{\alpha}_2,\cdots,\boldsymbol{\alpha}_n)\boldsymbol{P}$，且 $\boldsymbol{P}$ 可逆. 又

$$
\begin{aligned}
(\boldsymbol{\beta}_1,\boldsymbol{\beta}_2,\cdots,\boldsymbol{\beta}_n)\boldsymbol{B} &=\mathbb{T}(\boldsymbol{\beta}_1,\boldsymbol{\beta}_2,\cdots,\boldsymbol{\beta}_n)=\mathbb{T}[(\boldsymbol{\alpha}_1,\boldsymbol{\alpha}_2,\cdots,\boldsymbol{\alpha}_n)\boldsymbol{P}]=\mathbb{T}(\boldsymbol{\alpha}_1,\boldsymbol{\alpha}_2,\cdots,\boldsymbol{\alpha}_n)\boldsymbol{P}\\
&=(\boldsymbol{\alpha}_1,\boldsymbol{\alpha}_2,\cdots,\boldsymbol{\alpha}_n)\boldsymbol{AP}=(\boldsymbol{\beta}_1,\boldsymbol{\beta}_2,\cdots,\boldsymbol{\beta}_n)\boldsymbol{P}^{-1}\boldsymbol{AP}
\end{aligned}
$$

由于 $\boldsymbol{\beta}_1,\boldsymbol{\beta}_2,\cdots,\boldsymbol{\beta}_n$ 线性无关，所以 $\boldsymbol{B}=\boldsymbol{P}^{-1}\boldsymbol{AP}$.

例 5-30 设 $\mathbb{T}$ 为 $\mathbf{R}^3$ 上的线性变换，其在基 $\boldsymbol{\alpha}_1$，$\boldsymbol{\alpha}_2$，$\boldsymbol{\alpha}_3$ 下的矩阵为 $\boldsymbol{A}=\begin{pmatrix}1&2&3\\-1&0&3\\2&1&5\end{pmatrix}$，求 $\mathbb{T}$ 在另一组基 $\boldsymbol{\beta}_1=\boldsymbol{\alpha}_1$，$\boldsymbol{\beta}_2=\boldsymbol{\alpha}_1+\boldsymbol{\alpha}_2$，$\boldsymbol{\beta}_3=\boldsymbol{\alpha}_1+\boldsymbol{\alpha}_2+\boldsymbol{\alpha}_3$ 下的矩阵.

解： 从基 $\boldsymbol{\alpha}_1$，$\boldsymbol{\alpha}_2$，$\boldsymbol{\alpha}_3$ 到基 $\boldsymbol{\beta}_1$，$\boldsymbol{\beta}_2$，$\boldsymbol{\beta}_3$ 的过渡矩阵 $\boldsymbol{P}=\begin{pmatrix}1&1&1\\0&1&1\\0&0&1\end{pmatrix}$，所以 $\mathbb{T}$ 在 $\boldsymbol{\beta}_1$，$\boldsymbol{\beta}_2$，$\boldsymbol{\beta}_3$ 下的矩阵为

$$
\boldsymbol{B}=\boldsymbol{P}^{-1}\boldsymbol{AP}=\begin{pmatrix}1&1&1\\0&1&1\\0&0&1\end{pmatrix}^{-1}\begin{pmatrix}1&2&3\\-1&0&3\\2&1&5\end{pmatrix}\begin{pmatrix}1&1&1\\0&1&1\\0&0&1\end{pmatrix}=\begin{pmatrix}2&4&4\\-3&-4&-6\\2&3&8\end{pmatrix}
$$

习 题 5-4

1. 求证 $P_n(x)$ 上的微商运算 $\mathbb{D}$，$\mathbb{D}(a_0+a_1x+\cdots+a_nx^n)=a_1+2a_2x+\cdots+na_nx^{n-1}$ 是线性变换.

2. 设 $\mathbf{R}^2$ 上的线性变换 $\mathbb{T}:\mathbf{R}^2\mapsto\mathbf{R}^2$，$\mathbb{T}\begin{pmatrix}x\\y\end{pmatrix}=\begin{pmatrix}\dfrac{x}{2}\\\dfrac{y}{3}\end{pmatrix}$，计算椭圆 $\left\{\begin{pmatrix}x\\y\end{pmatrix}\middle|\dfrac{x^2}{4}+\dfrac{y^2}{9}=1\right\}$ 在 $\mathbb{T}$ 下的像.

3. 求 $\mathbf{R}^3$ 上的线性变换 $\mathbb{T}$，使其满足条件：

$$\mathbb{T}\begin{pmatrix}1\\-1\\-3\end{pmatrix}=\begin{pmatrix}1\\0\\-1\end{pmatrix},\ \mathbb{T}\begin{pmatrix}2\\1\\1\end{pmatrix}=\begin{pmatrix}2\\-1\\1\end{pmatrix},\ \mathbb{T}\begin{pmatrix}1\\0\\-1\end{pmatrix}=\begin{pmatrix}1\\0\\-1\end{pmatrix}$$

4. 设 $\boldsymbol{\xi}_1,\boldsymbol{\xi}_2,\cdots,\boldsymbol{\xi}_n$ 是 V 的一组基，$\boldsymbol{\beta}_1,\boldsymbol{\beta}_2,\cdots,\boldsymbol{\beta}_n$ 是 V 中的 n 个向量，且

$$(\boldsymbol{\beta}_1,\boldsymbol{\beta}_2,\cdots,\boldsymbol{\beta}_n)=(\boldsymbol{\xi}_1,\boldsymbol{\xi}_2,\cdots,\boldsymbol{\xi}_n)\boldsymbol{A}$$

求证：$\boldsymbol{\beta}_1,\boldsymbol{\beta}_2,\cdots,\boldsymbol{\beta}_n$ 生成的子空间 $\mathrm{Span}\{\boldsymbol{\beta}_1,\boldsymbol{\beta}_2,\cdots,\boldsymbol{\beta}_n\}$ 的维数等于矩阵 $\boldsymbol{A}$ 的秩.

5. 在 $\mathbf{R}^3$ 中，$\mathbb{T}$ 表示将向量投影到 xOy 平面的线性变换，即

$$\mathbb{T}(x\boldsymbol{i}+y\boldsymbol{j}+z\boldsymbol{k})=x\boldsymbol{i}+y\boldsymbol{j}$$

(1) 取基为 $\boldsymbol{i},\boldsymbol{j},\boldsymbol{k}$，求 $\mathbb{T}$ 在此即基下的矩阵；

(2) 取另一组基 $\boldsymbol{\alpha}=\boldsymbol{i}$，$\boldsymbol{\beta}=\boldsymbol{j}$，$\boldsymbol{\gamma}=\boldsymbol{i}+\boldsymbol{j}+\boldsymbol{k}$，求 $\mathbb{T}$ 在此基下的矩阵.

6. 函数集合 $V=\{(a_0+a_1x+a_2x^2)\mathrm{e}^x \mid a_0,a_1,a_2\in\mathbf{R}\}$ 对于函数的线性运算构成三维线性空间，取 V 中的一组基 $\boldsymbol{\alpha}_1=x^2\mathrm{e}^x$，$\boldsymbol{\alpha}_2=x\mathrm{e}^x$，$\boldsymbol{\alpha}_3=\mathrm{e}^x$，求微商运算 $\mathbb{D}$ 在此基下的矩阵.

习题 5-4
参考答案

附录　线性代数实验指导

一、Octave 简介

现代数学学习与计算是伴随着大量计算软件而进行的，比较著名的商业类数学软件有 MATLAB、Maple、Mathematica、Spss、SAS、LINDO 等. 其中包含 CAS（计算机代数系统）的软件有 MATLAB、Maple、Mathematica 等.

这类商业软件价格昂贵，与之相对的还有一些可供选择的开源软件，如 Octave、SCILAB、R、Maxima 等，虽然它们是开源的，但并不意味着功能上有不足，如 Maxima 中的 CAS 就比 Maple 中的更正宗.

作为线性代数课程的实验软件，可以选择开源 GNU Octave 这一款和 MATLAB 语法非常相近的软件（与 MATLAB 中的程序很容易相互移植）. 早期的 Octave 是命令行交互方式，但在最新的版本中增加了 GUI（图形用户界面）（也有汉化的版本）.

使用 Octave 有单机版和在线方式两种方法.

(1) 单机版：在 Octave 官网上根据机器的操作系统类型下载最新版本的 Octave，安装后即可使用.

(2) 在线方式：基于网页浏览器登录，以命令行交互方式进行计算（附图 1）.

对本课程而言，用在线方式可以避免安装 Octave 系统和补丁包的麻烦，因此以下的介绍均采用在线方式完成.

二、矩阵运算操作

通过下面的学习，掌握矩阵的输入方法，会利用 Octave 对矩阵进行转置、加、减、数乘、乘方等运算，并能求矩阵的逆矩阵，会对矩阵进行部分提取，会合并矩阵，能构造几种特殊的矩阵.

基本命令：在 Octave 中（和 MATLAB 类似），矩阵和向量都是以列表形式储存的，在输入时以“[”开始，以“]”结束，行之间的元素用逗号，或空格分开，每行以“;”结束.

例如：

```
A=[1,2;3,4]或 A=[1 2;3 4]
B=[3;5]
```

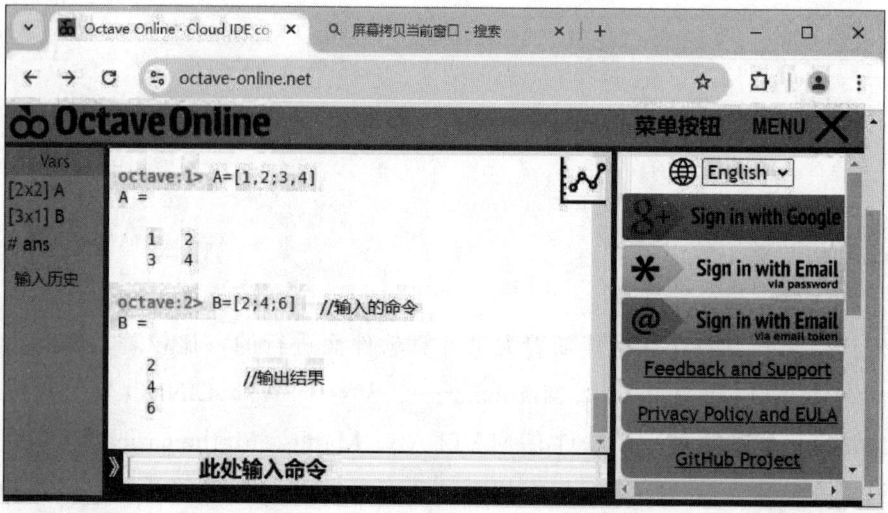

附图 1　在线 Octave Online 的网页页面

还有一种方式是将每一行元素用［ ］包围，例如：

```
A=[[1,2];[2,3]]
```

有些特殊的矩阵并不需要手动将元素逐个输入，介绍如下.

（1）用 eye(n) 可以得到 n 阶单位矩阵（其中 n 为具体的数字），如用 eye(4) 得到四阶单位矩阵.

（2）用 ones(m，n) 得到 m 行 n 列的全为 1 的矩阵，或用 ones(n) 得到 n 阶全为 1 的矩阵，例如：

```
ones(2,3)  //得到两行三列的全为1的矩阵❶
ones(3)  //得到三行三列的全为1的矩阵
```

（3）用 zeros(m，n) 或 zeros(n) 得到全为 0 的矩阵，例如：

```
zeros(3,2)
zeros(3)
```

（4）用 diag(v) 得到一个对角矩阵，其中 v 是 n 个元素的一个列表（或一个向量），例如：

```
diag([1,2,3])
```

（5）用 magic(n) 得到 n 阶标准幻方矩阵，例如：

```
magic(3)
```

❶ 在行尾"//"以后的文字是注释内容，在输入时可以省略.

（6）用 rand(m，n）或 rand(n）得到一个（0，1）均匀分布的随机数矩阵，例如：

```
rand(2,3)
rand(3)
```

（7）用 randi(max，m，n）或 randi(max，n）得到一个从 1～max 之间均匀分布的随机整数矩阵，例如：

```
randi(10,4,3)
randi(10,3)
```

（8）用 randn(m，n）或 randn(n）得到一个服从标准正态分布的随机数矩阵，例如：

```
randn(2,3)
randn(3)
```

1. 矩阵的基本运算

（1）矩阵的加减法. 用“+”和“−”，例如：

```
A=[1,2;3,4]
B=[3,4;5,6]
A+B
A-B
```

（2）矩阵的数乘与乘法用 *，幂用^，例如：

```
A=[1,2;3,4]
3*A 或 3A
A*B
A^3
```

（3）矩阵的转置用'，例如：

```
A=[1,2;3,4]
A'
```

（4）矩阵的逆用命令 inv(A）或 pinv(A)，例如：

```
A=[1,2;3,4]
inv(A)
```

可以看到这里的逆矩阵元素是用近似的小数给的，在符号矩阵内容中将介绍一种精确的计算方法.

（5）用 trace(A）求矩阵 A 的迹，例如：

```
A=[1,2;3,4]
```

```
trace(A)
```

(6) 用 rank(A) 求矩阵的秩，例如：

```
A=[1,2;3,4]
rank(A)
```

2. 符号矩阵的输入与精确计算

当进行精确计算时，需要将矩阵输入为符号矩阵，针对符号矩阵的计算是精确计算，没有舍入误差，得到符号矩阵的方法是 sym([…])，例如：

A=sym([[1,2;3,4]])　　//得到符号矩阵 $A=\begin{bmatrix}1 & 2\\3 & 4\end{bmatrix}$

```
inv(A)
```

如果矩阵内包含符号，那么必须先声明符号，然后在矩阵中使用这些声明的符号，例如：

```
x=sym('x')
A=[[x,1];[2,3]]
```

注意：若矩阵中含有符号，则输入方式只能以此种方式输入，用另一种方式 A=[x,1;2,3] 时，会提示错误，这是 Octave 的 bug. 事实上，关于符号矩阵的计算方法，Octave 是调用 Python 语言的扩展 sympy 包来进行的，因此在单机版中要进行运算，需要安装 Python 以及扩展 sympy 包，然后每次在运行 Octave 时还需要事先加载 symbolic 包，命令为

```
pkg load symbolic
```

因此为了方便，仍然选用在线 Octave 进行实验.

3. 矩阵元素的操作方法

(1) 用 A(i, j) 提取矩阵中某个位置 (i, j) 处的元素，例如：

```
A=[1,2;3,4]
A(2,1)
```

可以使用此方法修改某一个元素，如 A(2,1)=2.

(2) 用 A(i,:) 提取第 i 行，用 A(:,j) 提取第 j 列，例如：

```
A=[1,2;3,4]
A(1,:)
A(:,2)
```

(3) 用 A([…],:) 提取 […] 中所示的行，用 A(:,[…]) 提取 […] 中所示的列，例如：

```
A=magic(3)
A([1,3,2],:)  //提取A的第1行,第3行,第2行,这事实上将A的第2行和第3行互换
A(:,[3,1])  //提取A的第3列和第1列
```

（4）用A(i:j,:)提取A中从第i行到第j行的矩阵，用A(:,i:j)提取A中从第i列到第j列的矩阵，例如：

```
A=magic(4)
A(1:2,:)
A(:,3:4)
```

（5）矩阵的拼接，将矩阵（或向量）视作元素构造大的矩阵，例如：

```
A=[1,2;3,4]
B=[A,eye(2)]或B=[A;eye(2)]
B=[A,[5;6]]或B=[A;[5,6]]
```

（6）用赋新值的方法修改矩阵的行或列，例如：

```
A=[1,2;3,4]
A(:,2)=[5;5]  //将A的第2列变成新的值
A(1,:)=[3,5]  //将A的第1行变成新的值
```

（7）可用赋空列表的方法删除矩阵中的行或列，例如：

```
A=magic(3)
A(2,:)=[ ]  //删除A的第2行
A(:,3)=[ ]  //删除A的第3列
```

4. 矩阵的初等变换

（1）交换矩阵的行（列），使用矩阵元素的操作方法中的方法，将矩阵的元素按行（列）提取后重排得到，例如：

```
A=magic(3)
A([1,3,2],:)  //将A的第2行与第3行交换
A(:,[2,1,3])  //将A的第1列与第2列交换
```

（2）用k乘某一行（列）的元素，例如：

```
A=magic(3)
2*A(:,3)  //将A的第3列乘2
```

（3）将A的第i行（列）乘k加到第j行（列），例如：

```
A=magic(3)
B=A(1,:)*2+A(2,:)      //将A的第1行乘2加到第2行
B=A(:,2)*(-1)+A(;,3)  //将A的第2列乘(-1)加到第3列
```

（4）用rref(A)得到A的行最简形，例如：

```
A=[1,2,3;246;3,5,6]
rref(A)                    //数值型
A=sym([1,2,3;2,4,6;3,5,6])
rref(A)                    //精确型
```

用 rref 也可以求矩阵的逆矩阵或矩阵的秩，例如：

```
A=sym([1,2;3,4])
B=[A,eye(2)]
rref(B)
```

注： 为了得到精确值，也可以将矩阵化为符号矩阵，然后采用相同的操作.

实验一 行列式 代数余子式 克莱姆法则

实验目的： 学会用 Octave 求行列式的值，会计算包含符号的矩阵的行列式，利用已经学过的矩阵操作求出（代数）余子式. 作为行列式的应用，会用克莱姆法则求解简单的方程组.

基本命令： 用 det(A) 计算行列式，例如：

```
A=[1,2;3,4]
det(A)
```

如果行列式中包含符号，则使用 sym 命名声明符号，然后在行列式中应用，例如：

```
x=sym('x')
A=[[1,x];[2,3]]
det(A)  //答案中 sym 表示结果是个符号值
```

有时为了避免结果出现小数，也可以将数值行列式变成符号行列式计算精确值，例如：

```
A=[1,1/2;3,4]
det(A)
A=sym([1,1/2;3,4])
det(A)  //比较以上两个结果的区别
```

方阵的余子式 M_{ij} 就是将 A 中的第 i 行与第 j 列去掉后方阵的行列式. 因此，通过将 A 中的第 i 行与第 j 列删除后，再计算行列式得到 M_{ij}，例如：

```
A=magic(3)
B=A
B(2,:)=[ ]  //删除 B 的第 2 行
B(:,3)=[ ]  //删除 B 的第 3 列
det(B)//得到 M23
(-1)^(2+3)*det(B)  //得到 A23
```

用克莱姆法则解线性方程组就是利用行列式求解方程组，例如，求解

$$\begin{cases} x_1+2x_2+3x_3=1 \\ 2x_1+2x_2+5x_3=2 \\ 3x_1+5x_2+x_3=3 \end{cases}$$

代码如下：

```
A=[1,2,3;2,2,5;3,5,1]
b=[1;2;3]
D=det(A)
A_1=[b,A(:,2:3)]
D_1=det(A_1)
A_2=[A(:,1),b,A(:,3)]
D_2=det(A_2)
A_3=[A(:,1:2),b]
D_2=det(A_3)
x_1=D_1/D
x_2=D_2/D
x_3=D_3/D
```

实验二　向量运算与线性方程（组）

实验目的：学会利用 Octave 进行向量的输入，会进行向量的加、减、数乘运算，用 norm 命令求向量的模，用 rank 命令求向量的秩，用 rref 命令求向量组的极大无关组，用 inv 命令求矩阵方程，掌握一般线性方程组求解方法，用 null 求基础解系，用 linsolve 求出线性方程组一个特解.

基本命令：在 Octave 中输入向量和矩阵的输入方式类似，例如：

```
v=[1,2,3]
v=[1;12;3]
```

用 v(k) 显示第 k 个分量，例如：

```
v(2)
```

因为向量可以视作矩阵，所以 Octave 中关于向量的操作与运算和矩阵中并无区别，例如：

```
v=[1,2,3]
w=[3,5,6]
v+w
v-w
3*v
v*w'
v(2)=[ ]  //删除 v 中的第 2 个元素
```

用 norm(v) 求向量的模，从而可以得到单位向量，例如：

```
v=[1,2,3]
norm(v)
v/norm(v)
```

为了得到精确的单位向量，可以用 sym 将向量符号化，例如：

```
v=sym([1,2,3])
v/norm(v)
v=[1,2,3]
v/norm(sym(v))
```

用 dot（v，w）求出两个向量的内积，例如：

```
v=[1,2,3]
w=[2,3,5]
dot(v,w)
```

求向量组的秩是通过将向量拼接为矩阵后，求矩阵的秩，就得到向量组的秩，向量组的拼接方式和矩阵的拼接方式一致，例如：

```
v_1=[1;1;1]
v_2=[1;0;-1]
v_3=[1;0;1]
A=[v_1,v_2,v_3]
rank(A)
```

向量组的极大无关组是将向量拼接为矩阵后进行初等行变换化为行最简形得到的，因此可以用 rref 命令求出. 例如，求 $v_1=(1,2,2)^T$，$v_2=(1,0,3)^T$，$v_3=(0,4,-2)^T$ 的极大无关组，代码如下：

```
v_1=[1;2;2]
v_2=[1;0;3]
v_3=[0;4;-2]
A=[v_1,v_2,v_3]
rref(A)
```

则 v_1 与 v_2 是极大无关组且 $v_3=2v_1-2v_2$.

矩阵方程可逆时，可以使用 inv 命令对其进行求解. 例如，设 $A=\begin{pmatrix}1 & -1 & 0\\ 0 & 1 & -1\\ -1 & 0 & 1\end{pmatrix}$，$AX=2X+A$，求 X. 首先将 $AX=2X+A$ 化为 $(A-2E)X=A$，代码如下：

```
A=[1,-1,0;0,1,-1;-1,0,1]
```

```
B=A-2*eye(3)
det(B) //判断A-2E是否可逆
X=inv(B)*A
```

求解 AX=B（其中 A 可逆）的另一种方式是使用 rref 命令. 例如，设 $A=\begin{pmatrix}4 & 1 & 2\\2 & 2 & 1\\3 & 1 & -1\end{pmatrix}$，$B=\begin{pmatrix}1 & -3\\2 & 2\\3 & -1\end{pmatrix}$，求解 AX=B，代码如下：

```
A=[4,1,2;2,2,1;3,1,-1]
B=[1,-3;2,2;3,-1]
C=[A,B]
rref(C)
```

使用 null 命令求解齐次线性方程组的基础解系. 例如，求 $\begin{cases}x_1+x_2-x_3-x_4=0\\2x_1-5x_2+3x_3+2x_4=0\\7x_1-7x_2+3x_3+x_4=0\end{cases}$ 的基础解系，代码如下：

```
A=[1,1,-1,-1;2,-5,3,2;7,-7,3,1]
null(A)
```

对于非齐次线性方程组，可以使用 linsolve(A，b）求出一个特解，再结合 null 命令求出方程组的基础解系. 例如，求 $\begin{cases}x_1+x_2+x_3+x_4+x_5=7\\3x_1+x_2+2x_3+x_4-3x_5=-2\\2x_2+x_3+2x_4+6x_5=23\end{cases}$ 的基础解系，代码如下：

```
A=[1,1,1,1,1;3,1,2,1,-3;0,2,1,2,6]
b=[7;-2;23]
xstar=linsolve(A,b) //求出一个特解
null(A) //求基础解系
```

注：为了得到精确值，可以将 A 符号化以后求出基础解系，但用 linsolve 命令会报错，因为 linsolve 命令只能针对数值矩阵和数值向量计算.

实验三　向量组正交化与特征值（向量）

实验目的：掌握用 Octave 中的 orth 命令将线性无关向量组正交化，利用 det、solve 及 null 命令逐步求解方阵的特征值和特征向量，学会使用 eig 命令直接求解矩阵的特征值和特征向量.

基本命令：用 orth 命令将向量组正交化. 例如，将 $v_1=(1,2,-1)^T$，$v_2=(-1,3,1)^T$，$v_3=(4,-1,0)^T$ 正交化，代码如下：

```
v_1=[1;2;-1]
v_2=[-1;3;1]
v_3=[4;-1;0]
A=[v_1,v_2,v_3]
orth(A) //数字结果
orth(sym(A)) //用符号矩阵求出精确值
```

用 eig 命令求矩阵的特征值和特征向量. 例如，求 $A=\begin{pmatrix}-2&1&1\\0&2&0\\-4&1&3\end{pmatrix}$ 的特征值，代码如下：

```
A=[-2,1,1;0,2,0;-4,1,3]
eig(A)        //只求出 A 的特征值
```

事实上，用 eig 命令可以直接得到特征值和特征向量，例如：

```
[u,v]=eig(A)
```

其中 u 保存的是特征向量构成的矩阵，每一列对应特征值的一个特征向量，而 v 的主对角元素中保存的是特征值.

同样地，为了得到精确值，可以将 A 符号化，例如：

```
[u,v]=eig(sym(A))
```

利用前面所学的命令可以逐步计算方阵的特征值和特征向量. 例如，求 $A=\begin{pmatrix}-2&1&1\\0&2&0\\-4&1&3\end{pmatrix}$ 的特征值和特征向量，代码如下：

```
A=[-2,1,1;0,2,0;-4,1,3]
x=sym('x') //为了方便,将 λ 用 x 表示
ch=det(x*eye(3)-A) //求特征多项式
solve(ch) //求解特征多项式得到特征值
null(-eye(3)-sym(A)) //求对应于 λ=-1 的特征向量
null(2eye(3)-sym(A)) //求对应于 λ=2 的特征向量
```

参 考 文 献

[1] 同济大学数学系. 工程数学：线性代数 [M]. 6 版. 北京：高等教育出版社，2014.

[2] 涂晓青，吴曦. 线性代数 [M]. 2 版. 北京：北京邮电大学出版社，2018.

[3] 吴赣昌. 线性代数（经管类·简明版）[M]. 5 版. 北京：中国人民大学出版社，2017.

[4] 赵树嫄. 线性代数 [M]. 3 版. 北京：中国人民大学出版社，2004.

[5] 陈维新. 线性代数简明教程 [M]. 2 版. 北京：科学出版社，2008.

[6] 吴文俊. 中国数学史大系（第二卷　中国古代数学名著《九章算术》）[M]. 北京：北京师范大学出版社，1998.

[7] 李继闵.《九章算术》及其刘徽注研究 [M]. 西安：陕西人民教育出版社，1990.

[8] 吴赣昌. 线性代数（理工类）[M]. 5 版. 北京：中国人民大学出版社，2017.

[9] 王光辉，张天德，孙钦福，等. 经济数学—线性代数（慕课版）[M]. 北京：人民邮电出版社，2022.